现代食品深加工技术丛书
"十三五"国家重点出版物出版规划项目

兔肉制品深加工技术

王 卫 白 婷 主编

科 学 出 版 社
北 京

内 容 简 介

本书介绍了兔产业链兔肉精深加工技术，内容涉及兔肉加工原辅料选择、加工基本技能与工艺、加工设备选择与使用管理、兔肉制品主要产品配方与工艺，以及加工卫生管理与质量控制。内容深入浅出，具有较强的可操作性。

本书共分五章。第一章主要介绍用作加工原料的主要兔品种、屠宰与分割初加工、兔肉特性及储藏保鲜，以及兔肉加工中的主要辅料和辅材；第二章涉及兔肉解冻、腌制、绞切、斩拌、充填、结扎、干燥、蒸煮、熏烤和包装等基本技能，以及腌腊、酱卤、香肠、火腿、熏烧烤、肉干、油炸等不同产品加工基本工艺；第三章总结了不同加工工序和产品类型所需的主要工艺设备及其安全使用和维护保养；第四章重点介绍了腌腊、酱卤、香肠、熏烧烤炸、肉干、罐头等不同类型的上百种特色风味兔肉制品的产品配方、工艺流程和加工关键技术参数；第五章详细叙述了兔肉制品加工卫生管理、卫生标准操作程序，不同兔肉制品生产许可规范及质量控制技术。

本书可作为从事兔产品加工利用的科研人员、管理人员和技术工人的参考书，也可作为高等院校畜产品加工专业的辅助教材。

图书在版编目（CIP）数据

兔肉制品深加工技术/王卫，白婷主编. —北京：科学出版社，2019.3
（现代食品深加工技术丛书）
“十三五”国家重点出版物出版规划项目
ISBN 978-7-03-060687-7
Ⅰ. ①兔… Ⅱ. ①王… ②白… Ⅲ. ①兔肉-食品加工 Ⅳ. ①TS251.5
中国版本图书馆 CIP 数据核字（2019）第 039354 号

责任编辑：贾 超 侯亚薇 / 责任校对：樊雅琼
责任印制：吴兆东 / 封面设计：东方人华

科学出版社 出版
北京东黄城根北街 16 号
邮政编码：100717
http://www.sciencep.com

北京九州迅驰传媒文化有限公司 印刷
科学出版社发行 各地新华书店经销
*
2019 年 3 月第 一 版 开本：720×1000 1/16
2019 年 3 月第一次印刷 印张：15
字数：282 000

定价：98.00 元
（如有印装质量问题，我社负责调换）

本书编委会

主　　编：王　卫　白　婷

编　　委（以姓名汉语拼音为序）：

白　婷　陈　林

韩青荣　侯　薄

吉莉莉　马益民

王　卫　张佳敏

丛 书 序

食品加工是指直接以农、林、牧、渔业产品为原料进行的谷物磨制、食用油提取、制糖、屠宰及肉类加工、水产品加工、蔬菜加工、水果加工、坚果加工等。食品深加工其实就是食品原料进一步加工，改变了食材的初始状态，例如，把肉做成罐头等。现在我国有机农业尚处于初级阶段，产品单调、初级产品多；而在发达国家，80%都是加工产品和精深加工产品。所以，这也是未来一个很好的发展方向。随着人民生活水平的提高、科学技术的不断进步，功能性的深加工食品将成为我国居民消费的热点，其需求量大、市场前景广阔。

改革开放 30 多年来，我国食品产业总产值以年均 10%以上的递增速度持续快速发展，已经成为国民经济中十分重要的独立产业体系，成为集农业、制造业、现代物流服务业于一体的增长最快、最具活力的国民经济支柱产业，成为我国国民经济发展极具潜力的、新的经济增长点。2012 年，我国规模以上食品工业企业 33 692 家，占同期全部工业企业的 10.1%，食品工业总产值达到 8.96 万亿元，同比增长 21.7%，占工业总产值的 9.8%。预计 2020 年食品工业总产值将突破 15 万亿元。随着社会经济的发展，食品产业在保持持续上扬势头的同时，仍将有很大的发展潜力。

民以食为天。食品产业是关系到国民营养与健康的民生产业。随着国民经济的发展和人民生活水平的提高，人民对食品工业提出了更高的要求，食品加工的范围和深度不断扩展，所利用的科学技术也越来越先进。现代食品已朝着方便、营养、健康、美味、实惠的方向发展，传统食品现代化、普通食品功能化是食品工业发展的大趋势。新型食品产业又是高技术产业。近些年，具有高技术、高附加值特点的食品精深加工发展尤为迅猛。国内食品加工中小企业多、技术相对落后，导致产品在市场上的竞争力弱。有鉴于此，我们组织国内外食品加工领域的专家、教授，编著了“现代食品深加工技术丛书”。

本套丛书由多部专著组成。不仅包括传统的肉品深加工、稻谷深加工、水产品深加工、禽蛋深加工、乳品深加工、水果深加工、蔬菜深加工，还包含了新型食材及其副产品的深加工、功能性成分的分离提取，以及现代食品综合加工利用新技术等。

各部专著的作者由工作在食品加工、研究开发第一线的专家担任。所有作者都根据市场的需求，详细论述食品工程中最前沿的相关技术与理念。不求面面俱到，但求精深、透彻，将国际上前沿、先进的理论与技术实践呈现给读者，同时还附有便于读者进一步查阅信息的参考文献。每一部对于大学、科研机构的学生或研究者来说，都是重要的参考。希望能拓宽食品加工领域科研人员和企业技术人员的思路，推进食品技术创新和产品质量提升，提高我国食品的市场竞争力。

中国工程院院士

孙宝国

2014 年 3 月

前　言

兔肉是公认的营养、健康肉类。全球100多个国家及地区均有生产，年均总产量200万吨左右，但主要生产国为中国、意大利、法国等，占世界年均总产量的80%以上，其中60%由集约化养殖提供，其余是由千家万户传统的散养方式生产。相对于猪肉等大宗肉类，兔肉加工在各国的规模化企业相对较少，以冷鲜、冻鲜分割和调理为主。随着精深加工融入肉类总体产业，以及现代加工技术的广泛应用，兔肉制品总体数量和品质不断提高，也更符合消费者日益增长的对肉类食品优质、安全、方便和营养化的要求。

我国是兔肉生产和消费大国，兔肉产量占全球总产量的45%，人均占有量为360g左右，与世界平均水平基本持平。我国1/3的省市均有兔肉生产，而四川、重庆和山东的产量占到全国总产量的近70%。生产的兔肉80%以上是餐饮和家庭制作，以及作坊式小规模加工。仅在四川省，每年通过此种方式消费的火锅兔、白水兔、椒盐兔、酱卤兔等产品就达10万多吨。

我国是传统兔肉制品加工工艺和产品类型最多的国家，以传统特产为主导，包括腌腊（板兔、缠丝兔、腊大兔等）、熏烧烤（烤兔、烤肉串、熏兔等）、干制（肉干、肉脯、肉松等）、酱卤（盐水兔、五香卤兔、糟兔等）等制品，也有部分冷鲜调理菜肴、方便软包装产品，以及将兔肉与其他肉类或辅料混合加工的腊肠、肉糜肠、罐头等。但涉及专门加工兔肉的企业不到百家，主要分布在四川、山东和重庆，大规模化企业所占比例不足20%，大多数是与其他肉类进行综合加工，而且以屠宰分割加工冷冻肉为主，精深加工产品量小。在加工技术领域，大多数企业仍然采用传统制作方式。近年来，随着现代技术和设备应用的增加，特别是流水线屠宰分割、冷冻保鲜储运、注射滚揉嫩化、无有害物残留腌制熏烤、无损杀菌、栅栏质量控制和安全检测等现代技术的应用，产品品质得到显著提升。对于未来的产品市场，伴随快速的城市化进程和加快的生活节奏，餐饮菜肴经过工业化预调理制作的方便制品将呈现快速发展的趋势，并成为大众化消费的需求产品，而应用现代加工和质量控制技术生产传统风味特色、优质安全的腌腊、酱卤等产品，将成为传统产品发展的必然方向。肉干、肉松等休闲制品，鉴于方便、风味、营养等特性，具有较好的发展前景。

四川省在兔肉生产和加工方面具有一定的优势，高校、科研院所和产业龙头企业组建有四川省兔业产学研创新联盟、四川省兔业工程技术研究中心、肉类加工四川省重点实验室兔肉加工研发中心、四川省肉类质量控制技术工程中心兔肉分中心等研发平台，对涉及兔业发展的关键技术进行系统性技术研究、创新集成和产业化应用开发。作者根据多年在兔肉加工领域的技术研究与产品开发工作总结，以及与企业产学研合作的经验，借鉴行业内专家及工程技术人员成果，编写了《兔肉制品深加工技术》。本书共五章，主要内容包括兔肉加工原辅料选择、加工基本技能与工艺、加工设备选择与使用管理、兔肉制品主要产品配方与工艺，以及加工卫生管理与质量控制。

本书由成都大学王卫、白婷主编。各章编写情况为：第一章由王卫、白婷、侯薄编写，第二章由王卫、张佳敏、白婷编写，第三章由马益民、王卫编写，第四章由王卫、白婷、张佳敏编写，第五章由吉莉莉、陈林、白婷、张佳敏编写。本书得到肉类加工四川省重点实验室、四川省肉类安全控制技术工程实验室、食品加工四川省高校重点实验室开放基金资助；第一章得到四川省畜牧科学研究院养兔研究所谢小红研究员指正；第二章得到嘉兴食品机械有限公司马益民先生协助，并参考了杭州艾博食品机械有限公司韩青荣先生提供的资料。在此一并致谢！

鉴于编者水平及技术成果应用阶段所限，书中难免有不足和疏漏之处，有待通过兔业产业化进程的深入推进和肉类加工技术进一步完善，敬请广大读者提出宝贵意见及建议。

2019年3月

目　录

第一章　兔肉加工原辅料选择

第一节　原料及特性

兔肉制品的原料主要是肉用兔种，皮用和毛用品种屠宰分割后的兔肉也适于用作某些产品的加工。在一些产品类型，如兔肉腊肠、灌肠、挤压火腿等兔肉制品中，还添加猪肉、牛肉、禽肉等。无论用何种肉为原料，必须保证原料肉的质量，原料肉应是经过兽医检验合格，并且存储状态良好、新鲜度正常、没有污染的肉类。

尽管家兔按照经济用途可分为毛用兔、肉用兔、皮用兔及皮肉兼用兔，但随着兔品种改良技术的进步，家兔越来越趋向于皮肉兼用兔的方向发展。例如，齐卡肉兔、日本大耳兔等兔种不仅是肉制品加工的良好原料，其皮质也极为优良。而力克斯兔、加利福尼亚兔、比利时兔、法国公羊兔、青紫蓝兔、丹麦白兔、弗朗德巨兔等兔种的肉均可用于加工优质兔肉制品，甚至各系安哥拉毛用兔等也是某些类型兔肉制品的良好原料。

一、主要肉兔品种及特性

1. 加利福尼亚兔

加利福尼亚兔原产于美国加利福尼亚州，是一个专门化的中型肉兔品种。国外多用它与新西兰兔杂交，杂交后代 56 日龄体重 1.7～1.8kg。加利福尼亚兔在我国的表现良好，尤其是其早期生长速度快、早熟、抗病、繁殖力高、遗传性稳定。

外貌特征：体躯被毛白色，耳、鼻端、四肢和尾部为黑褐色，俗称“八点黑”。眼睛红色，颈粗短，耳小直立，体型中等，前躯及后躯发育良好，肌肉丰满，绒毛丰厚，皮肤紧凑，秀丽美观。

生产性能：适应性广，抗病力强，性情温顺。繁殖力强，泌乳力高，母性好，产仔均匀，发育良好。一般每胎产仔 7～8 只，年可产仔 6 胎。早期生长速度快，2 月龄体重 1.8～2.0kg，成年母兔体重 3.5～4.5kg，成年公兔 3.5～4.0kg，屠宰率 52%～54%，肉质鲜嫩。

2. 比利时兔

比利时兔是英国育种家利用原产于比利时贝韦仑一带的野生穴兔改良而成的

大型肉兔品种。该兔引入我国后，适于农村饲养，尤其是在北方农村的饲养量较大。试验表明，该兔是良好的杂交亲本（主要是杂交父本），与小型兔（如中国本地兔）和中型兔（如太行山兔、新西兰兔等）杂交，有明显的优势。

外貌特征：被毛为深褐色、赤褐色或浅褐色，体躯下部毛色为灰白色，尾内侧呈黑色，外侧呈灰白色，眼睛黑色。两耳宽大直立，稍向两侧倾斜。头粗大，颊部突出，脑门宽圆，鼻梁隆起。体躯较长，四肢粗壮，后躯发育良好。

生产性能：该兔属于大型肉兔品种，具有体型大、生长快、耐粗饲、适应性广、抗病力强等特点。幼兔6周龄体重可达1.2～1.3kg，3月龄体重2.8～3.2kg，成年公兔体重5.5～6.0kg，成年母兔6.0～6.5kg。耐粗饲能力高于其他品种，适于农家粗放饲养。年产4～5胎，每胎均产仔7～8只，泌乳力很高，仔兔发育快。

3. 太行山兔（虎皮黄兔）

太行山兔原产于河北省井陉、鹿泉（原获鹿县）和平山一带，由河北农业大学、河北省外贸食品进出口（集团）公司等单位合作选育而成。由于太行山兔为我国自己培育的优良品种，适于我国的自然条件和经济条件，且又具有良好的生产性能，被毛黄色，利用价值高，深受养殖者的喜爱。据测定，该品种作为母本与引入品种（如比利时兔、新西兰兔等）杂交，效果良好。

外貌特征：太行山兔分标准型和中型2种。标准型：全身被毛粟黄色，腹部浅白色，头清秀，耳较短厚直立，体型紧凑，背腰宽平，四肢健壮，体质结实；成年公兔平均体重3.87kg，成年母兔3.54kg。中型：全身毛色深黄色，后躯两侧和后背稍带黑毛尖，头粗壮，脑门宽圆，耳长直立，背腰宽长，后躯发达；成年公兔平均体重4.31kg，成年母兔4.37kg。

生产性能：该品种适应性和抗病力强，耐粗饲，适于农家饲养。其遗传性稳定，繁殖力高，母性好，泌乳力强。年产仔5～7胎，标准型每胎平均产仔8.2只，中型产仔8.1只。幼兔的生长速度快。据测定，喂以全价配合饲料，日增重与比利时兔相当，而屠宰率高于比利时兔。

4. 塞北兔

塞北兔由张家口农业高等专科学校以法国公羊兔与比利时兔为亲本杂交选育而成，是一种大型皮肉兼用兔。该品种属于大型兔，体质较疏松，个头大，生长快，耐粗饲，受到养殖者的喜爱。由于其骨架较大，育肥兔出栏体重最好在2.5kg以上。

外貌特征：该品种分3个毛色品系。A系被毛黄褐色，尾巴边缘枪毛上部为黑色，尾巴腹面、四肢内侧和腹部的毛为浅白色；B系被毛纯白色；C系被毛草黄色。该品种被毛浓密，毛纤维稍长。头中等大小，眼眶突出，眼大而微向内凹陷，下颌宽大，嘴方，鼻梁有一黑线。耳宽大，一耳直立，一耳下垂。颈部粗短，颈下有肉髯，肩宽广，胸宽深，背平直，后躯宽，肌肉丰满，四肢健壮。

生产性能：体型大，生长速度快。仔兔初生体重为60～70g，1月龄断奶体重可达650～1000g，90日龄体重为2.1kg，育肥期料肉比为3.29：1，成年体重平均为5.0～6.5kg。耐粗饲，抗病力强，适应性广，繁殖力较高，年产仔4～6胎，每胎均产仔7～8只，断乳成活率平均为81%。

5. 大耳黄兔

大耳黄兔原产于河北省邢台市的广宗县，是以比利时兔中分化出的黄色个体为育种材料选育而成，属于大型皮肉兼用兔。

外貌特征：大耳黄兔分2个毛色品系。A系橘黄色，耳朵和臀部有黑毛尖；B系杏黄色。两系腹部均为乳白色。体躯长，胸围大，后躯发达，两耳大而直立，故取名“大耳黄兔”。

生产性能：成年体重4.0～5.0kg，早期生长速度快，饲料报酬高，且A系高于B系，而繁殖性能则B系高于A系。年产4～6胎，每胎平均产仔8.6只，泌乳力高，遗传性能稳定。适应性强，耐粗饲。由于毛色为黄色，加工裘皮制品的价值较高。

6. 法国公羊兔

法国公羊兔又称垂耳兔，是一个大型肉用品种，因其两耳长宽而下垂，头型似公羊而得名。该品种兔与比利时兔杂交，效果较好，两者都属于大型兔，被毛颜色比较一致，杂交一代生长发育快，抗病力强，经济效益高。

外貌特征：被毛颜色以黄色者居多。头粗糙，眼小，颈短，背腰宽，臀圆，骨粗，体质疏松肥大。

生产性能：该品种兔早期生长发育快，40日龄体重可达1.5kg，成年体重为6～8kg。耐粗饲，抗病力强，易于饲养，性情温顺，不爱活动。因过于迟钝，故有人将它称为“傻瓜兔”。该兔繁殖性能低，主要表现为受胎率低，哺育仔兔性能差，产仔少。

7. 中国白兔

中国白兔又称菜兔，是世界上较为古老的优良兔种之一，分布于全国各地，以四川成都平原饲养最多。

外貌特征：中国白兔体型较小，全身结构紧凑而匀称，被毛洁白，短而紧密，皮板较厚。头型清秀，耳短小直立，眼为红色，嘴头较尖，无肉髯。该兔种间有灰色或黑色等其他毛色，杂色兔的眼睛为黑褐色。

生产性能：中国白兔为早熟小型品种，仔兔初生体重40～50g，30日龄断奶体重300～450g，3月龄体重1.2～1.3kg，成年母兔体重2.2～2.3kg，成年公兔1.8～2kg。繁殖力较强，年产4～6胎，平均每胎产仔6～8只，最多达15只以上。该兔种的主要优点是早熟，繁殖力强，适应性好，抗病力强，耐粗饲，是优良的育种材料；肉质鲜嫩味美，适宜制作缠丝兔等美味食品。

8. 日本大耳兔

该兔原产于日本，是由中国白兔与日本兔杂交育成的优良皮肉兼用型品种。主要优点是早熟，生长快，耐粗饲；母性好，繁殖力强；肉质好，皮张品质优良。

外貌特征：日本大耳兔以耳大、血管清晰而著称，是比较理想的试验用兔。被毛紧密，毛色纯白，针毛含量较多。眼睛为红色；耳大直立，耳根细，耳端尖，形似柳叶状；母兔颌下有肉髯。

生产性能：日本大耳兔可分为 3 个类型，大型兔体重 5～6kg，中型兔 3～4kg，小型兔 2～2.5kg。我国饲养较多的为大型兔，仔兔初生体重 60g 左右，3 月龄体重 2.2～2.5kg。年产 5～7 胎，每胎产仔 8～10 只。

9. 青紫蓝兔

该兔原产于法国，因毛色类似珍贵毛皮兽“青紫蓝绒鼠”而得名，是世界著名的皮肉兼用兔种。主要优点是毛皮品质较好，适应性较强，繁殖力较高，因而在我国分布很广，尤以标准型和美国型饲养量较大。

外貌特征：被毛整体为蓝灰色，耳尖及尾面为黑色，眼圈、尾底、腋下和后额三角区呈灰白色。单根纤维自基部至毛梢的颜色依次为深灰色、乳白色、珠灰色、雪白色和黑色，被毛中夹杂有全白或全黑的针毛。眼睛为茶褐色或蓝色。

生产性能：青紫蓝兔现有 3 个类型。标准型：体型较小，成年母兔体重 2.7～3.6kg，成年公兔 2.5～3.4kg。美国型：体型中等，成年母兔体重 4.5～5.4kg，成年公兔 4.1～5kg。巨型兔：偏于肉用型，成年母兔体重 5.9～7.3kg，成年公兔 5.4～6.8kg。繁殖力较强，每胎产仔 7～8 只，仔兔初生体重 50～60g，3 月龄体重达 2～2.5kg。

10. 丹麦白兔

该兔原产于丹麦，又称兰特力斯兔，是近代著名的中型皮肉兼用兔。主要优点是毛皮优质，产肉性能好，耐粗饲，抗病力强，性情温顺，容易饲养。

外貌特征：丹麦白兔被毛纯白，柔软紧密。眼红色，头较大，耳较小、宽厚而直立，口鼻端钝圆，额宽而隆起。颈粗短，背腰宽平，臀部丰满，体型匀称，肌肉发达，四肢较细，母兔颌下有肉髯。

生产性能：该兔体型中等，仔兔初生体重 45～50g，6 周龄体重达 1.0～1.2kg，3 月龄体重 2～2.3kg，成年母兔体重 4.0～4.5kg，成年公兔 3.5～4.4kg；繁殖力高，平均每胎产仔 7～8 只。

11. 哈尔滨白兔（哈白兔）

哈尔滨白兔由中国农业科学院哈尔滨兽医研究所利用比利时兔、德国花巨兔、日本大耳兔和当地白兔通过复杂杂交培育而成，属于大型皮肉兼用兔。

外貌特征：被毛白色，毛纤维比较粗长，眼睛红色，大而有神，头大小适中，耳大直立，四肢健壮，结构匀称。

生产性能：早期生长发育速度快。仔兔初生平均体重 55.2g，30 日龄断奶体重可达 650～1000g，90 日龄体重达 2.5kg，成年公兔体重 5.5～6.0kg，成年母兔 6.0～6.5kg。繁殖率高，平均每胎产活仔数 8 只以上。产肉率高，半净膛屠宰率 57.6%，全净膛屠宰率 53.5%，饲料报酬 3.11∶1。

12. 福建黄兔

福建黄兔为地方品种，主要分布于福建山区和沿海地区。

外貌特征：全身被毛深黄色乃至米黄色，只有腹部有少量白色毛，从胸部向腹部呈带状延伸。头小额宽，两耳垂直，眼睛具有呈天蓝色的虹膜。后躯丰满且较高，灵活性大，体型小巧玲珑，属小型肉用兔。

生产性能：生长速度缓慢，性成熟早，母性强，繁殖力中等，一般成年体重 1.7～2.0kg，4 月龄开始性成熟。一年四季均可繁殖，但夏季低于其他季节，每胎均产仔 6～8 只。耐粗饲，抗病力强，群众饲养以青杂草为主要饲料，适于野外与平地放养。其肉质细嫩，味道鲜美。

13. 齐卡肉兔

齐卡肉兔是德国 ZIKA 种兔公司经 10 年努力培育而成的，具有世界一流生产水平的专门化肉兔配套系。我国于 1986 年由四川省畜牧兽医研究院引进，经适应性观察和培育，在四川省能正常生长、繁殖，生产成绩接近和达到原种水平。

齐卡肉兔由齐卡巨型白兔（G）、齐卡新西兰白兔（N）和德国白兔（Z）3 个专门化品系组成，其中，G 系兔体型大，体躯宽深、长且厚，生长发育快，成年兔体重 5.0～7.0kg；N 系兔体型外貌与新西兰白兔相似，头粗短，体躯及背腰较宽，臀部丰满，耳短且厚，生长速度和繁殖性能均较好，成年兔体重 4.5～5.0kg，平均每胎产仔 7～9 只；Z 系兔是杂交合成品系，体型相对清秀，性情活泼，繁殖性能优秀，母性极佳，成年兔体重 3.6～3.8kg，平均每胎产仔数 8～10 只。

齐卡肉兔父母代平均产活仔数 9.1 只，商品兔 70 日龄和 84 日龄体重分别为 2.5kg 和 3.1kg，28～84 日龄饲料报酬 3∶1。引入我国后，由于饲养管理及环境的变化，其生产性能略有降低。该兔种在我国主要用作固定杂交模式生产商品兔，也可利用单性别祖代和父母代兔对本地品种进行杂交改良，同时还是优秀的育种素材。例如，四川省畜牧科学研究院利用 Z 系兔与四川白兔进行级进杂交，于 1999 年育成了我国第一个专门化母系——齐兴肉兔，具有良好的生产性能和肉质特性，是加工各类兔肉制品的优质原料。

14. 弗朗德巨兔

原产地和育种史不详。据推测，起源于比利时北部的弗朗德地区。数百年来，广泛分布于欧洲各国，但长期误称为比利时兔，直到 20 世纪初期，才正式定名为弗朗德巨兔，是世界最早和著名的肉用兔品种，它对许多大型品种的育成均有贡献。

弗朗德巨兔被毛根据颜色分为 7 个系，即钢灰色、黑灰色、淡黄褐色、黄褐色、蓝色、黑色和白色系。被毛浓密，质量好，富有光泽。头大，额高，两耳大而直立，眼睛稍突，有色兔眼睛颜色和被毛颜色一致，如黑色兔眼睛亦为黑色。背腰扁平，臀部丰满，骨骼略粗，体型结构匀称。

该品种体格大，性成熟晚，繁殖力低。成年体重6.5～11.0kg，产肉力高，肉品质好。对我国塞北兔的育成有较大贡献，在东北、华北地区均有少量饲养。

15. 安阳灰兔

安阳灰兔又名银灰兔、大耳灰兔等，是河南省安阳灰兔育种协作组在林县、安阳县等地，经严格选择培育而成的皮肉兼用型品种，于1987年10月通过品种鉴定，被列为河南省优良地方品种。

外貌特征：头大小适中，眼呈蓝色。被毛青灰色，富有光泽，被毛密度中等。体型中等，部分成年母兔有肉髯，腰背长，背平直而略呈弧形，后躯发达，四肢强健有力。

生产性能：生长早期增重速度快，6～7月龄增重速度下降，8月龄平均体重4.5kg。繁殖力强，出生后4月龄性成熟，6月龄开始配种，每胎平均产仔8.1只。此兔耐粗饲，适应性强，耐热耐寒，适应于农家饲养，8月龄屠宰率51%。

16. 齐兴肉兔

齐兴肉兔是四川省畜牧科学研究院育成的肉兔新品系。具备生产性能好，适应性广，抗病力强，配套利用优势明显等特点，可与齐卡父系公兔或德国巨型白兔作三系或两系配套生产商品肉兔。

齐兴肉兔被毛纯白，红眼，35日龄断奶平均体重700g，90日龄体重2.2kg，成年体重3.6kg。该兔繁殖力强，发情明显，配种容易，配血窝受胎率高，年总产仔数可达50只。

齐兴肉兔遗传性能稳定，饲料报酬高，与齐卡父系配套生产商品杂优兔，每胎平均产仔8.2只，90日龄平均体重2.54kg。饲料报酬为3.28∶1，育肥成活率90%以上，全净膛屠宰率达52%。

17. 其他兔品种

力克斯兔，我国通常称为“獭兔”的各种皮用兔，其肉可用于加工兔肉干、兔肉罐头等产品。安哥拉毛用兔，其兔肉也可用于加工某些兔肉制品。毛用兔的兔肉可用于与其他肉类混合，加工低温香肠、高温火腿肠等乳化、重组型肉制品。

二、肉兔屠宰与初加工

（一）屠宰工艺

1. 宰前管理

为了保证兔肉及其产品质量，对待宰肉兔必须做宰前检验、宰前饲养、宰前断食等准备工作。

（1）宰前检验

被宰肉兔必须是来自非疫区的健康肉兔。宰前应进行严格的健康检查，膘情正常、发育良好、体重不低于1.5kg、确认健康的即可转入饲养场进行宰前饲养。病兔或疑似病兔应转入隔离舍饲养，并按兽医常规治疗方法进行处理。一般幼兔肉质嫩，水分含量高，脂肪含量较低，缺乏风味；老龄兔肉虽风味较浓，但结缔组织较多，肉质坚硬，质量较差。因此，肉兔一般饲养3～4月龄、体重2～2.5kg时屠宰较为适宜。皮用或毛用兔则根据利用特性判断屠宰年龄和体重。

（2）宰前饲养

经检疫合格的待宰肉兔，可按产地、品种、强弱等情况进行分群、分栏饲养。对肥度良好的肉兔，要进行恢复饲养，以恢复运输途中的损失；对瘦弱肉兔则应采取肥育饲养，以期在短期内迅速增重，改善肉质。宰前饲养应以精料为主，青料为辅，尤以大麦、玉米、甘薯、南瓜等碳水化合物高的饲料为宜。待宰肉兔由于运输的疲劳，其正常的生理机能受到抑制或破坏，抵抗力降低，血液中微生物数量增加，血液循环加速，可能导致肌肉组织中的毛细血管充血，容易造成屠宰放血不全。为防止屠宰时放血不全，在宰前饲养中还必须限制肉兔的运动，保证休息，解除疲劳，以提高产品质量。

（3）宰前断食

肉兔屠宰前应断食8h以上。断食的目的是减少消化道中的内容物，便于开膛和清理内脏，防止屠宰过程中肉质被污染；同时能促使肝脏中的糖原分解成乳酸，均匀分布于机体各部，屠宰后能迅速达到尸僵和提高酸度，从而抑制微生物的繁殖；有助于体内硬脂酸和高级脂肪酸分解为可溶性的低级脂肪酸，均匀分布于肌肉各部，促使肉质肥嫩；还能节省饲料，降低成本，保持待宰肉兔安静休息，有助于屠宰放血。在断食期间，应供给足量的饮水，以保证肉兔正常的生理机能，促使粪便的排出和屠宰放血完全；充足饮水，还有利于剥皮操作和提高屠宰产品质量。但宰前3h停止供给饮水，可避免倒挂放血时胃内容物从食道流出。

2. 屠宰

在兔的屠宰中，应尽可能用机械流水线作业取代手工操作，两者屠宰方法大体相同，共同工序主要包括击昏、放血、剥皮、剖腹净膛、胴体修整、包装、冷藏等。

（1）击昏

击昏的目的是使临宰肉兔暂时失去知觉，减少和消除屠宰时的挣扎和痛苦，便于屠宰时放血。常用的方法为电击法；其他方法，如颈部移位法、灌醋法等，应尽可能淘汰。

电击法俗称“电麻法”，被认为是较好的一种击昏方法。该法用电流通过兔体麻痹中枢神经引起晕倒，同时还刺激心跳活动，使心搏加快，便于放血。“电麻器”常用双叉式，形状如同长柄钳子，钳端附有海绵体，适用电压为 40～70V，电流为 0.75A，使用时先蘸 5%的盐水，插入耳根后部，使肉兔触电昏倒，即可宰杀。

（2）放血

肉兔被击昏后应立即放血。目前最常用的是颈部放血法，即将击昏的肉兔倒挂在钩上，用小刀切开颈部放血。放血应充分，因为放血程度对兔肉的品质和储藏起着决定性的作用。放血充分的屠体，肉质细嫩，含水量少，容易储存；放血不全则肉质发红，含水量多，储存困难。放血不净的原因主要是肉兔疲劳或放血时间短，一般要求放血时间不少于 2min。

（3）剥皮

小规模生产，多采用手工或半机械化剥皮。手工剥皮是先将放血后的肉兔倒挂（一般挂住一条后腿），然后用小刀将前肢腕关节和后肢蹄关节周围的皮肤切开，沿大腿内侧通过肛门把皮肤挑开，刀口处分离皮肉，再用双手紧捏兔皮的腹部、背部向头部方向翻转拉下，最后抽出前肢，剪掉耳朵、眼睛和嘴周围的结缔组织和软骨（图 1-1）。在剥皮时应注意不要损伤毛皮，不要挑破腿肌和撕裂胸腹肌。机械操作多采用剥皮机剥皮。剥下的鲜皮应立即理净油脂、肉屑、筋腱等，然后用利刀沿腹部中线剖开为“开片皮”，毛面向下，板面向上伸开铺平，置通风处晾干。

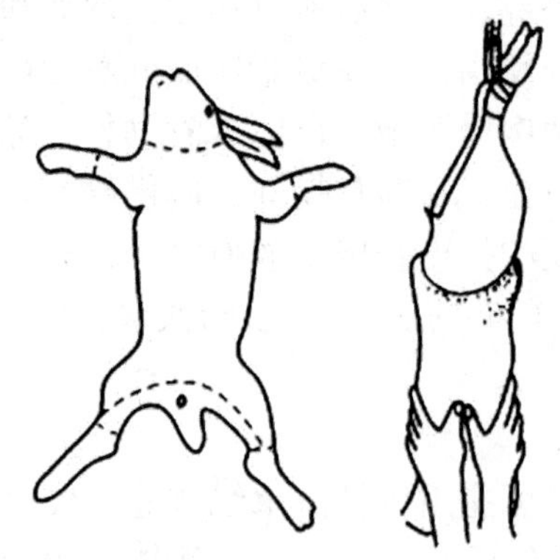

（a）剥皮切割线　　（b）退套剥皮法

图 1-1　兔剥皮方法示意图

南方很多地区喜食带皮的兔肉，则进行煺毛。将放血后的肉兔放入 65℃左右的热水中浸烫，使各部位受热均匀，即可进行煺毛。煺毛用手推法，速度要快，以免热水浸烫时间过长而引起焦毛，煺不干净。

在现代化屠宰加工中，机械自动化剥皮或煺毛可大大提高生产率，保证皮张和兔胴体质量，并提升用于加工兔肉制品的原料质量。

（4）剖腹净膛

兔经屠宰、剥皮或煺毛后应剖腹净膛。先用刀切开耻骨联合处，分离出泌尿生殖器官和直肠，然后沿腹中线打开腹腔，取出除肾脏外的所有内脏器官。打开腹腔时下刀不要太深，以避免开破脏器，污染屠体。在取出脏器时，还应进行宰后检验。

（5）胴体修整

检验合格的屠体，在前颈椎处割下头，在附关节处割下后肢，在腕关节处割下前肢，在第一尾椎处割下尾巴。并按商品要求进一步整形，去除残余的内脏、生殖器官、腺体和结缔组织，还应摘除气管、腹腔内的大血管，除去胴体表面和腹腔内的表层脂肪，最后用水冲洗胴体上的血污和浮毛，沥水冷却。修整的目的是达到洁净、完整和美观的商品要求。

兔非机械化手工屠宰时的修整与家畜修整不同，不能用水冲洗，因水洗后不易晾干，影响干膜的形成，且不耐储藏。因此修整时，只能用清洁的白布擦拭血污，并去掉沾污的兔毛。另外用刀割去残留的食道、气管、生殖器及伤痕、瘀斑等。

（6）包装、冷藏

修整后，经过冷却，肉尸表面形成一层干膜，然后进行整形并用塑料袋包装并装箱，送入冷库，冷藏或冻结储藏。

（二）宰后检验

宰后检验是宰前检验的继续和补充，主要进行内脏检验和肉品质检验。

1. 内脏检验

内脏检验包括肺部、心脏、肝脾、胃肠检验。肺部检验主要观察色泽、硬度和形态，注意有无充血、出血、溃烂、变性及化脓等病理变化；心脏检验主要观察心外膜有无炎症、出血点，心肌有无变性心囊液的性状等；肝脾检验主要观察色泽、硬度及有无出血点，检验肝脏有无球虫、线虫等，脾脏有无灰白色小结节和假性结核病变等；胃肠检验主要观察有无出血现象，检查肠系膜、淋巴结有无肿胀、出血，胃、肠黏膜有无充血、炎症，盲肠蚓突及回肠与盲肠连接处有无灰白色小结节。在检查中若发现球虫病和仅在内脏部位的豆状囊尾蚴、非黄疸性黄脂，肉品不受限制；凡发现结核、假性结核、巴氏杆菌病、黏液瘤、黄疸、脓毒症、坏死杆菌病、李氏杆菌病、副伤寒、肿瘤和梅毒等疫病，一律另做处理。

2. 肉品质检验

肉品质检验是最后一个兽医卫生检验环节，主要检查胴体有无疑症、出血、化脓、外伤等。正常胴体的肌肉为淡粉红色，放血不全或老龄兔的肌肉为深红色或暗红色。鲜兔肉的色泽要求瘦肉呈均匀的鲜红色，有光泽，脂肪呈白色或微黄色；组织有弹性，指压后的凹陷部立即恢复；具有鲜兔肉正常气味，无异味；肉表面较干或微湿润，不黏手，煮沸后肉汤澄清透明，脂肪团聚于水面，有兔肉香味。如发现下列情况应禁止外销：肌肉色泽暗红，放血不全的；肌肉、脂肪呈黄色或淡黄色的；营养不良，脊椎骨突出瘦脊的；表面有创伤，修割面过大的；经水洗或污染面超过 1/3 的；有严重骨折、曲背、畸形的；胸、腹部有严重炎症的；背部肉色苍白或肉质粗糙的；胴体露骨、透胸或腹肌扯下的。

三、兔肉的分割初加工

（一）分割

兔屠体一般分段及分块如图 1-2 和图 1-3 所示，新鲜兔肉主要分割为三部分，即前腿肉、腰背肉及后腿肉，分割方法如下。

前腿肉：在胸、腰椎间切断，沿脊椎骨中线切成两半，去骨。

腰背肉：从第 10～11 肋骨间向后至腰脊椎处切下，去骨。

后腿肉：切去背腰后，沿脊椎中线切开分成两只，去骨。

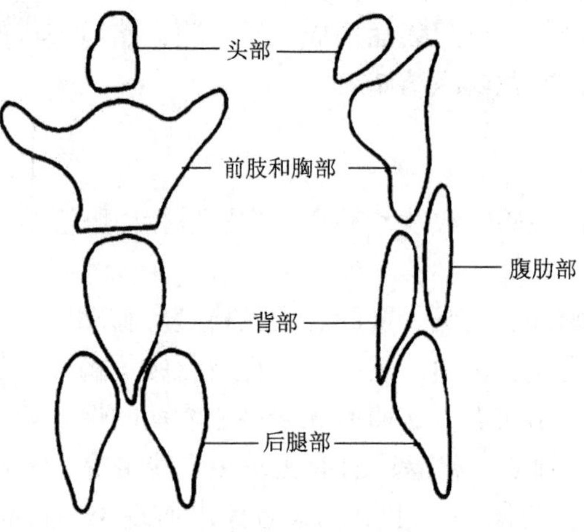

图 1-2　兔屠体分段示意图

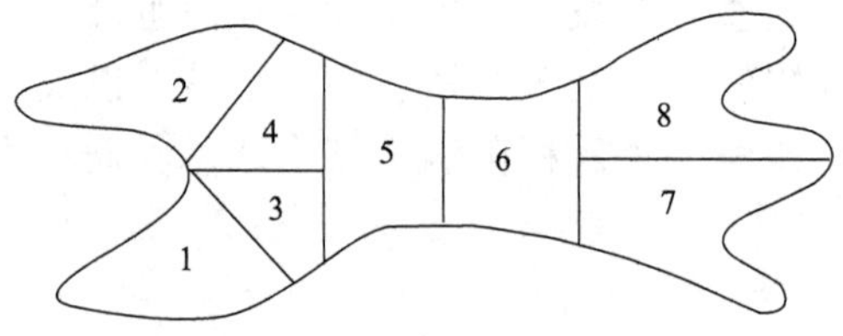

图 1-3　兔屠体分块示意图

（二）去骨

去骨也称拆骨或剔骨。兔胴体在去骨前需先拉出肾脏，称量以便此后计算出肉率。然后按如下方法拆骨。

拆前肢骨：先将肋骨上的肌肉划下，再拆肩胛骨、前臂骨及肋骨。

拆后肢骨：先拆下骨盆，再拆股骨、腔骨和腓骨。

拆脊椎骨：自后而前将脊椎骨拆下。脊椎骨、小骨突的凹部肌肉应用尖刀剔除，并拆下里脊肉和颈脊顶部的肌肉，除颈椎下部略带肉外，脊椎骨及肋骨上应做到不带肌肉。

操作时，要使拆下的平面骨和圆骨上不带肉，拆下的兔肉上不带骨及骨屑，每只兔肉连成一整块，尽量减少碎肉，将脱落的碎肉包入整肉内。拆骨时下刀要轻、快、准，不留小骨架、骨渣、碎骨（特别是脊椎上的碎骨）、软骨及伤斑。拆骨刀尖一般保持 0.5cm。一旦发现断刀尖事故，应立即停止拆骨，直到找到刀尖为止。

（三）商品分级

1. 规格要求

在外观上，凡胴体暗红色或放血不充分、露骨、透腔、脊椎突出、背部发白、肉质过老，有严重曲背、畸形的，以及修割面积超过规定的，都不宜作带骨兔肉。去骨兔肉则不许带碎骨和软骨。

2. 分级标准

（1）带骨兔肉

按质量分级，参照出口规格要求，共分四级。若是出口冻兔肉则不需分割，保持整个胴体完整。

特级：每只净重在 1500g 以上。

一级：每只净重在 1001～1500g。

二级：每只净重在 601～1000g。

三级：每只净重在 400～600g。

（2）分割兔肉

按部位进行分割，分为前腿肉、腰背肉和后腿肉（带骨肉不剔骨），分割要求同本小节“（一）分割”中的分割方法。

（四）兔肉的冷却

1. 冷却的目的

肉的冷却是将刚屠宰的兔肉经初步加工后放在冷却室内，使胴体后腿最厚处中心温度降低，减弱酶的活性，延缓肉的僵直期，使肉的表面形成一层油干的薄膜，起到阻止微生物入侵和在肉表面繁殖的作用，为肉的成熟进一步打下基础。经过冷却的肉，能较长时间保持鲜红色泽，并可改善其风味。

兔肉的冷却是兔肉冷冻的准备过程。对于刚屠宰后的兔肉，其肉尸的温度约为37℃，同时，由于兔肉屠宰后有一个“后热”过程，在此过程中，肝糖原还要产生一定的热量，使肉尸的温度有缓慢上升的趋势，而且肉尸表面潮湿，最适合微生物生长繁殖，对于肉的储藏极为不利。所以，冷却的直接目的就在于迅速排除肉尸深部的热量，降低其深层的温度，延缓微生物对肉尸的渗入和在其表面生长繁殖。此外，对于厚度较厚的肉尸，如果采用一次冻结，即不经过冷却而直接冻结，肉尸深部的热量不易散失，肉尸深部产生“变黑”等不良现象，影响冻结效果。

2. 冷却过程

冷却过程又可分为快速冷却和缓慢冷却。缓慢冷却会使肉的质量损失大，水分蒸发，肉尸表面形成很厚的干燥层，吸水膨润后，为微生物的生长繁殖创造条件，所以国内的冻兔肉生产一般采用快速冷却。在这一过程中，肉尸表面会形成能渗透的透明干膜，能降低肉尸特别是分割肉的肉汁损耗，从而减少肉尸表面的微生物，同时使肉尸的低pH值持续时间延长，这些都为长期储藏兔肉创造了条件。

3. 冷却条件的选择

冷却条件包括冷却间空气的温度、空气的相对湿度和空气的流动速度等。

（1）冷却间空气的温度

肉类在冷却过程中，虽其冰点为−1℃左右，但它的温度却能降到−6～−10℃，使肉尸短时间内处于冰点及过冷温度之间而不至于冻结。但由于肉尸在进入冷却间的开始阶段，其本身热量大量导出。因此，冷却间在进料之前应先降至−4℃左右，这样等进料后，可以维持冷却间温度在0℃左右，而不会过高，随后整个冷却过程维持在−1～0℃之间。如果温度过低，有引起冻结的可能，过高会延缓冷却速度。

（2）冷却间空气的相对湿度

水分是微生物活动的主导诱因。因此，空气湿度越大，微生物活动越强，尤其是霉菌。湿度过高，无法使肉尸表面形成一层良好的干燥膜；湿度过低，肉尸的损失太大。综合上述各因素，在冷却的初始阶段（约为冷却时间的1/4，即开始的6～8h），维持相对湿度在95%以上，以尽量减少肉尸表面的水分蒸发，由于此阶段时间较短，微生物不至于大量繁殖；在后续阶段（约为冷却时间的3/4，即16～18h），则维持相对湿度90%～95%；在临近冷却结束时，相对湿度维持在90%左右，这样既使肉尸表面尽快结成干燥膜，又不至于过分干燥。

（3）冷却间空气的流动速度

因为空气的热容量小，不及水的1/4，导热系数也小，所以其他参数不变，通过增加空气流动速度来达到迅速冷却的目的。但过强的空气流动速度，会大大增加兔肉表面干缩程度和电耗，而冷却速度却增加不大。因此，在冷却过程中空气流速以不超过 2m/s 为宜，一般采用 0.5m/s 左右。

4. 冷却时间

一般经过 24h 冷却，肉尸深部的温度达到 0℃左右，可按分级要求进行包装，进入冷冻间进行冷冻。

5. 冷却的方法

肉的冷却方法有两种，一种是一次冷却法，另一种是两段冷却法。目前，欧洲某些国家，如丹麦，采用两段冷却法。它是一种新工艺，即冷却过程在同一冷却间里分两段进行，但前段的风速和风温不同，要求风速和风温自动调节。第一阶段风温为–5～–10℃，时间为 2～4h，肉尸的内部温度降低到 20℃；第二阶段温度为 2～4℃，一般在当天夜间进行，经过 14～18h 的冷却，肉的内部温度达到 4～6℃。

6. 冷却时的注意事项

1）冷却室入货前应保持清洁，还要进行消毒。

2）肉的胴体应吊挂而不能叠放，如果互相接触，则冷却进行缓慢，甚至会因散热不良使局部温度升高，结果导致自溶和腐败。

3）冷却过程中，应尽量减少开门次数和人员出入，以维持稳定的冷却条件和减少微生物的污染机会。有条件者，可安装紫外灯进行照射杀菌。

（五）兔肉的包装

兔肉在分级后包装前，为使兔肉深部的温度迅速下降，并在表面形成干燥层，以免兔肉包装后发生质变，应送到冷却间，冷却间温度保持在 0℃左右，最高不超过 2℃，最低不低于–1℃，相对湿度为 85%。经 2～4h 即可包装入箱。

带骨兔肉在包装前须将兔的两肢尖端伸入腹腔，以两侧腹腔盖之，两后肢须弯曲，使形体美观。按分级标准分别用聚乙烯薄膜包装一圈半，包两层，做到不露头颈，腿部不戳破包裹薄膜。此外，也有袋装的，袋装时应注意排列整齐、美观、紧密，以背向外、头尾交叉为佳，尾部紧贴箱壁，头部与箱壁间留 1～2cm 空隙，便于透冷和解冻。

去骨兔肉包装前，须先称量，5kg 一大堆，然后将一大堆略分成四等份，整块的平堆，零碎的夹在中间卷紧，放在上面和下面的两卷各卷成“田”字形，四卷卷好后，装入聚乙烯薄膜袋，每四袋装一箱，每箱质量 20kg，并且要求每箱质量相差小于 200g，防止大小悬殊。兔肉包装好后立即送入速冻间，速冻后立即转入冷库。

第二节　兔肉特性及储藏保鲜

一、宰后兔肉变化与特性

（一）兔肉的成熟

1. 肉成熟的概念

兔屠宰后，当肌肉僵直达到最大限度后，在适当温度条件下，经过一定时间，肌肉组织僵硬度会自动缓慢地解除而逐渐变软，从而消除或部分克服其风味低劣、持水性差和硬橡胶感等不足，进而逐渐变得软化、多汁，使肉的风味和适口性大大改观，营养价值提高，这一过程称为肉的成熟。

2. 成熟肉的特点

（1）pH 值的变化

成熟肉的 pH 值由僵直期最低的 5.4～5.6 逐渐回升至 6.0 左右，此值可持续到腐败前。

（2）持水性的变化

肉的持水性，又称为持水力、保水性或保水力，是评价肉质最重要的指标之一。当肉处于僵直期时，其持水性达到最小，然后随着僵直的解除，持水性逐渐回升，至成熟期达到最大值。

（3）嫩度的变化

刚屠宰的肉柔软性最好，达到最大僵直期时嫩度最差，至成熟期肉的嫩度又重新增强。嫩度的这种变化主要是由肌纤维断裂、肌动球蛋白发生解离，以及结构弹性蛋白的变化而引起的。

（4）肌肉蛋白质组成的变化

肉在成熟过程中，受组织蛋白酶的分解作用，游离态氨基酸的含量增多，主要存在于浸出物中。新鲜肉的浸出物中氨基酸很少，而成熟肉的浸出物中有许多氨基酸，其中最多的是谷氨酸、精氨酸、亮氨酸、缬氨酸等，甘氨酸也较多。这些氨基酸都具有增强肉的滋味和香气的作用，使成熟肉的风味得以提高。

3. 成熟肉的形态特征

1）肉表面形成一层很薄的“干膜”，有羊皮纸样感觉，这层膜具有保护作用，保持水分、减少干耗，又可防止微生物的入侵。

2）肉质柔软且富有弹性，肉的横断面有肉汁流出，切面湿润多汁。

3）具有特异的芳香而微酸的气味，烹饪时容易煮烂，肉汤澄清透明，具有浓郁的肉香味。

肉的成熟过程在一定温度范围内随着温度的升高而加快。但温度过高，由于微生物的活动易引起肉的腐败。为此，实际生产将肉的成熟过程列为屠宰动物初步加工的最后一道工序，即肉的“冷却”，使其在2～4℃条件下经过2～3d，促其适当的成熟且不过早结束成熟过程，使肉在流通过程中保持一定的鲜度。

（二）兔肉的变质

肉的腐败变质是指肉在组织酶和微生物作用下发生质的变化，最终失去食用价值。肉变质时的变化主要是蛋白质和脂肪的分解过程。肉在内源性酶作用下的蛋白质分解过程，称为肉的自溶；由微生物作用引起的蛋白质分解过程，称为肉的腐败。

1. 兔肉的自溶

肉在冷藏时，有时发生酸臭味，切开后深层肌肉颜色变暗，呈红褐色或绿色。经检查硫化氢反应呈阳性，氨定性反应呈阴性，涂片镜检没有发现细菌。这是在无菌状态下，组织酶作用于蛋白质使其分解而引起的自溶现象。肉自溶的机理尚不十分清楚，可能与肉内组织酶活性增强引起某些蛋白质的轻度分解有关。

动物屠宰后，肉尸的温度保持37℃左右，加上糖原及腺苷三磷酸分解所产生的热量，会使肉温略有升高。这种较高温度的肉尸，如果放置在不良条件下储藏，肉尸间隔过密，储藏室温度高，空气流通慢，特别是肉尸肥大时，不能很快冷却，肉深层热量得不到及时散发，此时自溶酶活性加强，引起蛋白质分解至氨基酸阶段，以及含硫氨基酸分解产生硫化氢和硫醇，硫化氢与血红蛋白中的铁及游离的铁结合，形成硫化血红蛋白（Mb-SH）和FeS，结果使肉的某些部位出现红褐色，呈酸性反应，并有少量的CO_2气体，带有一股难闻的酸臭味，肌肉松弛，无光泽，缺乏弹性。这种肉如自溶程度较轻，可切成小块，放在通风良好的地方，散发不良气味，除去变色部位，仍可不受限制地使用。若自溶严重，除采取以上措施并经高温处理外，不得出售。发现肉有自溶现象后，应马上处理，否则蛋白质被分解成氨基酸，为微生物繁殖提供良好的营养条件，很快会引起肉的腐败。

2. 兔肉的腐败

健康动物血液和肌肉通常是无菌的，肉类的腐败变质，实际上是由在屠宰、加工、流通等过程中外界微生物的感染所致。肉被污染后，微生物由肉表面沿血管、淋巴和结缔组织向深层扩散，特别是邻近关节、骨骼和血管的地方最容易腐败。肌肉蛋白质是高分子的胶体粒子，微生物不能通过肌膜而扩散，大多数微生物是在蛋白质分解产物基础上才能迅速发展，所以肉的成熟或自溶为微生物的繁殖准备了物质条件。

由微生物所引起的蛋白质的腐败作用是复杂的生物化学反应过程，所进行的变化与微生物的种类、外界条件、蛋白质的构成等因素有关，一般的腐败分解过程如图 1-4 所示。

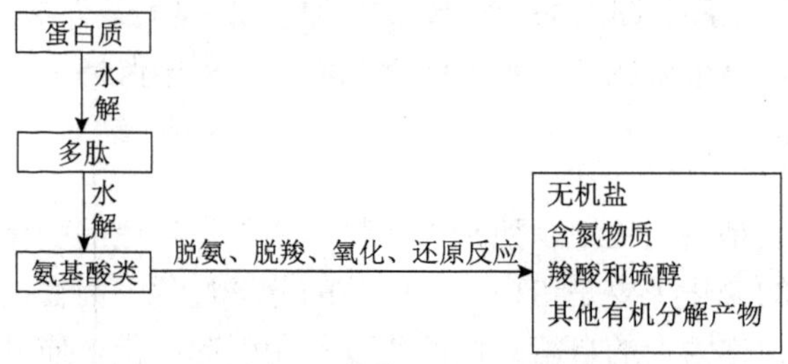

图 1-4　兔肉腐败分解示意图

在外界微生物分泌的酶作用下，蛋白质分解的初步产物是多肽。多肽与水形成黏液，附在肉表面，故鲜肉发黏是腐败的开端，煮制时肉汤变得黏稠浑浊，常以此鉴定肉的新鲜程度。多肽进一步分解产生氨基酸，氨基酸经复杂的生物化学变化，产生有机碱、有机酸、醇及其他有机物质，分解的最终产物为 CO_2、H_2O、NH_3、H_2S 等。

二、兔肉肉质特性

（一）兔肉组成

1. 兔肉的结构

兔肉的结构与畜肉一样，也是由肌肉组织、脂肪组织、骨骼组织和结缔组织所组成。其中，禽、兔肉的肌肉组织所占的比例比其他畜肉多，所以，这就决定了禽、兔肉的食用价值和商品价值相对较高。

家兔肌肉组织最发达的部位是后半身肌肉（腿部及后肢肌肉）和咬肌，前半身肌肉则不发达。肌肉颜色为淡红色，有时也发黄，野兔的肌肉为深红色。家兔的肌肉组织占兔肉的 90%以上，其肉质细嫩，消化率极高。

兔肉的脂肪为白色，有时为黄色，一般占 8%。兔肌肉中通常没有大的脂肪层。兔肉的脂肪含卵磷脂多，含胆固醇少。因此，兔肉对于控制体重者、限制脂肪摄入量的老年人及有心血管病倾向的人来说，是一种比较好的肉食。

2. 兔肉的化学组成

兔肉肉质细嫩，消化率位于猪、牛、羊、禽肉之首，高达 85%。据测定，100 日龄左右屠宰的进口纯种兔，屠宰率平均为 52%～54%，净肉率平均为 78%～82%，肉骨比为（3.9～4.7）：1。鲜兔肉的水分含量为 71%～76%，粗蛋白为 18.5%～22%，粗脂肪为 0.28%～1.23%，失水率为 17%～22.8%，兔肉 pH 值为 6.2～6.4，肌纤维直径为 50.2～64.7μm，各主要营养成分见表 1-1。

表 1-1　兔肉的营养成分

营养成分		含量	营养成分		含量
粗蛋白[a]/%		18.5	矿物质[b]	锌/（mg/kg）	54
粗脂肪[a]/%		0.65		钠/（mg/kg）	393
水分[a]/%		71.0		钾/（mg/kg）	2
粗灰分[a]/%		10.64		钙/（mg/kg）	130
胆固醇[b]/（mg/100g）		65		镁/（mg/kg）	145
不饱和脂肪酸占总脂肪酸比例/%		63		铁/（mg/kg）	29
维生素	维生素 B_2[d]/（mg/100g）	0.2	氨基酸[c]	缬氨酸/%	4.6
	硫胺素[b]/（mg/100g）	0.11		甲硫氨酸/%	2.6
	核黄素[b]/（mg/100g）	0.37		亮氨酸/%	8.6
	烟酸[b]/（mg/kg）	21.2		赖氨酸/%	0.87
	烟酸[d]/（mg/100g）	43.67		组氨酸/%	2.4
	泛酸[b]/（mg/kg）	0.10		精氨酸/%	4.8
	维生素 B_{12}[b]/（μg/kg）	14.9		苏氨酸/%	5.1
	叶酸[b]/（μg/kg）	40.6		异亮氨酸/%	4.0
	生物素[b]/（μg/kg）	2.8		苯丙氨酸/%	3.2
	吡哆醇[b]/（mg/kg）	0.27		可消化率/%	85.0

a. 以鲜重计；b. 以干物质计；c. 占蛋白质的百分数；d. 表示干基含量。

从表 1-1 中可见，兔肉蛋白质含有多种氨基酸，包括人体所必需的赖氨酸、甲硫氨酸等，烟酸、矿物质、B 族维生素等也较为丰富，现代营养学研究进一步证实了兔肉的营养保健功能。

（二）兔肉与其他肉类的比较

兔肉的营养特性可概括为“三高三低”。“三高”即高蛋白质、高磷脂、高消化率；“三低”即脂肪含量低、胆固醇含量低、尿酸含量低。我国中医学对兔肉早有很高的评价，晋朝陶隐居云：“兔肉为羹亦益人。”宋朝《证类本草》记载：“肉味辛平无毒，主补中益气。”明朝李时珍在《本草纲目》中述：兔肉“凉血，解热毒，利大肠”。这些都从中医的角度证实了兔肉天然的保健功效和其特有的营养价值。因此，兔肉又被誉为“益智肉”“保健肉”“美容肉”。

兔肉的营养价值与禽肉一样，高于其他畜肉。兔肉、禽肉与畜肉的营养成分比较列于表 1-2～表 1-4 中。兔肉的蛋白质含量高达 21.0%，若以干物质计算，兔肉的蛋白质含量可高达 70%，比猪、牛、羊肉都高；而兔肉的脂肪含量可低至 0.5%，以干物质计算，兔肉的脂肪含量也仅为 8.0%，比猪、牛、羊肉低得多；

兔肉的胆固醇含量也比较低。兔肉中矿物质，特别是钙与磷的含量均较高，有利于儿童的骨骼发育和老年人的机体修复；兔肉的可消化率也明显高于其他畜禽肉，可达 85%。因此，兔肉对于儿童、产妇、老人和患者是十分优良的高蛋白营养食品。

表 1-2　几种主要肉类的胆固醇含量　　（单位：mg/100g）

种类	兔肉	鸡肉	鸭肉	猪肉	牛肉	小牛肉	绵羊肉	山羊肉	黄鱼
含量	65	60～90	70～90	126	106	140	70	60	98

表 1-3　兔肉、禽肉与畜肉营养成分的比较

项目	兔肉	鸡肉	牛肉	羊肉	猪肉
水分/%	70	75.7	56.7	61	56.3
能量/（kJ/100g）	678	519	1260	1101	1290
蛋白质/%	21.0	18.6	17.4	16.5	15.7
脂肪/%	8.0	4.9	25.1	19.4	26.7
维生素 B_1/（mg/100g）	0.08	0.7	0.07	0.15	0.76
维生素 B_2/（mg/100g）	0.06	0.38	0.15	0.2	0.18
烟酸/（mg/100g）	12.8	5.6	4.2	4.8	4.1
能量*/（kJ/100g）	2260	2135.80	2909.93	2823.08	2951.94
蛋白质*/%	70	76.54	40.18	42.31	35.93
脂肪*/%	26.67	20.16	57.97	54.62	61.90
维生素 B_1^*/（mg/100g）	0.27	2.88	0.16	0.38	1.74
维生素 B_2^*/（mg/100g）	0.2	1.56	0.35	0.51	0.41
烟酸*/（mg/100g）	42.67	23.05	9.70	12.31	9.38
可消化率/%	85	50	55	68	75

*. 表示干基含量。

表 1-4　兔肉与其他畜禽肉矿物质含量的比较　　（单位：%）

项目	兔肉	鸡肉	猪肉	牛肉
矿物质含量	1.779	1.649	0.761	1.511
钾	0.479	0.56	0.169	0.338
钠	0.067	0.128	0.042	0.024

续表

项目	兔肉	鸡肉	猪肉	牛肉
钙	0.026	0.015	0.006	0.012
镁	0.048	0.061	0.012	0.024
磷	0.579	0.58	0.24	0.495
铁	0.082	0.013	0.004	0.043
硫	0.498	0.292	0.288	0.575
矿物质含量*	5.22	5.73	2.77	5.50
钾*	1.41	1.95	0.62	1.23
钠*	0.20	0.45	0.15	0.09
钙*	0.08	0.05	0.02	0.04
镁*	0.14	0.21	0.04	0.09
磷*	1.70	2.02	0.87	1.80
铁*	0.24	0.05	0.01	0.16
硫*	1.46	1.02	1.05	2.09

*. 表示干基含量。

三、鲜兔肉的安全储藏

（一）兔肉新鲜度的鉴定指标

检验肉品的新鲜度，一般采用感官检查和实验室检验方法配合进行。感官检查通常是在实验室检验之前进行，感官检查认为合格，肉可允许出售。若感官检查认定不合格时，则销毁或禁止出售。只有当感官检查不能确认时，才进行实验室检验。

肉品新鲜度变化的鉴定指标一般包括四个方面，即感官指标、物理指标、化学指标和微生物指标。

1. 感官指标

感官检查是鉴定肉品新鲜度的简便、灵敏和较准确的方法。由于蛋白质分解，肉品的硬度和弹性下降，组织失去原有的韧性，出现颜色异常，蛋白质分解产物所特有的气味更为明显。人类的感官器官相当灵敏，例如，极微量的腐败产物胺类和硫醇等异类臭物质，一般采用化学手段难以检出，但通过嗅觉可以鉴定。

感官检查是通过检验者的感官器官，主要观察肉品表面和切面的状态，如色泽、黏度、弹性、气味、肉汤（食肉）等状况，并做出判定。我国食品卫生标准中已规定了各种畜禽肉的感官指标，可遵照执行（表 1-5）。

表 1-5　鲜兔肉感官指标

项目	一级鲜度	二级鲜度
色泽	肌肉有光泽，红色均匀，脂肪洁白或淡黄色	肌肉稍暗，切面尚有光泽，脂肪缺乏光泽
黏度	外表微干或有风干膜，不黏手	外表干燥或黏手，新切面湿润
弹性	指压后的凹陷立即恢复	指压后的凹陷恢复慢，且不能完全恢复
气味	具有鲜兔肉正常的气味	稍有氨味或酸味
煮沸后肉汤	透明澄清，脂肪因聚集于表面而具有特有香味	稍有浑浊，脂肪呈小滴浮于表面，香味差或无鲜味

2. 物理指标

蛋白质分解的物理指标，主要有电导率、折光率、冰点（下降）、黏度（升高）、保水量与膨润量等，其中肉浸液的黏度测定与感官检查的相关性极高。

3. 化学指标

肉品新鲜度鉴定的化学指标，主要是测定蛋白质的分解产物，如吲哚、有机酸、氨和胺类、硫化氢、肉浸液 pH 值、三甲胺、挥发性盐基氮（TVB-N）等。我国在鉴定肉、鱼类新鲜度的化学指标中，只将挥发性盐基氮一项列入国家食品卫生标准。此外，pH 值、硫化氢等也有参考意义。

4. 微生物指标

肉品中微生物的数量说明其污染状况及腐败变质程度，目前我国应用菌落总数与大肠杆菌数量作为其卫生鉴定指标。

（二）兔肉的保质储藏方法

兔肉是高蛋白质食品，极易腐败变质，如果在室温下放置时间过久，因受到微生物的侵袭产生种种变化，很快导致腐败。因此，兔肉的防腐保鲜很重要。防止鲜兔肉腐败变质的主要方法有冷藏法、冻藏法、气调法和气调冷藏结合等。

1. 冷藏

兔肉放在普通家用冰箱内，只能放 2～3d；在专用冷柜（0～4℃），可保存 7d。如果冻结后冷藏，可使兔肉在较长时间内不发生腐败变质。其加工方法是：先将屠宰、检验、修整后的兔肉按质量及规格分级，放入 3℃左右冷室预冷 3～4h，然后置于−25～−30℃条件下迅速冻结，延续时间 24～40h，相对湿度调节为 85%～90%。冻结后，兔肉在−15～−20℃冷藏，可储藏 1 年；在−12℃左右冷藏，可储藏 6 个月；−4℃冷藏，则只能存放 2 个月。兔肉现代冷藏保鲜技术控制参数如表 1-6 所示。

表 1-6　兔肉现代冷藏保鲜技术控制参数

方法	技术参数
屠宰后屠体冷却	方法一：冷室温度–1～2℃，相对湿度 85%～95%，风速 0.3～3m/s，冷却终温不高于 4℃（在具备特别良好的屠宰分割条件下，也可冷却至不高于 7℃） 方法二：冷室温度–5～–8℃，相对湿度 90%，风速 2～4m/s，冷却大约 30min 后转为冷室温度 0℃，相对湿度 90%，风速 0.1～0.3m/s，至终温不高于 4℃（在具备特别良好的屠宰分割条件下，也可冷却至不高于 7℃）
屠体分割	分割间温度 8～10℃，分割总体时间不超过 10min，肉温尽可能保持在不高于 4℃（在具备特别良好的卫生条件下，也可冷却至不高于 7℃）
兔肉包装	聚己内酰胺或聚乙烯材料包装，简单真空或气调（最好为 70% O_2 + 30% CO_2，也可为 60% O_2 + 40% CO_2），包装间温度 8～10℃，总体时间不超过 10min，肉温尽可能保持在不高于 4℃（在具备特别良好的卫生条件下，也可保持不高于 7℃）
包装肉的冷藏	冷室温度–1～2℃，风速 0.1～0.3m/s，避光或光度不超过 60 lx，冷藏滞留时间 2～3d
包装肉的运输	冷藏运输车温度–1～2℃，运输时间不长于 2h，肉温尽可能保持在不高于 4℃（在具备特别良好的卫生条件下，也可保持不高于 7℃）
鲜肉在销售点的销售	销售柜温度 0～4℃，相对湿度 85%～90%，肉温尽可能保持在不高于 4℃（在具备特别良好的卫生条件下，也可保持不高于 7℃）。简单包装货架寿命 3d，真空包装货架寿命 7d，气调包装货架寿命 14d

2. 气调保鲜

（1）保鲜机理

鲜肉的气调保鲜就是利用适合保鲜的保护气体置换包装容器内的空气，抑制细菌生长，结合调控温度以达到长期储藏和保鲜的一种技术。研究表明，大气环境和温度是影响鲜肉储藏期的主要因素。在常温的大气环境中，细菌迅速繁殖而导致鲜肉变质，因而降低储藏温度，并创造一个人工气候环境，则可有效延长鲜肉的储藏保鲜期。鲜肉气调保鲜机理，就是通过在包装内充入一定的气体，破坏或改变微生物赖以生存、繁殖的条件，防止肉色变，以达到保鲜的目的。气调保鲜常用的气体为 CO_2、O_2 和 N_2，或是它们的各种组合气体。每种气体对鲜肉的保鲜作用不同。

（2）具体方法

1）纯 CO_2 气调包装保鲜：在冷藏条件下（0℃），充入不含 O_2 的 CO_2 至饱和可大大提高鲜肉的储藏保鲜期，同时可防止肉色由于低氧分压引起的氧化褐变。用这一方式储藏猪肉至少可达 15 周。如果能做到从屠宰到包装、储藏过程中有效防止微生物污染，则储藏期可达 20 周。因此，纯 CO_2 气调包装保鲜适合于批发的、长途运输的、要求较长储藏期的销售方式。为了使肉色呈鲜红色，受消费者所喜爱，在零售以前，改用含氧包装，或换用聚苯乙烯托盘覆盖 PE 薄膜包装形式，使 O_2 与肉接触形成鲜红色的氧合肌红蛋白，吸引消费者选购。改成零售包装的鲜肉在 0℃下约可保存 7d。

2）75% O_2 和 25% CO_2 的气调包装保鲜：将此种组成的混合气体充入鲜肉包装内，既可形成氧合肌红蛋白，又可使肉在短期内防腐保鲜。肉在 0℃的冷藏条件下，可储藏保鲜 10～14d。这种气调保鲜肉是一种只适合于在当地销售的零售包装。

3）50% O_2、25% CO_2 和 25% N_2 的气调包装保鲜：用此种组成的混合气体作为保护气体充入鲜肉包装内，既可使肉色鲜红、防腐保鲜，同时又可防止因 CO_2 逸出包装盒受大气压力压塌。这种气调包装同样是一种适合于在本地销售的零售包装形式。肉在 0℃冷藏条件下，储藏保鲜期可达到 14d。

四、冷鲜兔肉加工与储运

（一）冷鲜兔肉概念

冷鲜兔肉也称为冷却兔肉或冰鲜兔肉，是指家兔经检验合格屠宰后迅速冷却，并从分割、运输、储存、流通到消费全过程始终保持在 0～4℃不中断冷链条件下的生鲜兔肉。与热鲜兔肉和冻兔肉相比较，冷鲜兔肉具有更为卫生、安全、红嫩、营养等特点。发达国家鲜肉市场 80%以上是冷鲜肉，冷鲜兔肉在国内大中城市已逐步扩大市场份额，并将逐步成为鲜肉消费的主流。

（二）工艺及关键控制点

肉兔应按 GB/T 17239—2008《鲜、冻兔肉》的要求进行屠宰，屠宰加工过程中的卫生要求按 GB 12694—2016《食品安全国家标准 畜禽屠宰加工卫生规范》执行。

1. 兔肉的屠宰工艺流程

活兔卸载→检疫→待宰→电击→放血沥血→剥皮→净膛→冲洗→同步检验→冷却。

肉兔原料选择须符合 NY/T 5030—2016《无公害农产品 兽药使用准则》、NY 5131—2002《无公害食品 肉兔饲养兽医防疫准则》、NY 5032—2006《无公害食品 畜禽饲料和饲料添加剂使用准则》和 NY/T 5133—2002《无公害食品 肉兔饲养管理准则》。

2. 预冷工艺

兔肉应在宰杀后 1h 内进入预冷间，并采用快速冷却法冷却。冷却间相对湿度应达到 85%～95%，空气流速为 0.3～3m/s，5h 左右，胴体中心温度应不高于 4℃（表 1-7）。

表 1-7　冷鲜兔肉预冷却工艺推荐表

项目	控制参数
冷却排酸间相对湿度/%	85～95
空气流动速度/（m/s）	0.3～3
冷却排酸时间/h	4～8
冷却后肉温/℃	≤4
失重率/%	0.8～1.2

3. 排酸成熟工艺

根据销售市场对产品保鲜期的不同要求，可采用常规排酸冷却或真空包装排酸冷却。常规排酸冷却时，排酸间温度为–1～2℃，相对湿度为 85%～95%，空气流动速度为 0.1～0.3m/s；真空包装排酸冷却时，排酸间温度为–1～2℃，空气流动速度为 0.1～0.3m/s。如果需要较长的保鲜期，还可采用真空热收缩排酸冷却。具体排酸成熟工艺如表 1-8 所示。

表 1-8　冷鲜肉排酸成熟工艺推荐表

项目	控制参数	
	常规排酸冷却	真空包装排酸冷却
冷却排酸间温度/℃	–1～2	–1～2
相对湿度/%	85～95	—
空气流动速度/（m/s）	0.1～0.3	0.1～0.3
光照度/lx	避光，或<60	避光，或<60
冷却排酸时间/d	3～4	2～3
肉块中心温度/℃	1～2	1～2
货架寿命/d	7～14	21～28（可达 35）

4. 分割、包装、储运及营销方式

根据产品销售方向，冷鲜肉可选择不同的分割、包装、储运及营销方式，具体方式见表 1-9。

表 1-9　冷鲜肉分割、包装、储运及营销方式

产品销售方向	分割、包装、储运及营销方式
学校、企业、机关等单位食堂或大宾馆，定点定时供货	预冷却至肉块中心温度 2℃，真空包装或气调包装后冷却排酸，冷藏、运输，直接供货
专卖店零售、超市零售	对于一般产品，可直接真空包装或简装直接出售；对于高档产品，可采用硬塑成型盒气调小包装，上覆聚酰胺保鲜薄膜，冷藏车运输至专卖店，气调包装或真空包装出售

五、兔肉的冻藏

肉的冻藏，即冷冻储藏，是目前广泛采用的一种储藏方法，可防止肉品腐败而长期储藏，调节市场需求。

（一）兔肉冷冻的目的及技术关键

肉的冷冻储藏，即肉类在冻结状态下的储藏。兔肉的冷冻是兔肉冷却的继续，是让已降温至冻结点左右的兔肉继续降温使其进入冻结状态。微生物繁殖的临界温度为−12℃，但此温度下，酶及非酶作用以及物理变化还不能有效被控制，所以必须采用更低的温度，在实际生产中冻结的推荐温度为−18℃。

冻结的直接目的是使肉保持在低温度下防止肉深部发生微生物的、化学的、酶的以及一些物理的变化，以保证冻结肉的质量。因此，冻结不仅要保持感官上的冻结状态，更主要的是防止肉的变质。但在冻结状态下，不可避免地产生冰晶，冰晶又会给肉的品质以不良影响。因此，如何减少冰晶的影响，便成为研究的最大技术问题。冷冻肉生产提倡快速冻结，现在研究提倡深度低温冻结，其主要原因就是它们都具有减少冰晶对肉质影响的作用。

（二）冻结方法

冻结方法分为快速冻结和缓慢冻结两种方法。缓慢冻结在肌肉组织中形成的结晶中心少，且结晶中心首先在肌纤维之间形成，因为肌纤维间隙中的酸、盐和组织液及其他物质的浓度低于肌纤维中肌细胞的浓度，浓度越低其冻结温度越高，随着冰晶的形成和增大，细胞间隙中组织液的浓度增高。因此，细胞中的水分向间隙转移，冰晶再扩大，大晶体的尖锐晶面对结缔组织层起破坏作用，在解冻时，导致细胞汁液流失。快速冻结则不同，由于形成很多的结晶中心，产生体积小的晶体，不会破坏纤维细胞。因此，速冻比慢冻能更好地恢复肉原来的性质，不同冻结方法的冻结速率见表 1-10。

表 1-10　不同冻结方法的冻结速率

冻结方法	冻结速率/（cm/h）
非常缓慢的冻结	<0.2
缓慢冻结	0.2～1.0
快速冻结	1.0～5.0
非常快速的冻结	>5.0

（三）兔肉冷冻时的变化

1. 冰晶形成

兔肉冻结时，肉汁形成冰晶，冰晶主要是由肉汁中的纯水部分组成，其中的可溶性物质集中到剩余的液相中，随着水的冻结，冰点下降，当温度降至−5～−10℃时，组织中的水分有80%～90%已冻结成冰（表1-11）。通常将这以前的温度称为冰晶的最大生产区，温度继续降低，冰点也继续下降，当达到肉汁的冰点以后，全部水分冻结成冰，肉汁的冰点为−62～−65℃，通常将肉汁中冻结水分与总水分之比称为冻结率，其计算方法如下：

冻结率（%）=（1−肉的冰点/冻结肉的温度）×100%

表1-11　肉的冻结温度和肉汁中水分的冻结率

冻结温度/℃	−1.5	−2.5	−5	−7.5	−10	−17.5	−20	−25	−32.5
冻结率/%	30	63.5	75.6	80.5	83.7	88.5	89.4	90.4	91.3

2. 干耗

肉类在冷冻储藏期间最重要的变化是水分蒸发或升华，使肉的质量减少，俗称干耗。冷冻肉的干耗仅限于表面层，经过长期储藏的冷冻肉，其表面形成一层脱水的海绵层，并发生较强的氧化作用。

3. 颜色的变化

冻肉的颜色逐渐由氧合肌红蛋白的鲜红色变成高铁肌红蛋白的褐色，这一变化是从表面开始逐渐向深层延伸，温度越低延伸得越慢。肉的颜色变化，除一部分是由于生化作用的结果外，多是由某些细菌所分泌的水溶性或脂溶性的黄、紫、绿、蓝、褐、黑等色素所致，如假单胞菌、产碱杆菌、明串球菌、细球菌、变形杆菌等。肉品上产生的色素，一般无卫生学意义，只要无腐败现象，经清除后肉可供食用。

4. 组织结构的变化

肉品在缓慢冷冻过程中，细胞组织周围形成大冰晶，从而造成细胞组织的破裂，致使冻肉解冻后均有大量的汁液流出。若采取快速冷冻方法，可减少细胞破裂的程度。

（四）兔肉的速冻

兔肉冷却包装入箱后，应立刻送入冻结间进行速冻。因速冻后的肉在融化后，能最大限度地恢复原有肉的滋味和营养，而慢冻则形成大的冰晶，破坏了肌肉组织，融化后汁液流失严重，降低了肉品质量和营养价值。速冻间的温度应保持在−23℃以下，相对湿度在95%以上，纸箱应分别排列在货架上，出口兔肉速冻时间不得超过 48h，一般不超过 72h，肉的中心温度达−15℃时，即可转入冻藏间冻藏。

（五）冻结肉的储藏

冻结肉的保管是调节供需的一种原料储备，经过保管的冻结肉，其食用价值、外形、气味和滋味等不应有重大改变。经过冻结的肉，为了较长期的保存，应移至冷藏库中冷藏。肉在冷藏库中可以堆码成垛，垛底垫以专用清洁的木质格架，离地 30cm，垛高 2.5～3m，肉垛与周围墙壁、天棚之间应保持 30～50cm 的距离，垛与垛之间要留有通道。

影响冻结肉在保管时质量的主要因素是空气温度、相对湿度和空气循环速度。适宜的保管条件是保持恒定的低温和较高的相对湿度，以及最小空气速度的自然循环。保管温度是主要因素，温度决定了各种反应的速率、微生物的生长速度、干耗等，我国目前一般将冻结肉的保管温度恒定在−20～−18℃。此温度下，微生物的发育几乎完全停止，肉表面水分蒸发量较小，各种生化变化受到抑制，肉类的储藏性和营养价值保持较好，制冷设备的运转费也比较经济。虽然冻兔肉的冻藏温度越低，储藏时间就越长。但在实际冻藏过程中，为确保冻藏质量和降低能耗，冻兔肉中心温度不得高于−15℃，相对湿度 90%左右，空气流速为自然循环流速，温度要保持相对稳定，不得忽高忽低，储藏时间在 1 年内，产品不会腐败。

（六）冷冻肉品中出现的异常现象与卫生处理

兔肉在冻藏期间的变化类似于禽肉，储藏时间过长，则出现肉质干枯、脂肪酸败，有时出现肉质腐败变质，尤其是脂肪酸败，产生辛辣和刺鼻的哈味、霉味等，从而造成产品浪费，带来经济损失。

1. 发黏

发黏多见于冷却肉，冻结肉一般不会出现发黏现象。发黏产生原因是吊挂冷却时，胴体相互接触，降温较慢，通风不好，招致明串珠菌、细球菌、无色杆菌、假单胞菌等的繁殖，并在肉面上形成黏液样物质，手触有黏滑感，甚至起黏丝，同时伴有陈腐气味。发黏肉如果发现较早，无腐败现象，用清水清洗风吹后即可消除，或者修割后供食用；但若有腐败现象则不能食用。

2. 发霉

霉菌在肉表面上生长，经常形成白点或黑点。小白点是由白色分枝孢霉菌引起的，直径 2～6mm，很像洒上石灰水的点，这种白点多在肉表面，抹去后不留痕迹；小黑点是由蜡叶芽枝霉菌引起的，直径 6～13mm，呈漏斗状生长，浸入肉深层可达 1cm，不易抹去。其他，如青霉、曲霉、刺枝霉、毛霉等也可在肉表面生长，形成不同色泽的霉斑。发霉的肉若无腐败现象，除去表面霉层后可供食用；若霉菌已侵入深层，切除受侵部位后应立即利用；如同时具有明显的霉败味或腐败象征，则不能供食用。

3. 发光

在冷库中常见肉上有磷光，这是由一些发光杆菌所致；在鸡肉上有时也能出现的荧光，是由荧光假单胞杆菌、产碱杆菌、黄色杆菌所致。肉有发光现象时，一般没有腐败菌生长；一旦有腐败菌生长，磷光便消失。发光的肉经卫生消除后可供食用。

4. 脂肪氧化

冻肉的外观脂肪呈淡黄色并有酸败味的现象，称为脂肪氧化。这种现象常与动物生前体况不佳、加工卫生不良、冻肉存放过久或日光照射等因素有关。在低温时，脂肪组织可发生缓慢氧化，特别是含较多不饱和脂肪酸的脂类。脂肪氧化首先表现出不良气味，外观先出现黄色斑点，继而脂肪整体变黄，并产生酸败味。若氧化仅限于表层，可将表层削去作工业用油，其余部分，取小块作煮沸试验，无酸败者可供加工食用。

5. 腐败

腐败常见于股骨附近肌肉和结缔组织，大多由厌氧芽孢杆菌所引起。这种腐败由于发生在深部，检验时不易发现，必要时可采取扦插法检查深层腐败肉，将变质部分彻底割除后，经高温处理再利用。

6. 干枯

外观肌肉色泽深暗，肉表层形成一层脱水的海绵状，称为干枯肉。干枯现象的发生，是因冻肉存放过久，尤其是反复融冻，使肉中水分丧失所致。轻度干枯者，应割去表层干枯部分后食用；严重的干枯肉，不能供食用。

（七）冻肉在冷藏期间的检验

冻肉在冷藏期间，卫生人员要经常检查库内温度、湿度和冻肉的质量情况；定期抽查肉温，查看冻肉有无软化、变形、生霉、变色、异味、干枯、氧化等异常现象。发现变质现象或临近安全区的冻肉，要采样化验，测定挥发性盐基氮和其他项目，以便做好产品质量分析和预报工作。已经存有冻肉的冷藏间，不应再加装鲜肉，以免原有冻肉发生软化或解霜。要严格执行先进先出的原则，避免因储藏过久而发生干枯和氧化。靠近库门的冻肉易于氧化变质，因此，要注意经常更换。

第三节　加工辅料与辅材

兔肉制品在加工中，除以兔肉及某些畜禽肉为原料外，还使用各种辅料和辅材。辅料的添加使得肉制品的品种形形色色、多种多样。不同的辅料在兔肉制品加工过程中发挥不同的作用，如赋予产品独特的色、香、味，改善质构，提高营养价值等。可将这些辅料分为调味料、香辛料和添加剂三大类，辅材主要是包装材料、烟熏料等。

一、加工辅料

（一）调味料

调味料也称佐料，是指被少量加入其他食物中用来改善味道的食品成分。在兔肉制品加工中，凡能突出肉制品口味，赋予肉制品独特香味和口感的物质统称为调味料（有些调味料也有一定的改善肉制品色泽的作用）。调味料的种类多、范围广，包括咸、甜、酸、鲜等赋味物质，如食盐、酒、醋、酱油、味精等。

调味料在兔肉制品加工中虽然用量不多，但应用广泛，变化较大。其原因之一是每种调味料都含有区别于其他调味料的特殊成分，这一点是调味料应用中应注意的重要因素。在肉制品加热过程中，通过这些特殊成分的理化反应，起到改善肉制品滋味、质感和色泽等作用，从而导致肉制品形成众多的特殊风味，有助于提高食欲，增加营养，有的还起到杀菌和防腐的作用。

兔肉制品中使用调味料的目的在于产生特定的风味。所用调味料的种类及质量，应视制品及生产目的的不同而异。由于调味料对风味的影响很大，因此，添加量应以达到所期望的目的为准，切不可认为使用量越大味道越好。就中式肉制品来说，几乎所有的产品都离不开调味料，调味料使产品要么鲜美，要么浓醇，料味突出。但使用不当，不仅造成调味料的浪费，增加成本，而且影响产品特有风味。例如，如果香气过浓，会使产品出现烦腻冲鼻的恶味和中草药味。所以在调味料的使用量上应恰到好处，从而使制品达到口感鲜美、香味浓郁的目的。

每种调味料基本上都有自己的呈味成分，这与其化学成分的性质有密切联系，不同的化学成分可以引起不同的味觉。以下将对肉制品加工中常用的调味料做简单介绍。

1. 咸味调味料

咸味在兔肉制品加工中是能独立存在的味道，主要使用食盐，其他还有酱油、豆豉、腐乳等。

（1）食盐

食盐是兔肉制品加工中的主要咸味调味料，其作用和用量如下。

1）作用。第一，调味作用。添加食盐可增加和改善食品风味。在食盐的各种用途中，当首推其在饮食上的调味功用，既能去腥、提鲜、解腻、减少或掩饰异味、平衡风味，又可突出原料的鲜香之味。因此，食盐是人们日常生活中不可缺少的调味料之一。第二，提高肉制品的持水能力、改善质地。食盐能活化蛋白质，增加蛋白质水合作用和结合水的能力，从而改善肉制品的质地，增加其嫩度、弹性、凝固性和适口性，使成品形态完整、质量提高；还能增加肉糜的黏性，促进脂肪混合以形成稳定的乳状物。第三，抑制微生物的生长。食盐可降低水分活度，提高渗透压，抑制微生物生长，延长肉制品的保质期。第四，生理作用。食盐是人体维持正常生理机能所必需的成分，如维持一定的渗透压平衡。

2）用量。兔肉制品中适宜的含盐量可呈现舒适的咸度，突出产品的风味，保证满意的质构。用量过小，则产品寡淡无味；如果超过一定限度，就会造成原料严重脱水，蛋白质过度变性，味道过咸，导致成品质地老韧干硬，破坏了产品所具有的风味特点。另外，出于健康的需求，低食盐，即食盐含量小于2.5%的肉制品越来越符合人们的饮食需求。所以，无论从加工的角度，还是从保障人体健康的角度，都应该严格控制食盐的用量，且使用食盐时必须注意均匀分布，避免结块。

我国肉制品的食盐用量一般规定是：腌腊制品6%～10%，酱卤制品3%～5%，灌肠制品2.5%～3.5%，油炸及干制品2%～3.5%，粉肚制品3%～4%。同时根据季节不同，夏季用盐量比春、秋、冬季要适量增加0.5%～1.0%，以防肉制品变质，延长保质期。

（2）酱油

酱油和盐一样，既能调味、增香，也有防腐作用，是我国传统的调味品。酱油分红、白两种，前者色浓，后者色浅。酱油的原料甚多，其中以黄豆制品的质量较好。酱油为中式肉制品的重要调味料，而西式肉制品则不用酱油。

近年来，我国各地在制作传统口味香肠时多使用白酱油或鲜汁酱油，促进香肠制品成熟发酵，防止酱油对香肠色泽的影响。中式酱肉制品（红烧制品）多采用红色酱油，使酱肉呈现美观的酱红色，增加鲜味。

酱油是兔肉制品加工中重要的咸味调味料，一般含盐量18%，并含有丰富的氨基酸等风味成分。

酱油在兔肉制品加工中的作用主要是：① 为肉制品提供咸味和鲜味。② 添加酱油的肉制品多具有诱人的酱红色，这是由酱色的着色作用和糖类与氨基酸的美拉德反应产生的。③ 酿制的酱油具有特殊的酱香气味，可使肉制品增加香气。

④ 酱油生产过程中产生少量的乙醇和乙酸等，具有解除腥腻的作用。肉制品加工以添加酿制酱油为最佳，为使产品呈现美观的酱红色，应合理地配合糖类的使用，酱油在香肠制品中还有促进发酵成熟的良好作用。

（3）豆豉

豆豉又称香豉，是大豆的酿造品，为我国人民最早使用的调味料之一，也是四川、江南、湖南等地区常用的调味料。豆豉是以黄豆或黑豆为原料，利用毛霉、曲霉或细菌蛋白酶分解豆类蛋白质，达到一定程度时，即用加盐、干燥等方法，抑制微生物和酶的活动，延缓发酵过程。这使得熟豆中的一部分蛋白质和分解产物在特定条件下保存下来，形成具有特殊风味的豆豉。

豆豉作为调味品，在肉制品加工中主要起提鲜味、增香的作用。豆豉除作调味和食用外，医疗功用也很多。中医认为，豆豉性味苦、寒，经常食用豆豉有助于消化，增强脑力，减缓老化，提高肝脏解毒功能，防止高血压，消除疲劳，预防病症，减轻醉酒，缓解病痛等。

豆豉在应用中要注意用量，防止压抑主味。另外，要根据制品要求进行颗粒或蓉泥的加工，在使用保管中，若出现生霉，应视含水情况，酌量加入食盐、白酒或香料，以防止变质，保证其风味质量。

（4）腐乳

腐乳是豆腐经微生物发酵制成的。按色泽和加工方法不同，分为红腐乳、青腐乳、白腐乳等。

红腐乳：色红褐，质细腻，有芳香及微弱的香味，可久藏。存放时间越长，味道越鲜美。浙江绍兴所产最为有名。

青腐乳：色青白，质细腻，味鲜，有氨及硫化氢味。

白腐乳：包括糟腐乳和醉方两种。糟腐乳的特点是色白而带黄，上盖糯米酒糟，酒味较浓厚，稍带甜味。醉方的特点是表面有一层米黄色皮，有酒香味，味道鲜美。

在兔肉制品加工中，红腐乳的应用较为广泛。质量好的红腐乳，应是色泽鲜艳，具有浓郁的酱香及酒香味，细腻无渣，入口即化，无酸苦等怪味。腐乳在肉制品加工中的主要应用是增味、增鲜、增加色彩。

腐乳在保管过程中容易产生白膜，发生变酸、变味等现象，应注意防潮、防晒、防冻。

2. 甜味调味料

兔肉制品中常用的甜味调味料有砂糖、红糖、蜂蜜、葡萄糖、绵白糖、饴糖、冰糖以及淀粉水解糖浆等。

（1）砂糖

砂糖是白色或无色的结晶性颗粒，甜度较大，味道纯正，易溶于水，是一种广泛使用的调味料，添加到制品中能产生甜味并具有助鲜的作用，可使肉品保持原色，促使肉质松软，缓冲咸味，在味道上取得平衡。西式肉制品生产中砂糖的添加量在0.5%～1%，中式肉制品的一般用量为肉质量的 0.7%～3%，但在烧烤类和广式香肠中用量较大，为 5%～8%。

（2）红糖

红糖含蔗糖约 84%，所含游离果糖、葡萄糖较多，故甜度较大。由于未脱色精制，水分、杂质较多，容易结块、吸潮，甜味不如砂糖纯厚，多用在酱卤制品中，用于着色和调味。

（3）蜂蜜

蜂蜜在兔肉制品加工中的应用主要起提高风味、增香、增色、增加光亮及增加营养的作用。将蜂蜜涂在产品表面，淋油或油炸，是重要的赋色工序。

（4）葡萄糖

葡萄糖在兔肉制品加工中的应用，除了作为调味品，增加营养以外，还有调节 pH 值和氧化还原的作用。对于普通的肉制品加工，其使用量为 0.3%～0.5%比较合适。

葡萄糖应用于某些香肠制品，因为它提供了发酵细菌转化生成乳酸所需要的碳源，为此目的而加入的葡萄糖量为 0.5%～1.0%。葡萄糖还作为助色剂、发色剂和保色剂用于腌制肉中。

（5）绵白糖

绵白糖又称绵糖，或简称白糖，色泽白亮，晶粒细软，入口溶化快。绵白糖有两种，一种是精制绵白糖，它是将白砂糖磨成糖粉后，拌入 2.5%的转化糖浆而制成的，其质量较佳；另一种是土法制的白糖，色泽较暗或带微黄。高档肉制品中经常使用绵白糖。

3. 酸味调味料

酸味在兔肉制品加工中是不能独立存在的味道，必须与其他味道合用才起作用。但是，酸味仍是一种重要的味道，是构成多种复合味的主要调味物质。

酸味调味料品种有许多，在兔肉制品加工中经常使用的有食醋、番茄酱、番茄汁、山楂酱、草莓酱、柠檬酸等。酸味调味料在使用中应根据工艺特点及要求进行选择，还要注意人们的习惯、爱好、环境、气候等因素。

（1）食醋

食醋在兔肉制品加工中有调味、去腥、调香等作用。

1）调味作用：食醋与糖可以调配出一种很适口的甜酸味——糖醋味，制品有“糖醋排骨”“糖醋咕咾肉”等。试验发现，任何含量的食醋中加入少量的食盐后，酸味感增强，但是加入的食盐过量以后，则会导致食醋的酸味感下降；在具有咸味的食盐溶液中加入少量的食醋，可增加咸味感。

2）去腥作用：在兔肉制品加工中常常需要添加一些食醋，用以去除腥气味，尤其鱼肉类原料更具有代表性。在加工过程中，适量添加食醋可明显减少腥味。如用食醋洗猪肚，既可使维生素和铁少受损失，又可去除猪肚的腥臭味。

3）调香作用：食醋的主要成分为醋酸，同时还含有一些其他低分子酸，而制作某些肉制品往往又要加入一定量的黄酒和白酒，酒的主要成分是乙醇，同时还含有少量其他醇类。当酸类与醇类在一起时，就会发生酯化反应，这在风味化学中称为“生香反应”。炖牛肉、羊肉时加点食醋，可使肉加速熟烂及增加芳香气味；骨头汤中加少量食醋可以增加汤的适口感及香味，并利于增加骨中钙的溶出。

（2）柠檬酸

柠檬酸用于处理腊肉、香肠和火腿，具有较强的抗氧化能力。柠檬酸也可作为多价整合剂，用于提炼动物油和人造黄油。柠檬酸可用于密封包装的肉类食品的保鲜。柠檬酸在肉制品中还可降低肉糜的 pH 值。在 pH 值较低的情况下，亚硝酸盐的分解越快、越彻底，当然，对香肠的变红就越有良好的辅助作用。但 pH 值的下降，对于肉糜的持水性是不利的。因此，国外已开始在某些混合添加剂中使用糖衣柠檬酸。加热时，糖衣溶解，释放出有效的柠檬酸，而不影响肉制品的质构。

4. 鲜味调味料

鲜味调味料是指能提高兔肉制品鲜美味的各种调味料。

鲜味是不能在兔肉制品中独立存在的，需在呈味基础上才能使用和发挥。但它是一种味道，是许多复合味型的主要调味品之一，品种较少，变化不大。在使用中，应恰当掌握用量，不能掩盖制品全味或原料肉的本味，应按“淡而不薄”的原则使用。肉制品加工中主要使用的是味精。

（1）味精

味精的主要成分是 L-谷氨酸钠（$C_5H_8NO_4Na \cdot H_2O$）。植物性蛋白的谷蛋白水解后得到谷氨酸和谷氨酸单钠盐。谷氨酸钠是无色或白色的柱状结晶，具有独特的香味，它的味觉极限值为 0.03%，与砂糖和食盐相比味道很强。它易溶于水，在制品中容易分散，在加工过程中很少会受到 pH 值和其他化学变化的影响，作为菜肴烹调和食品制作中的助鲜剂普遍使用，其用量根据原料肉种类、鲜度以及其他调味品和食盐用量不同而有所不同，一般使用量在 0.25%～0.5%之间。

味精能提高肉制品的鲜美味，肉制品加工主要使用强力味精、复合味精和营养强化型味精。

1）强力味精

强力味精的主要作用除了强化味精鲜味外，还有增强肉制品滋味，协调甜、酸、苦、辣味等作用，使制品的滋味更浓郁，鲜味更丰厚圆润，并能降低制品中的不良气味，这些效果是任何单一鲜味料所无法达到的。

强力味精不同于普通味精的是：在加工中，要注意尽量不要与生鲜原料接触，或尽可能地缩短其与生鲜原料的接触时间，这是因为强力味精中的肌苷酸钠或鸟苷酸钠很容易被生鲜原料中所含有的酶分解，失去其呈鲜效果，导致鲜味明显下降，最好是在加工制品的加热后期添加强力味精，或者添加在已加热到 80℃以后冷却下来的熟制品中，总之，应该尽可能避免与生鲜原料接触的机会。

2）复合味精

复合味精可直接作为清汤或浓汤的调味料，由于有香料的增香作用，因此肉汤用复合味精进行调味，其肉香味更醇厚。复合味精也可作为肉类嫩化剂的调味料，使老韧的肉类组织变得柔嫩。当肉类味道显得不佳时，添加与这种肉类风味相同的复合味精，可弥补风味的不足。复合味精还可作为某些制品的涂抹调味料。

3）营养强化型味精

营养强化型味精是为了更好地满足人体生理的需要，同时也是为了某些病理上和某些特殊方面的营养需要而生产的。种类有赖氨酸味精、维生素 A 强化味精、营养强化味精、低钠味精、中草药味精、五味味精、芝麻味精、香菇味精、番茄味精等。

（2）肌苷酸钠

肌苷酸钠是白色或无色的结晶性粉末，近年来几乎都是通过合成法或发酵法制成的，性质稳定，在一般食品加工条件下（pH 值为 4～7）、100℃加热 1h 无分解现象，但在动植物中的磷酸酯酶作用下分解而失去鲜味。肌苷酸钠鲜味是谷氨酸钠的 10～20 倍，与谷氨酸钠一起对鲜味有协同效应，所以一起使用，效果更佳。向肉中加 0.01%～0.02%的肌苷酸钠与之对应就要加 1/20 左右的谷氨酸钠。使用时，由于肌苷酸钠遇酶容易分解，所以添加酶活性强的物质时，应充分考虑之后再使用。

（3）鸟苷酸钠、胞苷酸钠和尿苷酸钠

这三种物质与肌苷酸钠一样是核酸关联物质，它们都是白色或无色的结晶或结晶性粉末。其中，鸟苷酸钠为蘑菇香味，由于它的香味很强，所以使用量为谷氨酸钠的 1%～5%就足够。

（4）I+G

I+G 是肌苷酸钠与鸟苷酸钠的混合物，有增加鲜味的作用，通常与谷氨酸钠一起使用，使用量为谷氨酸钠的 1/2。

（5）琥珀酸、琥珀酸钠和琥珀酸二钠

琥珀酸具有海贝的鲜味，由于琥珀酸是呈酸性的，所以一般使用时以一钠盐或二钠盐的形式出现。对于肉制品来说，使用量为 0.02%～0.05%。

（6）鱼露

鱼露又称鱼酱油，是以海产小鱼为原料，用盐或盐水腌渍，经长期自然发酵，取其汁液滤清后而制成的一种鲜味调味料。鱼露的风味与普通酱油有很大区别，它带有鱼腥味，是广东、福建等地区常用的调味料。

鱼露由于是用鱼类作为生产原料，所以营养十分丰富，蛋白质含量高，其呈味成分主要是呈鲜物质肌苷酸钠、鸟苷酸钠、谷氨酸钠等。咸味是以食盐为主。鱼露中所含的氨基酸也很丰富，主要是赖氨酸、谷氨酸、天冬氨酸、丙氨酸、甘氨酸等。鱼露的质量鉴别应以颜色橙黄和棕色、透明澄清、有香味、不浑浊、不发黑、无异味为上乘。

鱼露在肉制品加工中的应用主要起增味、增香及提高风味的作用。在肉制品加工中应用比较广泛，形成许多独特风味的产品。

（二）香辛料

1. 香辛料的分类及作用

香辛料是植物的种子、果肉、茎、叶、根部，具有独特的香味和滋味，是有促进消化吸收功能的植物器官的总称。香辛料可赋予产品一定风味，抑制和矫正食物不良气味，增进食欲。很多香辛料有抗菌防腐作用，同时还有特殊生理药理作用，是肉制品加工过程中不可缺少的调味品。根据其香味和辣味，香辛料大致可分为辛辣性香辛料、芳香性与辛辣性混合的香辛料、葱类和芳香性香辛料。

香辛料具有刺激性的香味，赋予肉制品以风味的同时，可增进食欲，帮助消化和吸收。香辛料可分为整体形式、破碎形式、抽提物形式和胶囊形式。

1）整体形式：香辛料保持完整，不经任何预加工。在使用时一般在水中与肉制品一起加工，使味道和香气溶于水中，让肉制品吸收，达到调味目的。

2）破碎形式：香辛料经过晒干、烘干等干燥过程，再经粉碎机粉碎成不同粒度的颗粒状或粉末。使用时一般直接加到食品中混合，或者包在布袋中与食品一起在水中煮制。

3）抽提物形式：通过蒸馏、萃取等工艺，将香辛料的有效成分——精油提取出来，再经稀释后形成液态油，使用时直接加到食品中去。

4）胶囊形式：天然香辛料的提取物通常不溶于水中，以精油形式经胶囊化后应用于肉制品中，分散性较好，抑臭或矫臭效果好，香味不易逸散，产品不易氧化，质量稳定。

肉制品加工中，香辛料的配比在各肉制品加工企业中是不同的。一般说来，在哪一种产品中加入什么样的香辛料，又如何调配，是有讲究的。在实际使用各种香辛料时，应在加工前考虑材料的不同情况，来决定选用哪种香辛料才可获得满意的效果。使用香辛料归根到底是味觉问题，必须要根据不同消费者口味和原料肉的不同种类而异，不影响肉的自然风味。

2. 常用香辛料

（1）辛辣性香辛料

常用辛辣性香辛料有辣椒、黑芥子、姜和胡椒四种。

a）辣椒

辣椒的辣味成分是辣椒油，它是一种挥发油，含量为 0.05%～0.07%。辣椒含有大量胡萝卜素、抗坏血酸，能增进食欲、增加热量、促进消化液分泌和血液循环，有杀虫、杀菌、散寒、除湿、开胃的功效。

b）黑芥子

黑芥子为芥菜成熟的种子，干燥种子略呈圆形，种皮外面呈赤棕色或淡棕色，内呈黄色，表面具有粗糙的网形小窝及附着白色的鳞片。干燥芥子无臭，加水研细，则产生强烈辛辣香气，其主要成分是一种苷元的黑芥子苷。芥子有发汗散寒、温中开胃、利气豁痰、消肿止痛的药效，在肉制品中少量使用，具有健胃、助消化功用。食用时先用水调，再放在火边烤，或用开水冲，调成膏状使用。

c）姜

姜的芳香成分为挥发油，含量为 1%～3%，主要由多种醇、烯、醛成分组成。其辛辣成分为姜辣素、姜烯酮与姜酮等。香味成分主要是柠檬醛、沉香醇、冰片等。生姜有特殊的香辛辣味，有调味去腥、驱寒祛湿、促进食欲、调整胃肠的作用，在肉制品生产中常用于酱卤制品加工。

d）胡椒

胡椒又名古月，分黑胡椒与白胡椒两种，胡椒果实为圆球形核果，成熟后为红色。晒干后果皮皱缩而黑称黑胡椒，以水浸去皮再晒干即为白胡椒。胡椒含有 8%～9%胡椒碱和 1%～2%芳香油，这是形成胡椒特殊辛辣味和香气的主要成分。因挥发性成分在外皮含量较多，因而黑胡椒的风味要好于白胡椒，但白胡椒外观、色泽较好。胡椒有健胃顺气、解热利尿、暖肠胃、止呃吐等药效，且味辛辣而芳香，是广泛使用的调味佳品，尤其是西式灌制品，大多使用胡椒作为主要调味香料而使产品具有香辣鲜美的风味特色。

（2）芳香性与辛辣性混合的香辛料

常用的芳香性与辛辣性混合的香辛料有小豆蔻、肉豆蔻、丁香、肉桂、大茴香、花椒、香辣椒和麝香草。

a）小豆蔻

小豆蔻是多年生姜科草本植物的干燥果实，又称砂仁、阳春砂。主产于斯里兰卡、印度等国，我国广东、广西、云南亦有生产。以个大、坚实、呈灰色、气味浓者为佳品，含挥发油 1.3%～2.6%。挥发油的主要成分为龙脑、右旋樟脑、松油醇、桉油醇等，气味芳香浓烈，药性辛温，具有健胃、化湿、止呕、健脾消胀、行气止痛等功效。它常用于肝肠、猪肉肠、汉堡饼等西式肉制品，起矫臭、压腥作用，中式肉制品也常用此香辛料，如“砂仁腿胴”“砂仁宝肚”就是因其配方中使用砂仁而得名。含砂仁的产品食之清香爽口，风味别致并有清凉口感。

b）肉豆蔻

肉豆蔻又名玉果，系肉豆蔻科常绿乔木的果实。其呈卵圆形，坚硬，呈淡黄白色，表面有网状皱纹，断面有棕、黄色相间的大理石花纹。以个大、体重、坚实、表面光滑、油性足、破开后香气强烈者为佳品。肉豆蔻含 8%～15%挥发油，挥发油中主要含多种萜烯类化合物及豆蔻醚、丁香酚等，气味芳香，药性辛温，具有健胃、促进消化、止呕等功效。

c）丁香

丁香原产于印尼马鲁古群岛，我国广东、广西等地有栽培，属于桃金娘科常绿乔木的干燥花蕾及果实，花蕾称为公丁香，果实称为母丁香。以完整、朵大、油性足、颜色深红、香气浓郁、入水下沉者为佳品。丁香因含有丁香酚和丁香素等挥发性物质，具有浓烈的香气。其药性辛温，具有镇痛、祛风、温肾、降逆的作用。磨成粉状加入制品中，香气极为显著，是卤制品中常用的香料。

d）肉桂

肉桂俗称桂皮，系樟科常绿乔木植物天竺桂、细叶香桂、川桂干燥的树皮。我国广东、广西、四川、云南等地均有出产。桂皮呈褐黑色，有灰白花斑，气清香而凉似樟脑，味微甜辛，以皮薄、呈卷筒状、香气浓厚者为佳品。肉桂含有 1%～2%的挥发油，挥发油中含有多种萜类和醛类化学成分。其性辛温，具有暖脾胃、散风寒、通血脉等功效。由于桂皮有特殊的香味，是重要的香辛料，它与胡椒、丁香一起成为肉制品加工常用的调味料。

e）大茴香

大茴香俗称大料、八角，系木兰科的常绿乔木植物，其果实有八角，所以俗称八角茴香。八角树系亚热带植物，为我国南方特有的一种经济作物，以广西的百色、钦州产量最大。大茴香以红褐色、朵大、饱满、完整、味浓者为上品。其所含芳香油的主要成分是茴香脑，因而有茴香的芳香气味，味微甜而稍带辣味，是一种辛平的中药，具有促消化、去寒、健胃、兴奋神经、驱虫、止呕等药效，是熟肉制品和烹调食品加工中广泛应用的香辛料。

f）花椒

花椒又名秦椒、川椒，为芸香科花椒属落叶灌木或小乔木植物花椒树的果实。花椒果实含有挥发油，挥发油含有异茴香醚及香茅醇等物质，所以具有强烈芳香气味，味辛麻而持久，是很好的香麻味调味料。花椒性味辛温，具有温中散寒、除湿、止痛和杀虫等功用，是中式肉制品中常用香辛料。

g）香辣椒

香辣椒属桃金娘科，未成熟果实干燥后使用，主要产地为牙买加、海地等。精油成分是丁香油酚、桉油醇、丁香油酚甲醚、水茴香萜、丁香油烃、棕榈酸等。香味的主要成分是丁香油酚。具有桂皮、肉豆蔻、丁香混合的香味，在西餐、鱼肉菜肴、肉制品加工中经常使用。

h）麝香草

麝香草属紫苏科，由其干燥叶子制成的，原产地为法国、西班牙。精油成分有麝香草脑、香芹酚、沉香醇、龙脑等。酱卤肉制品放入少许，可去除生肉腥臭，并有提高产品保存性的作用。

（3）芳香性香辛料

常用的芳香性香辛料有芫荽、鼠尾草、小茴香、白芷、月桂叶、山柰等。

a）芫荽

芫荽又名胡荽，俗称香菜。伞形科，一年生或两年生草本植物，含有较为丰富的醛、醇、酸等挥发性芳香化合物，有特殊香味。芫荽是制作肉制品，特别是猪肉香肠、波罗尼亚香肠、法兰克福香肠常用的香辛料。

b）鼠尾草

鼠尾草系唇形科，一年生草本植物。产于欧洲、日本及中国。含挥发油 1.3%～2.5%，芳香味与艾蒿相近，主要成分有侧柏酮、鼠尾草烯。制作火腿、香肠时常用其干燥的叶子或粉末，特别是在制作羊肉产品时，鼠尾草是不可缺少的香辛料，它和肉桂叶一起使用可除羊肉的膻味。

c）小茴香

小茴香俗称谷茴、席香，系伞形科属越年生草本植物的成熟果实，外形像干瘪的稻谷，含挥发油 3%～8%，其挥发油主要成分是茴香脑、茴香酮，可挥发出特异的茴香气，故其枝叶可防虫驱蝇。小茴香性味辛温，具有开胃、理气的功效，是用途较广泛的香辛料之一。在烹调鱼肉时，加入少许小茴香，味香且鲜美。小茴香适宜高寒地区生长，主产于内蒙古、山西、甘肃、陕西等地，而以甘肃与内蒙古的产品质量最佳。

d）白芷

白芷系伞形科的多年生草本植物的干燥根部，根圆锥形，外表呈黄白色，切面含粉质，有黄圈，以根粗壮、体重、粉性足、香气浓者为佳品。因其含有白芷素、白芷醚等香精化合物，故气味芳香，具有除腥、祛风、止痛及解毒功效，是酱卤肉制品中常用的香辛料。

e）月桂叶

月桂系樟科，常绿乔木，以叶及皮作为香料。原产地为地中海沿岸及南欧各国。我国广东、浙江、台湾等省也有出产。月桂叶含 1%～3%的挥发油，其挥发油主要成分是桉油醇、丁香油酚、丁香油酚酯等。月桂叶有去除肉制品中生肉臭味的作用，肉类罐头常用此香料，汤、鱼等菜也常使用。

f）山柰

山柰又称沙姜，为姜科山柰属多年生草本植物的根状茎，切片晒制而成的干片，含少量挥发油，其挥发油主要成分为龙脑、桉油精、对甲氧基桂皮酸等。山柰性辛温，温中化湿，引气止痛，具有浓烈的芳香气味，在酱卤制品中加入山柰，有抑腥增香作用。

（4）葱类

葱类包括大蒜、洋葱和大葱。

a）大蒜

大蒜是百合科草本植物。大蒜全身都含挥发性的大蒜素，具有特殊的蒜辣气味，可以起到压腥去膻的调味作用，并有助消化、增进食欲、消毒杀菌、祛风的功效，所以肉制品加工中常将大蒜捣成泥后加入，以赋予制品特殊风味。

b）洋葱

洋葱是百合科宿根生草本植物。洋葱的香味及辣味成分主要是二硫化物和三硫化物，洋葱在生的时候辣味很强，加热后变成甜味。洋葱与肉一起煮能除去肉的腥味、膻味。所以常用于肉类罐头制品。

c）大葱

大葱属百合科，我国各地都有栽培。大葱化学成分以糖和含氮物质为主。大葱的特殊风味取决于所含挥发性物质和葡萄糖等，挥发性物质主要成分是烯丙基二硫化物，也称为蒜素。有辛香味，可解腥，有促进食欲和杀菌的功能，主要用于中式肉制品中。

（5）其他

其他香辛料包括各式酒类等。酒是中式肉制品生产中的一种重要调味剂，酒类香味浓郁，味道醇和，有去腥增香、提味解腻、固色防腐等作用。中式肉制品生产常用黄酒、白酒、香槟酒、葡萄酒、料酒等。酒可与糖结合生成芳香醛，发出浓郁香气，使制品独具特色。

（三）添加剂

1. 添加剂的种类

肉制品品种繁多，风味各异，无论哪一种肉制品都离不开辅料，尤其是辅料中的调味料和香辛料，辅料不仅可增添制品的特殊风味，而且有抑制和矫正制品的不良气味、增进食欲、促进消化等作用。熟悉并了解辅料的种类和作用，不仅是选择和使用辅料的基础，还可研究生产出许许多多各具风味特色的品种。以下将对肉制品加工中常用的添加剂做简单介绍。

（1）发色剂

在腌制肉制品中最常用的发色剂是硝酸盐及亚硝酸盐。

a）硝酸钠（$NaNO_3$）

硝酸钠是无色结晶或白色结晶粉末，稍微有咸味，易溶于水。将硝酸盐添加到肉制品中，硝酸盐在微生物的作用下变成亚硝酸盐，亚硝酸盐与肌红蛋白生成稳定的亚硝酸肌红蛋白络合物，使肉制品呈鲜红色，并能防止制品腐败变质，但易产生致癌物质，故最大使用量为 0.5g/kg，即每 50kg 原料精肉中使用的硝酸钠不得超过 25g。

b）硝酸钾（KNO_3）

硝酸钾又名土硝、硝石、盐硝或火硝，为无色透明结晶或白色的结晶性粉末，无臭，味咸，凉，稍有吸潮性，易溶于水，微溶于乙醇。它可代替硝酸钠作混合盐的成分之一，用以腌制肉类，使用量不得超过 0.5g/kg。

c）亚硝酸钠（$NaNO_2$）

亚硝酸钠又名快硝，是白色或淡黄色结晶粉末，吸湿性很强，长期保存时应放入密闭容器里。亚硝酸钠除了能防止肉品腐败、提高保存性外，还具有改善风味、稳定肉色的特殊功效。此功效比硝酸盐还要强，能缩短腌制时间，因此也称为快硝。但过多的亚硝酸盐进入血液后，使正常的血红蛋白（二价铁）变成高铁血红蛋白（即三价铁），失去携带氧气的功能，导致组织缺氧，潜伏期仅 0.5h～1h，症状为头晕、恶心、呕吐、全身无力、心悸、全身皮肤发紫，严重者呼吸困难、血压下降、昏迷、抽搐。如不及时抢救，会因呼吸衰竭而死亡。本品外观、口味与食盐相似，必须防止误用引起中毒，最大使用量为 0.15g/kg。

（2）发色助剂

在腌制肉制品中，肉的还原性随着肉的种类、质量以及加工条件等因素而变化，总保持一定条件是较困难的，为了达到理想的还原状态，常使用发色助剂。最常用的发色助剂为 L-抗坏血酸、L-抗坏血酸钠及烟酰胺等。

a）抗坏血酸、抗坏血酸钠

抗坏血酸又名维生素 C，抗坏血酸钠就是其钠盐。抗坏血酸具有很强的还原作用，且能抑制和减少致癌物质亚硝酸胺的形成，但是对热和重金属作用极敏感，不稳定。因此，一般使用稳定性较高的钠盐，使用量为原料肉的 0.02%～0.05%，超过此值并无益处，一般在腌制或斩拌时添加。

b）异抗坏血酸、异抗坏血酸钠

异抗坏血酸是抗坏血酸的异构体，其性质与抗坏血酸相似，发色效果、防止褪色效果及防止亚硝酸胺形成的效果，几乎都没有什么差异，使用量与抗坏血酸相同。

c）烟酰胺

烟酰胺也称尼克酰胺，属于 B 族维生素中营养强化剂的一种，与抗坏血酸钠同时使用有促进发色、防止褪色的作用，添加量为 0.01%～0.02%，国外早已用烟酰胺作为西式方火腿的助色剂，国内近几年来才开始使用。

（3）黏着剂

a）淀粉

淀粉的种类很多，常使用的有马铃薯淀粉、玉米淀粉、绿豆淀粉、小麦淀粉。随着淀粉种类不同，其性质有所不同，颗粒的形状也不同。淀粉在水中使水变浑浊，加热后会吸水膨胀成糊状，为糊化淀粉（α-淀粉）。淀粉糊化温度不同，一般是薯类淀粉糊化温度较低，特别是马铃薯淀粉糊化温度更低，而小麦、大米等种子淀粉的糊化温度较高。

在肉制品加工中，淀粉可作黏着剂、填充剂、增稠剂使用。生产灌肠、西式火腿、肉丸、肉饼、午餐肉罐头等制品时，添加量为 5%～30%，起到黏着和持水的作用。

b）明胶

明胶是通过骨胶原分解而成的一种蛋白质。纯明胶在干燥状态下像玻璃似的透明，很脆，无臭无味，不溶于冷水，加水后缓慢吸水膨胀软化，可吸 5～10 倍质量的水。在热水中溶解，溶液冷却后凝结成胶块。为了形成胶冻，浓度一般掌握在 15%左右。与琼脂比较，明胶凝固物富于弹性，口感柔软。

肉类罐头生产常使用明胶作增稠剂，肉灌制品中添加适量明胶，可增加切面光泽。

c）琼脂

琼脂又名冻粉或凉胶，是以半乳糖为主要成分的一种高分子糖类，不被酶所分解，几乎没有营养价值，分为条状与粉状两种产品。琼脂溶胶的凝固温度较高，在 35℃变成凝胶，在夏季室温下也可凝固，耐热性较强，热加工很方便。吸水性和持水性高，可吸收 20 多倍的水。

肉类罐头加工中添加琼脂可增加汁液黏度，延缓结晶析出。西式火腿加工中使用琼脂，可增加制品黏着性、弹性、持水性和保型性，对制品感官性状有重要作用。

d）卡拉胶

卡拉胶又名角叉菜胶、角叉菜聚糖，是高分子量的 D-吡喃半乳糖硫酸盐（其钾盐、钠盐、镁盐、钙盐）和 3,6-脱水半乳糖直链聚合物。卡拉胶一般是白色至浅黄褐色，表面皱缩，微有光泽，半透明的片状或粉末状，无臭，无味，有的稍带海藻味。多用于生产火腿、压缩火腿、火腿肠等产品，可增加产品出品率，改善产品弹性和口感。

肉制品生产中常用的卡拉胶分两种，一种为注射型，分散性好，用注射机对大块火腿肉进行注射；另一种为滚揉型，可生产压缩火腿、香肠，滚揉工序中加入使用。

（4）乳化剂

乳化剂是一种分子中同时具有亲水基和亲油基的物质，它可介于油和水的中间，使一方很好地分散于另一方而形成稳定的乳浊液。乳化剂广泛应用于肉类食品加工中，它可使食品组分均匀混合、分散，从而防止加热时油水分离，使产品的流变性变化。对改善食品外观、风味、适口性及保存性均有一定的作用。用于肉制品的乳化剂主要有大豆蛋白、酪蛋白、血清蛋白、小麦蛋白和卵蛋白等。

a）大豆蛋白

大豆是含蛋白质较多的植物，脱脂大豆含蛋白质 50%以上。肉制品加工曾经常直接使用脱脂大豆粉，一般添加量为 3%～5%，但由于大豆特有的豆臭味较大，现在脱脂豆粉使用渐少，而多使用大豆浓缩蛋白和大豆分离蛋白。

大豆浓缩蛋白是通过两步乙醇-水萃取法从脱脂豆粉中去掉可溶性糖、风味成分和抗营养因子而制成的。蛋白质含量以干基计为 70%，其余主要成分为食物纤维及一些灰分。

大豆分离蛋白是先通过溶液化和分离作用，随后用等电沉淀法使蛋白质从豆饼中抽出。最终的大豆分离蛋白在干基时的蛋白质含量为 90%。分离蛋白可被制成可溶性、含量高和低豆腥味的蛋白质。

大豆蛋白的凝固温度为 55～60℃，具有优良的乳化性、保水性、保油性、黏着性、凝胶形成性等功能特性。

肉制品中添加大豆蛋白，可使油脂乳化，在蒸煮过程中大豆蛋白的凝胶效应发生在肌纤维产生收缩之前，在肌肉组织的外围形成一层致密的覆盖膜，从而大大减轻了由肌纤维收缩造成的汁液流失，提高了肉的保水性。

b）酪蛋白

酪蛋白是乳中主要的蛋白质，约占乳蛋白的 80%。可用酸性溶液（pH 4.6）使乳蛋白凝固后分离出酪蛋白。酪蛋白溶解于碱溶液中，经喷雾干燥可制成低黏度的酪蛋白钠，或用鼓式干燥法可制成高黏度的酪蛋白钠。

酪蛋白钠易分散于水中，可在脂肪球表面形成蛋白膜，使脂肪以微粒形式分散于水中，形成较稳定的乳浊液，且酪蛋白在正常巴氏杀菌温度下不具热凝性，所以这层酪蛋白膜不会因变性收缩，起到了良好的乳化稳定作用，其在肉制品中的添加量为 1%左右。

酪蛋白钠可与水、脂肪预先制取稳定的乳化液（酪蛋白钠∶水∶脂肪＝1∶8∶8），在拌馅过程中加入，可增加灌肠的保水性和保油性，增强肉的结着力。

c）卵蛋白

卵蛋白即蛋清，占全卵质量的 60%，是有黏度的水溶性蛋白质，是由卵白蛋白、卵清蛋白、溶菌酶、卵黏蛋白、卵类黏蛋白等八种蛋白质混合而成的。卵蛋白有冻结和干燥两种储存形式，肉制品加工中几乎使用的都是蛋清粉。

（5）保水剂

为了提高肉的保水性，通常在肉中添加磷酸盐。磷酸盐不仅能提高肉的保水性，减少营养物质流失，增加弹性和结着力，使制品富有鲜嫩的口感，还能封闭金属离子，防止添加剂和盐的再结晶，增加乳化性，防止氧化、腐败，防止维生素分解。国外在火腿和灌肠配方中已普遍使用磷酸盐。磷酸盐有多种，目前我国肉制品中允许添加的磷酸盐主要有焦磷酸钠、三聚磷酸钠和六偏磷酸钠三种。

磷酸盐在肉制品加工中有多种使用方法，一般在腌制时使用量为原料肉的0.2%～0.4%最适宜，通常是聚磷酸盐与焦磷酸盐等混合起来使用，一般不使用单一品种。

（6）着色剂

着色剂又称为食用色素，系指为使食品具有鲜艳的色泽、良好的感官性状以增进食欲而加入的物质。食用色素按其来源和性质分为食用天然色素和食用合成色素两大类。

食用天然色素主要是从动、植物组织中提取的色素，包括微生物色素。食用天然色素中除藤黄（gomboge）对人体有剧毒不能使用外，其余的一般对人体无害，较为安全。

食用合成色素又称为合成染料，属于人工合成色素。食用人工合成色素多是以煤焦油为原料制成，成本低廉，色泽鲜艳，着色力强，色调多样，但大多数对人体健康有一定危害，且无营养价值。因此，在肉品加工中的使用要控制在限量范围内。

a）天然着色剂

天然着色剂是从植物、微生物、动物可食部分用物理方法提取精制而成的。天然着色剂的开发和应用是当今世界发展的趋势，如在肉制品中应用越来越多的红曲色素、焦糖色素、高粱红、栀子黄、姜黄色素等。天然着色剂一般价格较高，稳定性稍差，但比人工着色剂安全性高。

红曲米和红曲色素：红曲米是将红曲霉接种于蒸熟的大米上，经培养繁殖后所产生的红曲霉红素。红曲色素是红曲霉菌丝体分泌的次级代谢物。能形成红曲色素的真菌主要有三种，即紫红曲霉、红色红曲霉和毛曲霉。红曲米和红曲色素对酸碱稳定、耐热性好、耐光性好，几乎不受金属离子、氧化剂和还原剂的影响，着色性、安全性好。因此，红曲米和红曲色素是肉类制品加工中最为常用的天然着色剂。但是，使用时应注意用量不能太大，否则将使制品的口味略有苦酸味，并且颜色太重而发暗。另外，使用红曲米和红曲色素时应添加适量的食糖，用以调和酸味，减轻苦味，使肉制品滋味更加柔和。

焦糖色素：又称酱色、焦糖或糖色，为红褐色或黑褐色的液体、块状或粉末状，可以溶解于水及乙醇中，具有焦糖香味和愉快苦味，但稀释至常用浓度则无味。焦糖的颜色不会因酸碱度的变化而发生变化，也不会因长期暴露在空气中受氧气的影响而改变颜色，即使在150～200℃的高温下也非常稳定，是我国传统使用的色素之一。在肉制品加工中常用于酱卤、红烧等肉制品的着色，其使用量按正常需要而定。

高粱红：是以高粱壳为原料，采用生物加工和物理方法制成，有液体制品和固体粉末两种，属于水溶性天然色素，对光、热稳定性好，抗氧化能力强，与天然红等水溶性天然色素调配可成紫色、橙色、黄绿色、棕色、咖啡色等多种色调。在肉制品中的使用量视需要而定。

b）人工着色剂（化学合成着色剂）

常用的人工着色剂有苋菜红、胭脂红、柠檬黄、日落黄、亮蓝等。人工着色剂在使用限量范围内使用是安全的，其色泽鲜艳、稳定性好，适于调色和复配。价格低廉是其优点，但由于对其安全性的担忧，肉类加工很少使用。

（7）防腐剂

防腐剂是能够杀死或抑制微生物生长繁殖、防止食品腐败变质、延长食品保质期的一类物质。我国《食品添加剂使用标准》（GB 2760—2014）允许使用的肉制品防腐剂有10多种，在肉类加工中常用的如下。

a）乙酸

1.5%的乙酸就有明显的抑菌效果。在3%范围以内，乙酸因抑菌作用，减缓了微生物的生长，避免了霉斑引起的肉色变黑变绿。当乙酸浓度超过3%时，对肉色有不良作用，这是由酸本身造成的。采用3%乙酸和3%抗坏血酸处理时，由于抗坏血酸的护色作用，可以获得良好的护色、防腐作用，且不影响肉的风味。

b）山梨酸钾

山梨酸钾在肉制品中的应用很广，它能与微生物酶系统中的巯基结合，破坏许多重要酶系，达到抑制微生物增殖和防腐的目的。由于山梨酸是一种不饱和脂肪酸，它在人体内可以正常地参与代谢，可以看作是食品成分之一，对人体无害。山梨酸钾可以有效抑制沙门氏菌、腐败链球菌，目前广泛使用于白条鸡、午餐肉、鱼类产品的防腐保鲜中。除单独使用外，山梨酸钾还可以与磷酸盐、乙酸等结合使用，效果更好。

c）乳酸钠

乳酸钠的使用目前还很有限。美国农业部规定其最大使用量高达4%。乳酸钠的防腐机理，一是添加的乳酸钠降低了产品的水分活度，二是乳酸根离子对乳酸菌有抑制作用，从而阻止微生物的生长。目前，乳酸钠主要应用于禽肉的防腐。

d）乳酸链球菌素

乳酸链球菌素（nisin）是由乳酸链球菌合成的一种多肽抗生素，由氨基酸组成，为窄谱抗菌剂。只能抑制或杀死革兰氏阳性细菌，如乳酸杆菌、链球菌、芽孢杆菌、梭状芽孢杆菌或其他厌氧性形成芽孢的细菌等，对革兰氏阴性菌、酵母菌及真菌均无作用。nisin 可有效阻止肉毒梭菌的芽孢萌发，在保鲜中的重要价值在于它针对的细菌是食品腐败的主要微生物。可用于畜、鱼、禽类肉制品，最大用量为 0.5g/kg。

（8）抗氧化剂

肉制品含有丰富的油脂成分，在存放过程中常常发生氧化酸败，添加抗氧化剂可以延长制品的储藏期。抗氧化剂有油溶性抗氧化剂和水溶性抗氧化剂两大类。油溶性抗氧化剂能均匀地分布于油脂中，对油脂或含脂肪的食品可以很好地发挥其抗氧化作用。水溶性抗氧化剂是能溶于水的一类抗氧化剂，多用于对食品的护色（助发色剂），防止氧化变色，以及防止因氧化而降低食品的风味和质量等。肉类加工中常用的抗氧化剂如下。

a）丁基羟基茴香醚（BHA）

BHA 为白色或微黄色的蜡状固体或白色结晶粉末，带有特异的酚类臭气和刺激味，对热稳定，不溶于水，溶于丙二醇、丙酮、乙醇与花生油、棉籽油、猪油。BHA 有较强的抗氧化作用，还有相当强的抗菌力，是目前国际上广泛应用的抗氧化剂之一。最大使用量（以脂肪计）为 0.01%。

b）二丁基羟基甲苯（BHT）

BHT 为白色或无色结晶粉末或块状，无臭无味，对热及光稳定，不溶于水和甘油，易溶于乙醇、乙醚、豆油、棉籽油、猪油。BHT 抗氧化作用较强，耐热性好，价格低廉，但其毒性相对较高。它是目前在肉制品加工方面广泛应用的廉价抗氧化剂。

c）没食子酸丙酯（PG）

PG 为白色或浅黄色晶状粉末，无臭，微苦，易溶于乙醇、丙酮、乙醚，难溶于脂肪与水，对热稳定。PG 对脂肪、奶油的抗氧化作用较 BHA 或 BHT 强，三者混合使用时最佳，加增效剂柠檬酸则抗氧化作用更强。

d）维生素 E

维生素 E 为黄色至褐色，是几乎无臭的澄清黏稠液体，溶于乙醇，几乎不溶于水，可和丙酮、乙醚、氯仿、植物油任意混合，对热稳定。维生素 E 的抗氧化作用比 BHA、BHT 的抗氧化力弱，但毒性低，也是食品营养强化剂。主要适于作婴儿食品、保健食品、乳制品与肉制品的抗氧化剂和营养强化剂。

e）茶多酚（TP）

TP 是一种从茶叶中提取而得的抗氧化剂。主要成分是儿茶素类，对油脂和含油食品具有优异的抗氧化作用，具有防止食品褪色、抑菌、抗衰老、提高维生素类物质的稳定性和抑制致癌物质——亚硝酸胺的形成等作用，有助于人体保健和治疗人类疾病。茶多酚安全性高，我国规定用于油脂、火腿的最大用量为0.4g/kg，用于油炸食品最大用量为0.2g/kg，用于肉制品、鱼肉制品最大用量为0.3g/kg。

2. 添加剂使用标准

食品添加剂在兔肉制品加工中起到重要的作用，但这些物质使用过量、使用不当或滥用则会有一定副作用，特别是存在对人体健康有不良影响的隐患。为了食品卫生安全，国家对食品添加剂有严格的规定，对食品添加剂的种类、允许使用范围、最大使用量，均有明确的使用标准。企业必须严格按国家标准（GB）的规定正确使用添加剂，既不能随意扩大使用范围，也不能随意增加使用量。因为有些添加剂毒害作用大，如亚硝酸盐有致癌作用，所以在使用时应了解添加剂使用的标准。表1-12列出的是我国国家标准有关肉制品中允许使用的添加剂及其最高用量，参考依据为GB 2760—2014《食品添加剂使用标准》。

表1-12 肉类制品允许使用添加剂及用量

种类	名称	使用范围	最大使用量/（g/kg）	备注
抗氧化剂	异抗坏血酸钠	各类食品	按生产需要适量添加	
	茶多酚（维多酚）	肉制品	0.3	
发色剂	硝酸钠	肉制品	0.5	残留量以亚硝酸钠计，不得超过30mg/kg
	亚硝酸钠	肉制品	0.15	
		净肉制盐水火腿	0.15	残留量以亚硝酸钠计，不得超过70mg/kg
着色剂	高粱红	各类食品	按生产需要适量添加	
	红曲米、红曲红	熟肉制品	按生产需要适量添加	
	胭脂红	红肠肠衣	0.025	红肠肠衣残留不得超过0.1g/kg
	花生衣红	圆火腿肠	0.40	
	辣椒红、辣椒橙	熟肉制品	按生产需要适量添加	
乳化剂	酪朊酸钠、酪蛋白酸钠	各类食品	按生产需要适量添加	
	改性大豆磷脂	各类食品	按生产需要适量添加	
增稠剂	黄原胶	各类食品	按生产需要适量添加	1988年增补品种
	海藻酸钠	各类食品	按生产需要适量添加	1988年扩大使用范围品种
	羟丙基淀粉	各类食品	按生产需要适量添加	1989年新增品种
	食用明胶、琼脂、果胶、卡拉胶	各类食品	按生产需要适量添加	

续表

种类	名称	使用范围	最大使用量/（g/kg）	备注
香料	山楂核烟熏香味料Ⅰ号	肉制品 肉禽制品	1.0	
品质改良剂	焦磷酸钠	肉制品	≤5.0	单独使用或与六偏磷酸钠复配使用；以磷酸根计；三者复合使用时以磷酸盐计，不得超过 6g/kg
		西式火腿	≤5.0	
	三聚磷酸钠	肉制品	5.0	
	磷酸三钠	肉制品	5.0	
	柠檬酸钠	各类食品	按生产需要适量添加	
水分保持剂	三聚磷酸钠	肉制品	5.0	
	六偏磷酸钠	肉制品	5.0	
	焦磷酸钠	肉制品	5.0	
增味剂	谷氨酸钠	各类食品	按生产需要适量添加	
防腐剂	乳酸链球菌素	肉制品	0.5	
稳定剂和凝固剂	葡萄糖酸-δ-内酯	各类食品	按生产需要适量添加	

除以上品种外，国家每年都有新批准发布的允许使用的食品添加剂，或者淘汰旧的添加剂。近几年，为提高肉制品口感香气，不少企业又在其中添加香精、香料。香精、香料必须按照国家公布使用标准使用。它们一般由香基、化学增香剂、填充物（载体）等组成，常使用的剂型有粉剂、膏剂、液体（水溶性、油溶性）。根据增香作用，这些香精、香料分为牛肉味、猪肉味、鸡肉味、鱼肉味、虾肉味、蟹肉味，以及葱油、蒜、味精、姜等，还有许多其他香精、香料等。使用这些香精、香料要注意使用方法及要求条件。一般肉味香料（粉状）的使用量为 0.3%～0.5%。

二、加工辅材

（一）包装材料

1. 包装材料的种类

目前我国肉制品使用的包装材料种类很多，大致可分为直接包装材料和外部包装材料。

（1）直接包装材料

直接包装材料主要指肠衣类。肠衣是肠类制品和肉馅直接接触的一次性包装材料。制品的形态、卫生、质量、储藏性能、流通性能等与肠衣的类型、质量有密切关系。灌肠类制品用的肠衣可分为天然肠衣和人造肠衣两大类。

a）天然肠衣

天然肠衣是用畜内脏（主要指消化器官）经自然发酵除去黏膜后腌制或干制而成。特点是具有可食性、安全性、透气性、烟熏味渗入性、热收缩性和对肉馅的结合性，还具有良好的韧性、弹性和坚实性。

天然肠衣包括：猪小肠、猪大肠、猪直肠、猪盲肠、牛小肠、牛大肠、牛直肠、牛盲肠、羊盲肠和羊肠等。

b）人造肠衣

人造肠衣是人工合成的肠衣，具有使用方便、易于灌制、成本低、利于装潢等特点，还必须具有热收缩性，可以做到商品规格化、标准化。同时，人造肠衣还具有强度大、防潮、无毒、无味、耐热、耐寒、耐油、耐腐蚀、适应机械操作等特点。

人造肠衣包括：纤维素肠衣、胶原肠衣、塑料肠衣和玻璃纸肠衣等。

（2）外部包装材料

外部包装材料是指产品最终的外表面使用的包装材料。外包装材料使用的目的是利于储藏、运输、印刷装潢，便于出售，防灰尘等。一般经常使用的外包装材料有普通塑料薄膜、收缩性塑料薄膜、玻璃纸及纸制品等。

2. 肠衣的分类和名称

肠衣是肉灌肠制品的重要包装物。将原、辅料加工成馅料后灌入肠衣中，可制作成各种花色品种的肠制品。肠衣可保护内容物不受污染，减少或控制水分的蒸发而保持制品固有滋味；通过与肉馅的共同膨胀与收缩，使产品具有一定的坚实性和弹性等。选择用何种肠衣更适合，要根据产品的档次、品质、规格要求，还要了解和掌握各种肠衣的性能、适用范围、保存条件等，以制作出更理想的产品。

（1）天然肠衣

以猪、牛、羊不同动物的肠管为原料制成的肠衣分别称为猪肠衣、牛肠衣、羊肠衣等。

1）猪肠衣：共分八路规格。一路：孔径 24～26mm；二路：孔径 26～28mm；三路：孔径 28～30mm；四路：孔径 30～32mm；五路：孔径 32～34mm；六路：孔径 34～36mm；七路：孔径 36～38mm；八路：孔径 38mm 以上。

2）牛肠衣：为牛的大肠（结肠）、拐头（盲肠）、小肠（回肠）、膀胱、食管等，按牛肠孔径大小分为四路。一路：孔径 40～45mm；二路：孔径 45～50mm；三路：孔径 50～55mm；四路：孔径 55mm 以上。

3）羊肠衣：羊肠衣分路与猪、牛肠衣分路相反，是以肠衣的孔径大小由大到小分路：每降 2mm 为一路。一路：孔径 26mm 以上；二路：孔径 24～26mm；

三路：孔径 22～24mm；四路：孔径 20～22mm；五路：孔径 18～20mm；六路：孔径 16～18mm。

天然肠衣保管：干燥型肠衣在使用以前，必须放在干燥并适当通风的场所，注意防潮和防虫。盐腌型肠衣也应注意卫生、通风、低温（3～10℃）等储存条件，并在适当时间变更摆放形式，以利盐卤浸润均匀，一般是用木桶保存。

（2）人造肠衣

人造肠衣可分为可食性肠衣（胶原肠衣、套管）和不可食性肠衣（塑料肠衣）。

1）胶原肠衣：以动物的皮、骨胶原为原料。一般是牛皮通过化学处理后，经机械加工，制成管状的肠衣，有孔径从 16mm 至 180mm 等多种规格。

2）套管：用短的羊肠衣或猪肠衣，分纵横各 1～2 层贴于固定筒上制成套管（一端封死），常用的孔径规格为 80mm。

3）塑料肠衣：以偏聚二氯乙烯、聚乙烯为原料经溶化吹拉制成的肠衣，品种很多，主要有如下几种。

尼龙肠衣：用尼龙 10～12 为原料制成的肠衣，孔径为 40～240mm。

纤维素肠衣：以纤维为原料，经化学处理制成，孔径为 18～200mm。

玻璃纸肠衣：是醋酸纤维肠衣，花色品种较少，使用的量逐步减少。

偏聚二氯乙烯膜：又名 PVDC 膜，是一种热缩性肠衣，分有片膜和筒膜。

硝化纤维素肠衣：这类肠衣是以植物纤维（如棉绒纸浆）作原料制成的无缝筒状薄膜，分为黏胶肠衣和纤维状肠衣。

3. 各种肠衣的加工特性和使用方法

各种肠衣制作的原料不同，加工工艺不同，具有不同特性，适用范围不一样，使用方法各异。

（1）天然肠衣

特性明显，是肠管内黏膜底层的具有韧性的皮质部分，可食用，可染色，有弹性，无孔洞，薄而结实，不附着脂肪和其他污物，有透气性，经烟熏出现良好色泽，长度、粗细大致相同，无异嗅。

天然肠衣的使用方法：用前应先放在清水中反复漂洗，然后在水龙头上接一个吸液管，并插入肠衣的一端，用清水冲洗肠衣的内壁，充分去除黏附在肠衣上的盐分和污物。水洗后的肠衣一端按顺序放在容器的边缘上，另一端盘成团，用湿布盖上，防止干燥。充填肉馅时，应尽量使肉馅均匀紧密地灌装到肠衣中，若肠内有气泡，用针刺放气。结扎时，也要扎紧捆实。

（2）胶原类肠衣

一种是胶原肠衣，另一种是套管肠衣。

a）胶原肠衣

胶原肠衣加工特性：①可食性。为动物胶原制成，属蛋白质。②规格化。可制成各种孔径的肠衣。③能烟熏，色泽好，也可染色。④与天然肠衣一样可与肉馅同时收缩。

胶原肠衣使用方法：用前先在水里浸一下，使其复水后再进行充填。充填后发现肠衣内有气孔时，可以用针扎孔放气，结扎要实。

b）套管肠衣

套管肠衣加工特性与天然肠衣基本相同。但是比较规格化，而且一端已经封死。使用前用水湿润。灌装时，将肠管全套在充填嘴上，用于握住套管，充填肉馅不要过满，留一段空管。扎口前应用手将肠体上下抚摸使其均匀。结扎要系好扣，扎实。

（3）塑料肠衣

此类肠衣均不可食用，包括尼龙肠衣、偏聚二氯乙烯膜、纤维素肠衣、玻璃纸肠衣、聚乙烯等。

1）尼龙肠衣：加工性能为耐老化性、无味无臭、强度好，可制成各种规格，亦可印刷，有一定的透气性，但不能熏烟。用前应切成不同长短的筒状，预先扎好一端，可直接在各种充填设备上灌肠。

2）偏聚二氯乙烯膜：具有热缩性，在 115℃以上，热收缩率好；耐高压；透气性、透湿性低。可填充各类规格制品，强度一般，不能熏烟。有片膜和筒膜之分，片膜需用专用设备充填，筒膜可在各类充填机上使用。

3）纤维素肠衣：可与肉同时收缩，与肉结合好，表面也可印刷，规格化好，加工收缩不可逆。用时可根据产品要求选择产品规格，充填后可以熏烟，有透气、透湿性。充填时需有一定的压力（0.2～0.6MPa）。

（二）烟熏料

烟熏料主要用于烟熏肉制品的熏制，通过燃烧产生熏烟。烟熏料燃烧时对制品产生的作用：一是提供热源，起脱水干燥作用；二是熏烟中含有的醛、酮、酚等成分对肉制品起到助发色、上色、增香、增味，以及一定的抗氧、防腐作用。

烟熏料宜选用树脂含量少，烟味好，且防腐物质含量多的木材。针叶树类的木材，含有较多的树脂，易产生黑烟，使制品发黑，同时，烟分中带有苦味，影响制品口味，如油松木、樟木、落叶松木、杉木等，故不宜使用。柿子树、桑树等木材树脂含量虽不多，但烟熏时会产生异味，因此，这些树木也不宜作烟熏料。

常用烟熏材料以硬木为多，不用含树脂多的木材（如松木）。常用的种类有椴木、柞木、桦木、山毛榉木、小叶楞木、黄杨木、橡木等。除木质外，还可以用稻壳、山楂核等。为了取得好的效果，有时还要添加少量红糖等物质，增加颜色效果。由于熏烤方法不一样，材料用量不一样，一般的烟熏室 1h 需用木材 2～2.5kg，有的产品还要加 0.3kg 糖。要根据产品、方法、熏烟量具体掌握烟熏材料使用量。

第二章　加工基本技能与工艺

第一节　加工基本技能

我国是兔肉制品加工量和消费量最多的国家，传统风味产品多达数百种，因不同地区和消费习惯形成了各具特色的风味品种，且随着社会发展又衍生出难以计数的产品类型。不同的产品类型有不同的工艺，这些工艺包括原料肉的选择、修整或解冻、腌制、绞切、斩拌、充填、结扎、干燥、熟制、烧烤、烟熏、包装等。

一、原料肉的解冻

兔肉制品生产经常使用冷冻的冻白条肉和冻分割肉，使用前需经过解冻。解冻过程是一个较复杂的过程，直接影响解冻后原料肉的质量。在解冻过程中，控制解冻的温度、时间和解冻的程度是很有必要的。一般肉制品加工不需要完全解冻，而是达到半解冻状态，即表面至中心的一半厚度的部分完全解冻，另一半厚度的肉已开始解冻，但有冰存在即可，或中心稍微变软，未完全解冻，肉温在−2～0℃。解冻方法主要有空气解冻、水解冻、低温微风解冻、微波解冻等。

1. 空气解冻

将冻肉放置于干净平滑的案板上，在室温下空气解冻，这是以空气为介质的最简单的解冻方法。解冻的速度和效果与气温及空气流动有关，时间不好控制，肉温内外差别大，易流失少量肉汁。用这种方法解冻时间不宜太长，以减少微生物污染。解冻的程度为，外表层（约占肉厚的 1/3） 已松软，中心仍有冰冻但已不太硬。不需要全部解冻松软，否则易造成肉汁的大量流失。

2. 水解冻

将冻肉放入干净的水槽中，用自来水（最好用 100 目尼龙网滤过）浸泡解冻。可采用静置法或流水解冻法。流水解冻法是从水槽底部通活水，从上部溢出多余的水。流水法解冻快，时间短，由于是以流动的水为介质，肉温内外差别不太大，但肉汁流失多。静止水解冻时间长，一般需 16～20h。为防止肉汁流失，解冻时可用塑料袋包装肉。

3. 低温微风解冻

这种解冻方法比较好，但需要有专门的设施，如 1～8℃冷库、1m/s 左右的低风速加湿空气设备等。加湿是为了加快热传导和热交换，缩短解冻时间。将低速加湿空气均匀地送入 1～8℃冷藏库中，冻结肉在 14～24h 中均匀解冻。这种方法解冻缓和，可控制解冻时间，解冻质量好，肉汁流失少，但能耗大，设施、设备投资比其他方法稍大。

4. 微波解冻

微波解冻是利用微波辐射和振动，使肉内水分子产生振动而升温。肉外表和内部的水分子都振动，解冻过程外表和中心是一样的，解冻均匀，解冻快，质量好。但能耗大、投资大，且升温快，控制复杂。

5. 其他解冻法

除以上解冻方法外，还有压缩空气解冻、远红外解冻等，都需要有专门的设施、设备。

我国目前常用的是水解冻法或微风与自然解冻相结合的办法。

二、肉料腌制

1. 腌制方法

腌制方法很多，大致可以归纳为干腌、湿腌、混合腌制等。腌制剂通常用食盐，除用食盐外，还加用糖、亚硝酸钠或硝酸钠、抗坏血酸盐或异抗坏血酸盐，以及磷酸盐等混合制成的混合盐，以改善肉类色泽、持水性、风味等。硝酸盐除改善色泽外，还具有抑制微生物繁殖、增加腌肉风味的作用。醋有时也用作腌制剂成分。

（1）干腌法

干腌法是利用结晶盐，先在食品表面擦透，即有汁液外渗现象，而后层堆在腌制架上或层装在腌制容器内，各层间还应均匀地撒上食盐，各层依次压实，在外加压或不加压的条件下，依靠外渗汁液形成盐液进行腌制的方法。开始腌制时仅加食盐，不加盐水，故称为干腌法。

（2）湿腌法

湿腌法即盐水腌制法，是在容器内将食品浸没在预先配制好的食盐溶液内，通过扩散和水分转移，让腌制剂渗入食品内部，直至食品内部的盐水浓度和盐液浓度相同时为止。

（3）干湿混合腌制法

这是一种干腌和湿腌相结合的腌制法。可先行干腌，而后放入容器内堆放 3d，再加 15～18°Bé 盐水（硝酸盐用量 1%）湿腌半个月。

（4）注射、滚揉腌制法

肌肉注射腌制有单针头注射和多针头注射两种。肌肉注射专用设备的针头中间有孔，注射时盐水喷射在肉内，直至获得预期含量为止。所以，肌肉注射腌制的产品肉内的盐液分布较好，是加速腌制过程并可起到嫩化作用的现代腌制方法。滚揉时间一般较长，如温度高，使原料肉升温，容易造成细菌污染；温度低，会造成原料肉温度过低，不利于腌制剂的渗透和扩散。因此，滚揉时的温度应控制在 2～6℃。根据不同产品的工艺要求及不同产品肉块大小来选择滚揉机的旋转速度，如大型肉块（100g 以上）旋转速度 18～25r/min；中型肉块（10～100g）旋转速度 12～18r/min；小型肉块（10g 以下）旋转速度 5～12r/min。

2. 原料肉腌制过程中的温度

原料肉在腌制过程中，腌制温度越高，腌制的时间越短，腌制速度越快。但就肉类产品来讲，它们在高温下极易腐败变质，为了防止在食盐渗入肉内以前肉出现腐败变质的现象，其腌制仍应保持在低温条件下，即 10℃以下进行。为此，我国传统产品加工腌制都在立冬后、立春前的冬季里进行。有冷藏库时，肉类腌制宜在 2～6℃条件下进行。鲜肉和盐液都相应预冷到 2～4℃时才能进行腌制，因而配制腌制液用的冷水可预冷到 3～4℃，冷藏库温度不宜低于 2℃，温度低将显著延缓腌制速度。但也不宜高于 6℃，高于这个温度易引起腐败菌的大量生长。

3. 蒸煮香肠类、灌肠类、西式火腿类不同原料的腌制时间

无论哪种灌肠原料，都可进行干腌，但大部分产品选择湿腌。干腌法可把修整好的坯料分档装入不透水的浅盘内，按每 50kg 肉来计算，加食盐约 17.5kg，但不一定受此限制，可按地区、季节的需要进行调节。食盐和肉块力求搅拌均匀，以使咸淡一致。将原料肉置于 2～6℃的冷库内，腌制 1～2d。

三、绞切与斩拌

除腌腊、酱卤、肉干等制品外，其他的灌肠制品、乳化制品等都要将原料肉进行切碎、斩拌和搅拌。

1. 绞切搅拌

有些产品在加工中，要求对原料、半成品或成品进行绞切、成型处理，如腊肠加工需将肉绞成小块，兔肉干预煮后的切丁或切片，兔肉松蒸煮后的炒松、拉丝，兔酱调制后的磨细等。切块成型具体要求根据不同产品类型而定。

绞切的目的是将不同的原料肉，按要求大小切碎。绞切在绞肉机中进行。绞肉操作中要求肉温不能超过 10℃，因此在绞肉前最好将原料肉先微冻一下并切成小块。在绞脂肪时，投入量应少一些，防止脂肪融化。用绞肉机将大块的肉绞碎，绞碎的程度要根据不同品种的要求而确定，多数产品是用孔板孔径 3～5mm 的绞肉机绞制。绞肉之前应注意检查肉中是否有碎骨等，以防损坏机器。绞肉操作一般是瘦肉和肥肉分别进行。

2. 斩拌制馅

斩拌是乳化型、重组型肉制品加工重要工艺，如西式香肠、灌肠、午餐肉、火腿肠、肉丸等产品加工均需斩拌，其目的是使原料肉馅通过乳化产生黏着性，同时在斩拌时还可将各种辅料混合均匀。斩拌在斩拌机中进行。斩拌的好坏直接决定着产品的质量，对于灌肠制品，斩拌工序尤其重要。斩拌机的刀速越快、刀刃越利，斩拌效果越好，肉馅的黏着性、保水性、乳化效果好，制品中脂肪不易分离。斩拌过程的温度不能超过 15℃，故在斩拌中要添加冰水或冰屑（水的添加量根据产品类型为原料肉的 5%～25%），斩拌时应先斩瘦肉，然后逐渐加入部分冰水，斩拌一段时间后，加入脂肪和调味料、香辛料、剩余的冰水等。

有的兔肉灌肠制品要添加一定的鸡肉、牛肉等，因这些肉类的脂肪较少（也要修割净），耐热力强，所以，斩拌时要先将牛肉放入斩拌机内斩切，然后加入猪肉，再加入水一起斩拌，直至斩拌成有黏性的糊浆状。斩拌工序完成后，随即加入适量的肥膘丁以及调味料、香辛料，搅拌均匀即成肉馅。斩拌时的加水量，根据产品配方而定，夏季要用冰片，冬季也可用冰水。斩拌结束出料前必须进行排气，这样加工出来的肉馅具有足够的黏性，并可减少肠馅内空气的存在。

斩拌制馅是灌肠类产品加工的主要工序之一，必须由具备一定水平的技术工人负责这项工作。因为肉馅的好坏，直接影响产品的保水性、出品率、弹性、嫩度等质量指标及产品质量的稳定性。制馅的方法有搅拌和斩拌两种，采用什么方法是由灌肠的品种决定的。斩拌是在斩拌机中进行的，由高速转动的斩拌刀与料盘的相对旋转运动达到斩拌的目的。斩拌机兼有斩肉和搅拌的作用。由于斩拌机的乳化作用比较强，能增加肉馅的保水性，一般多用于斩拌含水量较高和要求口感细腻的灌肠料。使用斩拌机制馅，肉可以预先绞碎，也可以不经绞制直接斩拌。目前大多采取直接斩拌法。但要注意根据灌肠品种的要求，控制肉馅的颗粒度。此外，还要注意操作的顺序。一般先斩细瘦肉，然后加入适量的香辛料和其他的调味料及冰水，在肌肉蛋白充分乳化后，再加入肥肉和淀粉等辅料。若肥肉添加时间过早，斩拌时间过长，就会出现渗油现象，影响产品的弹性和口感。若调味料和香辛料添加时间过早，有些辅料如大豆分离蛋白（大豆蛋白用水乳化后效果最佳，制成肉馅的最佳温度为 11℃）对味道有掩盖作用，影响产品的风味。

由于斩拌机的转速很高，为了防止肉馅温度升高，斩拌时要加入适量的冰水，并且要按工艺要求来确定斩拌的时间，这样制好的肉馅才会均匀、黏稠。

3. 搅拌

搅拌的目的是使原料肉、半成品或肉馅与其他辅料混合均匀。搅拌在搅拌机中进行。搅拌时应将准备好的原料肉、脂肪、半成品、其他辅料按配方称量好，并按顺序（同斩拌的顺序一样）加入搅拌机，搅拌时间根据不同原料及产品要求而异，如肉馅搅拌需要 5～10min。香肠制品加工首先是将经过绞碎的肉馅放入搅拌机中，然后按配方的要求，加入调味料、添加料、肥肉和淀粉，并加入一定数量的水。开动机器进行搅拌，根据产品要求而异，一般产品大约 10min，当肉馅充分拌匀并具有一定的黏稠性时，便可停机出料。

四、充填与结扎

这两道工序的机械操作与灌制品的质量和规格有密切的关系。一是不同产品、不同肠衣的充填方法，二是不同产品、不同肠衣的结扎。

1. 充填

充填就是将制好的肠馅，利用充填机灌入肠衣或模具中，并结扎或固定成一定形状。根据充填机工作原理，充填机大体上可以分成四类：第一类是活塞式，包括油压式和气压式两种；第二类是齿轮泵式；第三类是刮板式；第四类是双螺旋泵式。

肠馅一经制备好，就应尽快进行充填，缩短肠馅在空气中的存放时间。特别是在夏季，如存放时间过长，肠馅的黏度就会下降，产品的弹性也要下降。此外，也容易造成细菌繁殖，使肠馅变质或产生异味。

充填时，首先将肠衣套在灌肠嘴上，然后用脚控制灌制阀，双手握住肠衣进行充填操作。灌制时要注意掌握灌馅松紧适度，必须做到紧密而又不过分饱满，对非真空灌肠机还要注意排除肠中的空气。肠馅过紧或存有空气，煮制热加工时肠衣容易破裂，造成损失。

灌制好的香肠要根据品种的长短要求，进行结扎，然后串在挂肠杆上，并分层挂在灌肠架子上。使用活塞式充填机时，要注意灌料桶中不能有空隙存在，装馅时要用力摔装，以防止灌肠成品产生气孔。

兔肉肠类制品一般是用猪、羊的小肠衣或胶原肠衣灌制的灌制品，形状细小，弯曲不直。这一类灌制品，是利用制品本身用“扭转”方法来分根。充填时将整根肠衣套在灌肠嘴上，向前拉紧，只剩尾端打结。肠衣套好后，开放阀门，肉馅就自然地将整根肠衣灌满。将灌满肉馅的整根制品在台板上摆放平整，按规格要求长度，在一定距离处用双手将肉馅挤向两边，并握住挤空肉馅处的肠衣，将中间一段香肠悬空绕转几次，即自然成为段落。如此连续操作，最后将整根连接而又是分段的香肠制品串在挂肠杆上，以待烘烤，如风干肠、四川腊肠等。

2. 结扎

结扎就是把灌好肠馅的香肠两端捆扎好，不让肉馅从肠衣中漏出来，并防止外部的细菌进入，起到隔断空气和肉接触的作用。灌肠制品一定要结扎牢靠，不能松散。灌满肉馅后的香肠制品，须在肠衣未结扎端用棉绳或卡扣扎紧，以便悬挂。结扎方法因灌制品的品种而异。

充填机结扎一般是用铝线进行结扎，也有用铝卡结扎的，但都是用机械装置完成。有的结扎机同时可将产品依次挂在运输系统的挂钩上，机械化程度很高。用结扎机进行结扎，必须根据肠衣的种类和尺寸选择结扎机的种类与结扎形式。若选择错误，就会造成结扎不完全或扎得过紧、铝卡脱落等现象。

五、干燥脱水

新鲜的肉制品含水量多，不易保存，如果将水分减少至 20%以下，则相对好保存。利用合适的脱水方法，脱去肉中大部分水，并经过调味，制成干制品，可使肉制品易于保存，并可以延长其保存时间。目前脱水的方法有自然脱水法，即自然晾晒；人工炒制法，即在炒锅内将肉炒干；烘干房烘干法；真空干燥法，即在密封设备中真空干燥。腌腊制品和肉干制品在形成成品前都需要干燥工艺，香肠等制品一般在烟熏等工序中都伴有干燥过程。干制品脱水工艺主要有两种：一种是自然干燥法，另一种是人工干燥法。

1. 自然干燥法

这是一种传统的干燥方法，设备简单、费用低、易操作。缺点是受自然条件制约，温度不好控制，干燥时间长，易污染，不适合大量生产。在缠丝兔、板兔等腌腊制品的加工中，仿天然温度、湿度和气流速度的智能化机械风干设备得到应用，使产品在保持传统风干发酵工艺特有风味的同时，实现了工业化加工，提升了产品质量和安全性。

2. 人工干燥法

人工干燥法分为直接干燥法和炒制法。

直接干燥法：主要用于肉干、肉脯的制作，先将原料肉调味腌制，整理加工成型，然后用加热干燥设备强制烘干。

低温真空干燥法：将原料肉置于真空密封设备中真空干燥。这种方法干燥快，蛋白质变性少，特别是氧化慢、异味少，但设备复杂、投资大、费用高。

炒制法：主要用于肉茸、肉松的制作。将腌好的原料肉，用炒锅加热炒制，去掉水分。这种方法可以在常压下进行，也可以在减压下进行。

随着加工业的发展，新型干制设备和工艺方法不断通过研发投入产业化应用，如智能控制仿天然风干设备、远红外加热设备和高频、微波干燥工艺等。这些新方法可达到水分蒸发快、干燥时间短、干湿度均匀，以及天然气候条件的智能模拟和控制等效果。

六、蒸煮与熏烤

（一）蒸、煮

兔肉制品加工中，有的产品不需要蒸煮热加工，如腌腊制品、腊肠等，但大多数产品属于熟肉制品，无论低温还是高温产品，均需要进行加热蒸煮。

1. 蒸煮的目的和作用

肉制品通过蒸煮使制品产生热变形，肉受热变形凝固，呈现一定形态，并产生特有的肉香味；与发色物质作用产生肉红色；脂肪受热分解产生脂香味；淀粉受热膨胀凝固；蒸、煮可杀死绝大部分寄生虫与微生物，延长保质期。

2. 不同制品的蒸煮时间和变性

在蒸煮时要根据肉制品的原、辅料配比情况，具体掌握蒸煮的时间和变性情况，主要是通过测定制品的中心温度及原、辅料在加热过程中变性情况来决定。根据是否添加淀粉，肉制品分为纯肉（不含淀粉）制品和非纯肉（含淀粉）制品。

（1）纯肉制品

纯肉制品指不含淀粉的制品。肉和脂肪都是不良导体，热传导速度慢，蒸煮时热从外向内传导，制品温度升高，到 35～40℃时开始变性，从外向内逐步至中心，肉收缩变硬。温度升至 55～60℃时变性加快，颜色变灰。当温度升高至80℃时，肉开始产生分解，弹性蛋白变软并形成明胶状，脂肪也由于受热细胞破裂释放出部分油。制品由于受热而产生肉香味和脂肪香味，这种变化一般是在几分钟至几十分钟内完成。同时绝大部分微生物及寄生虫也被杀灭。大部分细菌在63℃以上的温度即可被杀死，但有极少数细菌要在 82℃以上温度才能被杀死。而且要取得好的杀菌效果，还需要在这个温度区域维持一定的时间。因此不含淀粉的制品蒸煮时中心温度控制在 68～82℃，保持 30～40min 以上。蒸煮时间视制品粗细而定，一般在 2～4h。

（2）非纯肉制品

中式灌肠含一定量淀粉，淀粉是不良导体，而且在受热时产生糊化膨胀，在水中膨胀更大。淀粉在肉中受周围蛋白质影响，膨胀虽受限制，但仍在糊化膨胀。在糊化过程中淀粉要吸收热量，影响蒸煮升温。为了保证肉及淀粉的充分变性和糊化，蒸煮时温度要高，中心温度可控制在 80～85℃，保持 30min 以上。总的蒸煮时间视制品粗细而定。

3. 蒸煮的温度和变性

肉制品主要成分有水、肉、脂肪、淀粉等，蒸煮后这些物质发生变性，产生特有的香气、味道和颜色，适合人们食用。为了控制蒸煮温度和变性，掌握变性条件，达到蒸煮目的，就要了解蒸煮温度和变性的关系。

肌肉是由蛋白质和氨基酸构成的，分子量从几千到几百万，它们之间通过肽键、氢键相互结合形成一定的空间构象，具有不同的特征性质。肌肉受外界条件变化的影响，会产生变化，严重时产生分解。蛋白质在受压，受热，遇酸、碱、重金属离子、某些有机物、酶类等作用时，会产生变性、凝固或分解。蒸煮时，肉受热变性，当温度达 35～40℃时开始变性、凝固，保水性降低；40～50℃时，保水性急剧降低；升至 55～60℃时，这种变化变慢并逐步停止；65～70℃时，热变性完成，这需要几分钟至几十分钟的时间。当升温至 80℃时，一些氨基酸分解，肉香味变浓，同时产生硫化氢、氨等不好闻的成分，影响肉的风味。

淀粉在水中受热时，产生糊化膨胀。一般薯类淀粉糊化温度稍低，而种子类淀粉糊化温度稍高。在肉制品中，糊化温度达 80℃才能完成，而且需要一定的时间。

蒸煮可使肉制品发色快而稳定。若不加发色剂，肉色逐步变灰，加入发色剂就产生稳定的肉红色。蒸煮还可以将绝大部分微生物和寄生虫杀灭。但蒸煮不利于营养物的保存，一些维生素会被部分破坏。温度越高，时间越长，破坏性越大。

4. 蒸煮速度和蒸煮程度

加热方法主要有蒸汽、热水和干热三种。用热水蒸煮，热传导快，但有些可溶性物质进入水中会受损失。现多用蒸汽加热。

（1）蒸煮速度

蒸煮速度是指加热过程中从开始加热至达到要求的中心温度所用时间的长短。加热可直接影响肉制品的发色、脂肪的质量，还会影响其他工序的效率。加热速度的快慢与加热方法、肉的热传导率、淀粉及其他辅料的添加量都有关系。加热速度快对制品有好处。

1）加热方法：使用最多的是蒸汽加热和热水加热。蒸汽加热简便，蒸汽分子热比高、损失少。热水加热传导快，但可溶于水的物质进入水中，损失大。蒸汽加热还有利于风味保存。加热速度快慢的先后顺序为热水、蒸汽、干热气。

2）热传导率：猪肉、牛肉、脂肪、淀粉、香肠都是热的不良导体。脂肪、淀粉的热传导率比肉还低。由于热传导慢，外表温度与中心温度有差距，要经过一段时间才能逐步缩小差距。

3）加热速度：要使中心温度达到要求的温度，要有一段时间，这与制品厚度有直接关系。根据不同产品，可利用仪器测试出初始温度和各阶段温度的时间，以及达到要求中心温度的时间，从而算出加热速度，确定加热时间的长短。

（2）蒸煮程度

蒸煮程度就是控制肉制品的中心温度。根据制品的厚度，掌握蒸煮的时间，实现蒸煮的目的。控制中心温度和时间，与使用的热源有关，热源稳定、供热充足、传导快，达到要求的中心温度时间就短，否则时间就要长。时间过长会影响产品品质，因此，蒸煮时热源一定要充足、稳定。

1）中心温度：根据微生物和细菌生长繁殖条件，在 63℃以上才可以将寄生虫和绝大部分微生物杀灭，而且需要一定的时间，一般要维持 20min 以上。如果要考虑杀灭更多的芽孢菌，温度就要高于 80℃，达到 82℃，需用 30～40min。

2）蛋白质凝固：考虑到蛋白质凝固的温度在 63℃以上，故不加淀粉的产品，蒸煮时一般将温度（指中心温度）控制在 65～78℃。产品直径小的，时间需要 20min 左右；产品直径大的，时间要长一些，需要 2h 以上。如果需要肉香味浓及肌纤维变性大，可将温度提高到 82℃以上。

3）淀粉糊化：当制品含淀粉时，必须考虑淀粉变性完全，否则有生淀粉味。

不同淀粉的糊化温度不一样，一般薯类淀粉糊化温度低，种子类淀粉糊化温度高，如土豆淀粉糊化温度在64℃左右，木薯淀粉糊化温度在75℃左右，玉米淀粉糊化温度为 74～76℃。无论何种淀粉，在肉制品中受到肉的包围，膨胀受限制，热传导受影响，制品中的各种酶类对淀粉糊化也有影响。考虑这些因素，加有淀粉的肠类，蒸煮时温度应适当提高到 82～85℃，中心温度达到 80℃，时间要保持 20min 以上。

5. 不同制品的蒸煮工序、温度、时间

根据产品原辅料配比、直径大小不同，蒸煮的工序、温度、时间也就不一样。例如，蒸煮肠类大致工艺是，先在 55～60℃烤 40min 至肠皮干燥，然后用蒸汽蒸煮，温度为 80～83℃，中心温度达 80℃，时间保持 30min 以上。火腿肠类，天然肠衣先在 55～60℃烘烤 30min，然后 85℃蒸煮，中心温度达 80℃，需时 30min，共需 80～90min；尼龙肠衣，不用烘烤，可直接蒸煮，温度应在 84～87℃，需时 60～70min。挤压火腿类，肠衣直径在 90min 以上的，蒸煮时先在 60～65℃干燥 30～40min，然后在 85℃以上蒸煮 90min 以上。不含淀粉的胶原肠衣直径在 90mm 以上的，先在 60～65℃烤 30min，再在 78～80℃蒸煮 90min 以上。尼龙肠衣或塑料肠衣，蒸煮温度应在 75～78℃，需时 100～110min。

（二）熏、烤

熏烤制品类一般是指以熏烤为主要加工工艺的肉类制品。熏与烤为两种不同的加工方法，其加工产品又可分熏制品和烤制品（也称烧烤制品）两类。

熏制是利用燃料没有完全燃烧的烟气对肉品烟熏的熏肉过程，以烟熏来改变产品的口味和提高品质的一种加工方法。其结果是使某些产品不经过烹调加工即可食用。同时，在熏制过程中又对产品起到加热作用，使产品脱水与干燥过程相联系。所以，熏制工艺既包括熏制，又有脱水、干燥的作用。肉品的烤制，也称烧烤，是在无水条件下的热加工，产品也称为挂炉产品。现代化的烤制方法，是将生原料经过初加工或初步熟处理后，运用特制的工具放入炭烤炉或红外线烤炉内，利用辐射热能把原料烤熟的方法。

1. 烟雾的化学成分

木材（块、粒）不充分燃烧产生烟雾。烟雾的组成成分随木材种类、燃烧情况，如温度、气候等有关条件变化。其中主要是有机酚类，如邻甲氧基苯酚、邻甲基苯酚、石炭酸（苯酚）、甲酚等十几种酚，还包括有机酸类，如甲酸、乙酸及其他高级有机酸等十几种酸；醇类，如甲醇、乙醇、异丁醇等高级醇；酮类，如丙酮、丁酮、甲乙酮等十几种酮；醛类，如甲醛、乙醛、丁醛、戊醛及高级醛类；碳氢化合物，如苯、甲苯、二甲苯及其他苯类；其他还有苯并芘、萘、蒽、烯类等。在这些成分中，有机酸、酚、醛等对制品的防腐、口味有很大影响。

2. 烟熏时肉的变化

1）水分的损失：烟熏时，温度一般在55～65℃，制品的表面逐步干燥，随时间延长，内部水分逐步蒸发出来，损失3%～10%。这种损失与温度、时间及烟熏用的材料有关。

2）烟成分的沉积：烟在制品表面一般是可渗透的，烟中的许多成分除可逐步落在制品表面外，还可透过肠衣逐步向制品内部渗透而沉积在肉中，与肉作用后，影响肉的风味。

3）防腐和抗氧化能力：烟中含有的有机酸、酚、酮类物质，对许多微生物、寄生虫有杀灭作用或抑制作用。这些成分的蓄积可提高制品的防腐和抗氧化能力。

4）颜色的变化：烟中许多成分有颜色，蓄积在表面可形成烟熏色，并可使制品内的颜色也变深。

5）口味变化：经过烟熏的肉制品具有特殊的气味和口感，这是许多成分综合作用的效果。

6）蛋白质变性：经过烟熏后，蛋白质发生一系列化学变化，有些蛋白质产生变性而变硬，有些则与烟分作用产生令人愉快的风味。通过这些变化，制品产生收缩，表面形成皱缩的花纹。

3. 烟熏的有害物质

烟雾含有少量有害物质，主要有苯并芘、二苯并蒽类物质。这些物质经观察研究，具有强致癌作用，因此应特别注意。

4. 烟熏的方法

1）直接烟熏法：这一方法是在烟熏室内进行的。将肉制品挂在吊架车上，一般是2层，最下层肉制品离火源应至少在60～70cm，下面用碎木或木屑进行不完全燃烧（处于微火燃烧），烟熏时间1～2h。

2）冷熏法：一般在烟熏箱中进行，有特制的发烟器。将肉制品放在架子车上送至烟熏箱内，发烟器产生的烟通过烟道送入箱内，在20～30℃温度中，烟熏5～15h。

3）间接烟熏法：在烟熏箱内进行，发烟在箱体外。烟通过管道送入箱内，在温度40～50℃中熏30～50min。

4）速熏法：有直接浸渍烟熏液法（或涂抹法）、直接添加烟熏液法和蒸散吸附法。蒸散吸附实际是直接加热烟熏液熏蒸。

5. 不同制品的熏烤要领

熏烤不同的肉制品，要根据制品特性进行前处理，并掌握好熏烤时的温度、湿度、时间、肠衣种类等。对烟熏效果的影响，进行综合考虑，选择较为适合的方法，争取较好的效果。不同产品的熏烤温度和熏烤时间不同，要根据产品具体情况而定，因为影响熏烤效果的因素较多，需综合考虑。熏烤肉熏烤前要求及处理方法如下。

1）熏烤的制品必须保持外表洁净，才能保证熏烤有好的效果。无包装的制品，如培根、带骨火腿、去骨火腿、烤肉、卷火腿等类型的肉制品，表面易污染异物，先应当用水洗，再用干净布擦干或自然晾干。有包装的肉制品，如灌肠，在制作过程中尽量保持肠体外表的洁净。如不干净，应进行冲洗，防止异物覆盖表面，造成熏烤不匀。

2）有些制品外表水分多，正式熏烟前，应当进行适当干燥，防止湿度过大影响熏烟效果。干燥可排除过多的水蒸气，有利熏烟。为了保证熏烤均匀，制品应均匀吊在挂杆上，相互间留有距离。熏烤的制品量不宜太多。

3）制品干燥后即可烟熏。烟熏时温度控制在 30～65℃，不要有火苗出现。一旦出现火苗应想办法控制。办法是：①隔断或减少空气供给；②加少许水降低发烟剂的温度，保持烟熏温度相对稳定，使温度控制在要求的范围内。同时还要控制温度不要忽高忽低，要保持平稳。

七、产品包装

（一）包装卫生

1. 包装室的卫生

包装室的卫生是保证肉制品卫生质量的关键因素之一，除保证包装室无菌状态的同时，还必须注意不要将外部的细菌、尘埃带入包装间。从外部带入的污染因素包括户外空气、空调、人体、衣服、包装材料、可导致污染的作业、受到污染的制品等。为防止户外空气的污染，包装室内气压一般应为正压。为保证包装室内的换气和控制温湿度，室内应安装除尘、除菌装置。在实际操作中，可采用美国国家航空航天局对洁净度等级的表述，食品厂内的尘埃和微生物的洁净度最好为 10000 等级。这一等级指尘埃的大小在 0.5μm 以上时，其数量应在 350×10^3 个/m^3 以内；尘埃的大小在 5.0μm 以上时，其数量应在 2300 个/m^3 以内，细菌的标准浮游量为 17.6 个/m^2，沉降量为 64600 个/m^2，另外，理想的室温应保持在 15℃以下，相对湿度在 70%以下。

人体看起来比较清洁，但也必须考虑到人的毛发、衣服的皱褶、人体表皮的皱纹、伤口、唾液等都是相当大的污染源。所以人体有可能接触制品的部位需要先进行消毒，最好戴上手套和口罩，衣服上也需无尘。在进入包装室之前，如有条件应通过风浴吹落身上携带的细菌和尘埃。

在包装材料制造的过程中，某一阶段可以说是无菌的，但在薄膜卷绕过程中会产生空中浮游菌的附着。采用热成型包装可以避免污染，但是如果机器的设置场所不当，有时也会受到浮游菌的污染，操作中产生的污染，多发生在制品装箱的作业过程中。

为了保持包装室的清洁，除了要断绝来自于外部的污染外，顶棚、墙壁和地面的结构设计也应注意不要使尘埃等易于存留，并对这些部位定期进行消毒。为了不致使一些特定的细菌残存，要用次氯酸钠、酒精溶液和蒸汽循环消毒。

2. 肉制品切片、包装的卫生

肉制品的表面容易受到细菌的污染，为了保持肉制品的卫生，应注意器具消毒，切片机的刀刃部、制品固定台和包装机等与制品接触之处及操作人员的双手也应进行消毒。切片机的刀刃部一旦受到污染，在进行以后的切片过程中，就会使数十片肉片受到污染，所以对刀刃部应定时进行消毒。切片作业最好是在无菌室内进行。

在质量保证方面，应注意不要使温度上升。即使是加热杀菌的制品，也仍然有芽孢形成菌的芽孢残存，它们在高温下就会发芽增殖。经 65～70℃的温度杀菌后，仍然会有杆菌属的蜡状芽孢杆菌、巴氏芽孢杆菌、凝结芽孢杆菌残存。另外，一旦温度上升，脂肪就会变白，有时还会流出。质量方面其他应注意的有切片机刀刃是否锋利，如果刀锋不快，所切肉片周围就会出现白色脂肪的附着。

使用的包装材料的原料多为塑料，由于制作时采用的是高温挤出的方法，因此是无菌的。但是在塑料薄膜的卷绕过程中，有时会受到空中落下的细菌的污染。不考虑细菌污染而制造的复合薄膜中曾检测出耐热芽孢形成菌和低温细菌。除此之外，还有人检测出了霉菌和枯草杆菌。虽然说包装材料应是无菌的，但至少应注意不要使在低温条件下容易生长的乳酸菌、无色杆菌、黄杆菌在其表面附着。

（二）生鲜兔肉制品的包装

生鲜畜肉类食品的质量好坏，直接受微生物污染、酶活性、氧化以及脱水等理化和生物性因素的影响。为防止细菌繁殖，新鲜肉一般均需冷藏，但在冷藏、运输和销售过程中都有被细菌二次污染的可能，从而导致腐败变质。因此，生鲜肉类的包装主要是防止微生物污染。生鲜肉要保持特有的鲜红生鲜感，就必须维持其细胞处于氧合状态，同时又要防止肉内水分的挥发散失。因此，用于生鲜肉类的包装材料应具有适当的透氧率，对水蒸气则有较好的阻隔性。生鲜肉的包装多采用薄膜包装，其次是采用浅盘包装。

生鲜级生鲜调理肉的薄膜包装多采用聚乙烯（PE）拉伸薄膜，这种 PE 膜的阻水性较好，氧气透过率比较高，对于保持鲜肉细胞的有氧呼吸是足够的。经过双向拉伸的 PE 膜具有热收缩性，套在肉块上后，经过瞬间加热，即发生收缩而紧裹在肉的表面，不易脱落；同时由于 PE 的低温柔韧性极为优良，在–40℃不会脆裂。

需较长时间冷藏的鲜肉除用聚乙烯膜包裹外，再加套一层隔氧性较好的薄膜，如聚偏二氯乙烯（PVDC）、聚己内酰胺（PA）等，在鲜肉出库销售时，除去外面的阻氧层，这样氧气渗入 PE 薄膜内，使缺氧而被抑制的细胞重新恢复活力，包装内的鲜肉颜色便转为鲜红色。

适用于冷冻包装的材料主要有：PE、聚碳酸酯（PC）、乙烯-乙酸乙烯酯共聚物（EVA）、聚对苯二甲酸乙二酯（PET）、PA 等单层膜，以及 PET/PE、PA/PE 等复合薄膜。当要求采用其他真空包装时，则可选用阻气性较好的 PET/PE、PA/PE 等薄膜。

兔肉的常温保存一直是个难题。其关键是鲜肉无法在常温下杀菌，即使将刚宰杀好的鲜肉立即置于无菌环境中密封、去氧储藏，其肉块内部的细菌特别是厌氧性细菌也会繁殖。能够在常温下杀灭肉块内部细菌的办法目前只有辐射杀菌法，肉在辐射杀菌后用塑料薄膜封装，以免杀菌后再次受到污染。但其在广泛实际应用上尚存在问题。

生鲜及生鲜调理类的浅盘包装成为日益增加的包装方式，将生鲜肉直接盛放在浅盘中，表面覆盖一层透明塑料膜的包装，常采用发泡聚苯乙烯（PS）浅盘盛装生鲜肉，并在浅盘底部衬一吸水纸吸收肉块表层水分。近年来，随着人们对包装可视性要求的提高，又出现了一种由定向 PS 片材热成型制成透明浅盘包装生鲜肉，表面采用透明的双向拉伸聚丙烯（BOPP）薄膜，使鲜肉清晰可见。

（三）熟肉制品的包装

氧的含量及包装内无菌是影响加工熟肉制品保质期的主要因素。这就要求采用真空或充气包装，或者在包装后再进行蒸煮杀菌。根据这种要求，选用的包装材料应能阻氧、阻湿和耐高温，单一薄膜很难满足这些性能要求，一般采用复合包装材料，如采用 PET/PVDC/PE 或 PA/PVDC/PE 等复合薄膜包装小香肠、午餐肉。这些薄膜材料可以预先制成袋以备用，也有的是在自动包装机上边制袋边包装，包装制袋一次完成，减少了污染环节。熟香肠还采用 PVDC 肠衣进行包装。

火腿类产品水分含量较高（70%左右），在常温下极易变质，常采用 CPP/PVDC/CPP 共挤复合膜包装（CPP 为流延聚丙烯），成袋后装入肉块，连袋放在蒸煮罐内蒸煮。由于袋本身具有收缩功能，在蒸煮时，包装袋由于热收缩而紧紧地绷在肉上，使得肉块表面挤压得十分平整、光滑。用这种方法包装、消毒的火腿可以在常温下放置较长时间。同类的产品也有采用纤维状肠衣包装的，在使用前，应将肠衣放在 38℃左右的温水中至少浸泡 30min，让肠衣吸水变软后，增强韧性以便充填。

酱卤鸡、调理兔肉熟制品等许多传统采用马口铁等包装的罐装食品，近年来也越来越多地采用复合软包装材料制作的软罐头包装。常用的软罐头材料是 PET/Al/PA/PE（EVA），能耐 121℃以上温度、较长时间的蒸煮杀菌。这种软罐头食品能够在常温下放置 6 个月或更长时间而不变质，食用携带方便，适宜军队、野外工作者、旅游者等使用。目前国内对食品的软罐头包装尚无统一的质量标准。日本工业标准（JIS）规定：能耐 120℃以上加热杀菌；封口强度≥2～3kg/15min；耐压强度>50kg/min；穿刺强度≥0.6kg；透湿度<0.19/（m^2·24h·0.1MPa）；透氧度<1mL/（m^2·24h·0.1MPa）。

（四）干肉制品包装

先经过熟制，再成型干燥的肉，或先成型干燥，再经过熟制而成的熟肉类制品即是干肉制品。这些干肉制品受到广大消费者青睐的原因是其具有储运销售方便、保质期长、开启包装后可直接食用等优点。干肉制品主要有肉松类、肉干类、肉脯类。

1. 干肉制品的特性

将新鲜肉含水量由 68%～80%降至 6%～10%，需要经过在自然条件或人工控制条件下促使肉中水分蒸发的工艺过程。肉类食品脱水干制是防止其腐败变质以及有效加工和储藏的手段。我国传统制作方法是将鲜肉作为原料，经过调味熟制后再加工干制出调味性好的干制品。此干制品经过干缩、干裂等物理变化后几乎完全失去对水分的可逆性，就算加水也难以恢复其原有的状态。如将新鲜肉采用低温真空升华干燥直接脱水干燥制成的干制品对水分是可逆的，这种干制品在能够保持肉的组织结构和营养成分不发生变化的情况下，添加适量的水就会立即恢复原来的状态，但缺点是干制品因疏密度低而易吸水，导致复原迅速，使内部多孔容易被氧化而影响保质期。尤其是干制品通过一系列化学变化及其复水后，品质的营养价值因而受到影响，同时，化学变化会使色泽、风味、质地、黏度、复水率有所改变而影响其储藏寿命。而且复水干肉制品在脱水干制后的品质相对下降，在高温下加工会使肉的脂肪发生氧化，肉在干燥下对光的反射、散射、吸收和传递性质由于受物理和化学性质改变而改变，而使肉制品色泽产生相对变化，甚至有可能会导致挥发性风味物质的损失。处于这种状况时，就应利用干制来使肉品水分活度下降，以抑制微生物活动，从而达到延长干肉制品保质期的目的。

2. 干肉制品的包装特点

干肉制品由于脂肪含量较高，如有氧存在，就很容易氧化变质，而且营养物质（如蛋白质）等易遭受微生物的侵染霉变。此外，干肉制品的水分含量低，包装除要达到防潮要求外，还要有一定的密封性。因此，在选择包装材料方面，应多采用有良好隔氧性能的塑料复合薄膜和塑料薄膜，或选择采用铝箔等复合材料来达到隔绝光线的目的，除此之外，还可以满足不同档次的包装需要。这说明干制工艺过程和干肉制品的自身特性与干制品包装特点有着密切关系。总之，最重要的一点是它们均决定着干制品的包装材料和包装技术。

3. 干肉制品的包装要求

满足干肉制品的包装要求，以避免干肉制品在储藏、运输过程中质量变坏。因此，选择的包装材料应要具备以下条件：

1）防止由氧的渗入而使脂肪发生氧化后引起对干肉制品的不利影响，应采用具有良好隔氧性的包装材料。

2）为使干肉制品品质能达到保持避光要求，应采用对光线、紫外线具有良好阻隔性的包装材料。

3）为避免从环境中吸湿致使干肉制品质量发生变化，应采用透湿性小，并具有良好防潮效果的包装材料。

4）应采用具有良好防虫性、防鼠性、防灰尘等性能的包装材料或包装容器。

5）应采用具有良好的加工包装操作工艺的材料，以适合干肉制品在包装时加工工艺的操作要求。

6）应采用具有良好展示性和卫生安全性干肉制品的包装材料。

7）干肉制品包装成本费用要合理。

4. 选用干肉制品包装材料的原理

在选用干肉制品包装材料时应非常慎重，首先选择能对水蒸气有较好阻隔性的材料以满足防潮的需要，其次是根据干肉制品的特性，在总体上应采用能满足保护性、工艺性、商品性等需要的包装材料。

5. 干肉制品的常用包装材料

（1）玻璃纸

玻璃纸又称为赛璐玢，是一种天然再生纤维透明薄膜的高级包装纸。其经过涂布树脂后在高湿度状态下各种气体的透过率基本不受影响，而且具有较好防潮、热封性能，因此，根据防潮玻璃纸这一特点，将其直接用于包装干肉制品，是很有意义的。但普通玻璃纸作为包装用纸时最大缺点就是没有像塑料薄膜那样的热封性能。另外，虽然玻璃纸韧性较好，然而在稍有裂口时，使用小力度也能使它完全破裂。

（2）聚乙烯

聚乙烯树脂一般认为无臭、无毒，可直接接触食品，是安全卫生的包装材料，虽然其单体聚乙烯本身有低毒，但残留在塑料制品中的残留量极微，而且在聚乙烯制造时加入添加剂的添加量也很少。

（3）聚丙烯

聚丙烯的卫生安全性高于聚乙烯。根据聚丙烯的耐水阻湿性比玻璃纸好、透明、耐撕裂性不低于玻璃纸的特性，聚丙烯可以代替玻璃纸。目前用于包装食品的塑料制品主要就是聚丙烯薄膜。

（4）聚氯乙烯

聚氯乙烯因价格低廉、成型方便而广泛应用于食品包装，一般适宜用于非酸碱类的中性食品包装，在与氯乙烯共聚加工时需要加入稳定剂。

（5）聚偏二氯乙烯

聚偏二氯乙烯用作食品包装时，需要添加稳定剂、增塑剂，因此和聚氯乙烯一样，会有卫生安全性问题。所以，在选择添加剂时应注意，添加剂不但能使用于长期保存食品的包装中，还能使包装具有更好的综合包装性能。

（6）铝箔

铝箔有三个重要特性：阻湿、阻气、阻光，用于食品包装中无毒、卫生。铝箔由于具有许多优异性能，又是一种抗挠性包装材料，特别是铝箔经二次加工后具有较其他包装材料优越的综合包装性，因此已被广泛应用于食品、医药等包装领域。

第二节　不同类型兔肉制品工艺

我国是世界上兔肉制品类型和加工方法最多的国家。按照现今公认的分类方法可将兔肉制品与其他肉类制品一样大致分为腌腊制品、酱卤制品、香肠制品、火腿制品、熏烧烤制品、罐头制品、生鲜调理制品等种类，涵盖上千种产品，具体类型及鉴别特征如表 2-1 所示。

表 2-1　兔肉制品产品分类及产品举例

序号	类别	种类	产品举例
1	腌腊制品	咸肉、腊肉、酱（封）肉、风干肉	咸兔、腊兔、缠丝兔、板兔、酱风兔、风干兔
2	酱卤制品	白煮肉类、酱卤肉类、糟肉类	成都口水兔、白切兔肉、盐水兔、卤全兔、卤兔腿
3	香肠制品	腊肠类、熏煮肠及灌肠类、其他肠类	兔肉肠、肉枣肠、兔肉切片熏肠、兔肉粉肠、兔肉蒜肠、生鲜兔香肠、肝肠、水晶肠
4	火腿制品	西式火腿	压缩火腿、圆火腿、卷式火腿
5	熏烧烤制品	熏烧烤肉类、烧烤肉类	熏兔、四川百膳烤兔、麻辣烤兔腿
6	肉干制品	肉干类、肉松类、肉脯类	成都油酥兔肉松、肉粉松、肉糜脯
7	油炸制品	油炸类	香酥兔、油淋兔、油炸兔肉丸
8	其他制品	罐头制品、调理制品、肉糕和肉冻制品	红烧兔肉、清蒸兔肉、宫保兔丁、酱兔肉丝、火锅兔、粉蒸兔、卤兔块、红烧兔块、兔肉糕

一、腌腊制品加工

（一）产品分类及基本工艺

腌腊制品是经腌制、酱渍、晾晒（或不晾晒）、烘烤等工艺制成的生肉类制品，食用前需经加工。种类有咸肉类、腊肉类、酱（封）肉类、风干肉类。酱（封）肉是咸肉和腊肉制作方法的延伸和发展。

1. 咸肉类

肉经过腌制加工而成的生肉类制品，使用前需经熟加工，产品有腌制咸兔等。

2. 腊肉类

肉经腌制后，再经晾晒或烘焙等工艺而成的生肉类制品。食用前需经熟加工，有腊香味，如腊兔、缠丝兔、板兔等。

3. 酱（封）肉类

肉用食盐、酱料（甜酱或酱油）腌制和酱渍后再经风干或晒干、烘干、熏干等工艺制成的生肉制品，食用前需经煮熟。色棕红，有酱油味，如四川酱兔等。

4. 风干肉类

肉经腌制，洗晒（某些产品无此工序）、晾挂、干燥等工艺制成的生、干肉类制品，食用前需经熟加工，如四川风干兔等。

（二）关键工艺要点

（1）原料选择

可用于加工腌腊肉制品的原料主要包括肉用、皮用或毛用兔屠宰分割兔肉，部分可食内脏的副产物也可作为原料，如腌腊兔肝等。原料必须使用兽医检验后符合腌制卫生要求的肉，即不带毛、血、污物，在储运过程中不落地，保持清洁，防止污染。

（2）上料

将盐、香辛料及食品添加剂等通过涂抹、浸泡、注射、滚揉等方法附着在肉表面及内部的过程。这是影响后期产品风味的关键。良好的上料会使腌腊制品入味均匀，风味一致。

（3）腌制

上料后的肉半成品在常温或低温下放置一段时间，使调味料、食品添加剂等与肌肉组织有效结合，并进一步在肌肉组织中通过扩散而均匀分布。腌制剂的配制是影响腌制效果的关键。

（4）风干或烘烤干燥

将腌制或上料后的肉样置于比较干燥的环境下，如通风口、干燥箱等处，使其中的水分慢慢耗散，同时调味料、食品添加剂等成分进一步向肌肉组织扩散。

肉样也在水分扩散的同时质量逐渐变轻，其表面形成一层较硬的保护膜。

（5）熟成

经过失水的肉半成品再在常温下放置一段时间，使干燥后的肉半成品在微生物的作用下，进一步成熟，并形成腌腊制品的天然风味。

（6）检验、包装及储藏

按照产品卫生及质量标准对产品进行检测，合格产品包装后入库存放。

二、酱卤制品加工

（一）产品分类

兔肉加调味料和香辛料以水为加热介质，煮制而成的熟肉类制品。种类有白煮肉类、酱卤肉类、糟肉类。白煮肉可以认为是酱卤肉未经酱制或卤制的一个特例；糟肉则是用酒糟或陈年香糟代替酱汁或卤汁的一类产品。

1. 白煮肉类

肉经（或不经）腌制后，在水（盐水）中煮制而成熟肉类制品，一般在食用时再调味，产品保持固有的色泽和风味，如成都口水兔、白切兔肉和盐水兔等。

2. 酱卤肉类

肉在水中加食盐或酱油等调味料和香辛料一起煮制而成的一类熟肉类制品。某些产品在酱制或卤制后，需再经烟熏等工序。产品的色泽和风味主要取决于所用的调味料和香辛料。具体产品有四川卤全兔及卤兔腿等。

3. 糟肉类

肉在白煮后，再用香糟糟制的冷食熟肉制品。产品保持固有的色泽和曲酒香味。

（二）基本工艺

1. 酱肉

（1）选料与整理

选择经兽医检验合格的原料肉，去掉碎骨、腺体、血污、毛、杂物等。

（2）浸煮

酱制肉的浸煮是将香辛料做成料包（此料包可反复使用，但需根据次数添加一定新料），锅内加水（能浸没原料肉为准），将调味料等置于锅内溶化，放进料包，煮开；放进原料肉，升温至沸腾后保持一段时间，适时煮制后再酱制。

（3）酱制

酱制是保持产品风味的重要环节，先制备酱制液，香辛料的配制和用法同浸制液。锅中的水要能浸没原料肉，再加入辅料，升温至沸。将浸过的肉捞到酱锅内，升温沸腾并适当煮沸后加入料酒，继续酱制至肉熟，注意随时捞出汤面的污物和泡沫。

（4）冷却

肉料捞出后放于盘中，用冷风或自然风冷却，充分凉透，不能叠压。不能用水冷却。

2. 卤肉和糟肉

（1）原料处理及选择

选取质量良好的兔肉，按照产品类别分割切块，去掉碎骨、杂质、血污。

（2）辅料配制

将陈皮、花椒、甘草等香辛料做成料包与其他辅料放入水中，熬煮为卤汤。料包可多次使用。

（3）煮制

将原料肉放入沸腾的清水锅中适时浸泡，捞出后用清水洗净，然后放入卤汤中卤煮，即成卤肉。卤汤可继续使用，但用前应及时煮沸和清除杂质。

（4）糟制

糟肉还需将卤肉放入黄酒等糟料配制的浸泡液中适时浸泡，即为成品。

3. 关键工艺要点

（1）浸煮

先用热水浸煮，可以加一些香辛料包，也可不加，以初步去掉杂质（沫）及腥味。加入香辛料既可去腥味，又增加香味。加热酱制是重要操作过程。加入盐、硝酸盐、调味料、香辛料、黄酱、酱油、料酒等，能起到发色调味的作用。通过使用不同的香辛料或调味料，能制作出风味各异的酱制品。硝酸盐和亚硝酸盐是酱制品制作过程中必须添加的辅料之一，它不但可以使肉产生稳定的红色，也可改善口味，起到一定的防腐抑菌作用，有利于产品的保存。酱油和黄酱更不可缺少，它们体现酱制品的重要特色，掌握好添加量，对产品风味有很大影响。

（2）调味

通过加入不同种类和数量的调味料，使产品具有特定的口味。调味的方法，根据加入调味料的时间和顺序，大致可以分为基本调味、定性调味、辅助调味三种。热加工前，在原料肉中添加食盐、酱油或其他配料并经过腌制，奠定了产品单一的一种咸味，称为基本调味。在加热煮制时，原料下锅后，立即加入主要配料，如酱油、盐、酒、香料等，决定了产品的味型，称为定性调味。在加热煮熟之后，或即将出锅时加入糖、味精等调味料，以增进产品的色泽、鲜味，称为辅助调味。

（3）酱卤技术参数

酱卤制品煮制温度、次数、时间，不同产品有所不同，但主要目的是使产品达到煮熟。因此，在肉类煮制过程中，肉的结构、成分都要发生显著的变化，使产品熟制后产生香气和酥烂的口感。制作出好的酱卤制品，最关键的技术环节是酱卤汤质量的好坏，汤味越香，酱出来的制品味道越佳。原料入锅酱制，一般是先用旺火烧开，再改用小火酱煮，酱到上色、酥烂时，即可出锅。特别要注意掌握酱制品的生熟程度，在适当时间，要及时捞出。捞得过早，制品发硬、不烂；捞得过晚，肉质软烂不成型（俗称落锅），而且减轻肉质量，造成损失。具体酱制时间，随原料而异，如酱兔约 1h，酱兔肝约 15min。鉴定成熟的标准，可以用筷子戳试检验，一般能够戳动，即为成熟。

三、香肠制品加工

（一）产品分类及基本工艺

1. 腊肠类

中式腊肠是以兔肉为主要原料，可添加猪肥膘或其他肉类，混合，经切碎或绞碎成肉丁，用食盐、（亚）硝酸盐、白糖、曲酒和酱油等辅料腌制后，充填入可食性肠衣中，再经晾晒、风干或烘烤等工艺制成的肠衣类制品。食用前经过熟加工，具有酒香、糖香和腊香。中国香肠（腊肠）类产品有四川兔肉腊肠、肉枣肠、兔肉风干肠等。

西式腊肠以畜肉为主要原料，包括牛肉、猪肉、兔肉等，原料经过绞碎或粗斩成颗粒，用食盐、（亚）硝酸盐、糖等辅料腌制，并经自然发酵或人工接种，充填入可食用肠衣内，再经烟熏、干燥和长期发酵等工艺而成的生肠类制品，可直接食用，如兔肉色拉米香肠等。

2. 熏煮肠及灌肠类

西式熏煮肠是以兔肉为主要原料，经切碎、腌制（或不腌制）、细绞或粗绞，加入辅料搅拌（或斩拌），充填入肠衣内，再经烘烤、熏煮、烟熏（或不烟熏）和冷却等工艺制成的熟肠类制品。包括不经乳化的绞肉香肠、干淀粉添加量不超过肉质量 10%的一般香肠、乳化香肠，以及以乳化肉馅为基础，添加瘦肉块、肥肉丁、豌豆、蘑菇等块状物生产的不同品种的乳化型香肠。熏香肠有兔肉切片熏肠、哈尔滨红肠等。

以西式熏煮肠工艺为基础发展起来的中式灌肠，以兔肉、淀粉为主要原料，可添加猪肥膘、牛肉及其他畜禽肉，肉块经腌制（或不腌制），绞切成块或糜，添加淀粉及各种辅料，充填入肠衣或肚皮中，再经烘烤、蒸制和烟熏等工序制成的一类熟肠类制品。干淀粉的添加量超过肉质量的 10%。肉肠粉类有兔肉粉肠、蒜肠等。

3. 其他肠类

除中国腊肠类、发酵肠类、熏煮肠类、肉粉肠类等肠类制品外，还有生鲜兔香肠、肝肠、水晶肠等。在这些产品中添加兔肉，不仅可增强肉馅乳化性、保水性，还可提高产品营养价值。制备这些肠的主要工序，一是需经切碎、绞碎或乳化加工，二是调味处理，三是充填入肠衣。是否蒸煮、盐熏根据不同产品而异。

（二）关键工艺要点

1. 腊肠

（1）原料肉选择与修整

用于腊肠加工的原料肉可以是新鲜肉、冷却肉或冻肉，若为冻肉，需经过解冻后方可使用。原料肉经过修整，去掉筋腱、骨头和皮，瘦肉用绞肉机绞碎，肥肉切成肉丁。肥肉切好后用温水清洗 1 次以除去浮油及杂质。

（2）配料腌制

中式香肠加工常用的配料有食盐、糖、酱油、料酒、硝酸盐、亚硝酸盐，使用的调味料有大茴香、豆蔻、小茴香、桂皮、白芷、丁香、山柰、甘草等。中式香肠中一般不加淀粉和玉果粉。腌制时按配料要求，将原料肉和辅料混合均匀，于腌制室内腌制 1～2h。

（3）灌制

将肠衣套在灌肠机灌嘴上，把肉馅均匀地灌入肠衣中，并要掌握松紧程度，不能过紧或过松。中式香肠所用肠衣可用天然或胶原蛋白人造肠衣，使用天然肠衣时，干制肠衣在使用前需用温水浸泡，使之变软后再用于加工；盐渍肠衣在使用前用清水充分浸泡清洗，除去肠衣内外表面的残留污物及降低肠衣含盐量。

（4）捆扎及清洗

用排气针扎刺灌好的湿肠，排出内部空气，以避免在晾晒或烘烤时产生爆肠现象。然后按照产品规格用棉线或香草将香肠捆扎成一定长度。湿肠用 35℃左右的温水漂洗除去表层油污，均匀地挂在晾晒或烘烤架上。

（5）风干、晾晒或烘烤

传统风干肠是将悬挂好的香肠在较低温度季节自然风干脱水制成。西式腊肠的风干时间较长，并伴随乳酸菌发酵过程，现代加工往往人为添加发酵剂，以缩短发酵时间，改善产品风味和延长保质期。现代中式腊肠加工大多是快速烘烤干燥法，将灌装、清洗和悬挂的香肠送入烘房烘烤，脱除多余水分。成品在检验后用小袋进行简易包装或真空包装。

2. 西式蒸煮肠及灌肠

（1）原料肉选择与整理

原料肉的种类与新鲜度对产品的质量有直接的影响。原料肉应尽量选用新鲜的冷却排酸肉，且必须是经卫生检验合格的鲜冻畜禽肉。可以用躯体肉，也可用分割肉，根据产品的特点，选择不同的部位肉加工制作。

整理：去掉异物、筋腱、碎骨、结缔组织、淋巴结等达到五无。肉温保持在

0～5℃。

（2）切碎

整理好的肉还要按标准切割成要求大小的块、条或用绞肉机绞成一定大小的粒状。操作时要注意减少污染，控制好温度，肉温不超过 7℃，最好是 0～5℃。

（3）腌制

腌制是用盐及其他腌制剂对原料肉进行盐腌，通过腌制达到发色、增加口味的目的。盐腌还可减少水的活性，提高防腐力，增加肉的保水力和黏结性。盐的浓度在 3%～5%时，肉保水力强。

腌制的方法有干腌法、湿腌法、混合腌制法、注射腌制法、滚揉腌制法及其他腌制法等。

在西式蒸煮香肠加工中，原料肉的腌制分为瘦肉腌制和肥肉腌制。常用的腌制方法是干腌、注射腌制和滚揉腌制。

1）瘦肉腌制：①常用干腌法。原料肉切成肉粒或用绞肉机绞成肉粒，添辅料，在 0～3℃温度下腌 24～48h 或更长的时间。②为了缩短腌制时间，有时采用滚揉腌制法。将原料肉绞成块，加入适量的水，添加腌制剂及其他香辛料，在 5～8℃下适时滚揉。③对于大的肉块，则需采用注射腌制，即先进行盐水注射，再滚揉 18～24h 或更长时间。滚揉腌制后可直接进行充填结扎。

2）肥肉腌制：腌制可使肥肉结实、失水增味。将肥肉切成丁，加入辅料，搅拌均匀后放冷库于 0～5℃下适时腌制。

（4）斩拌

斩拌操作是非常重要的，可起到切碎、搅拌均匀的作用，使肉、水、脂肪、填充料等相互均匀分布，形成乳化状态，增加黏结性和保水性。

1）准备：先检查转盘、斩切刀及各部件是否装好，用清水洗干净。

2）斩拌：先将瘦肉放入斩拌机内，开动斩拌机，用低速先将瘦肉斩拌，加入应加水量 1/3 的水（或冰屑），同时加入其他辅料，高速斩拌至产品所需细度要求。加冰屑，目的是保持肉温不会太高（应在 5～7℃）。如果添加淀粉或大豆蛋白粉，应在添加香辛料后，再添加。并且立即加入剩下的水（冰），先用适时低速斩拌，待基本均匀后，高速斩拌，使肉、水、辅料混合均匀，并达到一定的黏度。然后加入肥肉丁，再高速斩拌，时间不可过长，否则脂肪斩切过细，摩擦升温使脂肪溶化产生出油现象。整个斩拌应在 6～10min 或更短时间内完成。

3）温度控制：斩拌过程中，由于刀在高速运转，致使肉温升高，一般肉温至少会升高 3～5℃。升温过高，肉质发生变化，产生不愉快的气味，而且脂肪部分溶化，易出油。所以，斩拌前温度如果是 3～4℃，斩拌后肉馅温度应在 8～9℃，或更低些。

4）出馅：斩拌结束后应先排气，然后启动出料盘，将馅放出，置于料斗车或其他容器中。

5）清洗：待全部肉馅放出后，将盖打开，清除盖内侧和刀刃上附着的肉，用温水先擦洗干净，然后用清水洗，再用干布将机器擦干，必要时再加一层食用油。

（5）绞肉

绞制灌肠用肉，根据要求选用不同孔径的孔板。一般肉糜型产品，孔板孔眼选用 3～5mm，而肉丁产品一般选用 8～10mm。

绞肉前先清洗绞刀、螺旋体等，然后按顺序组装，特别是最后紧固，一定要紧固牢，防止中间松动，试开几次运转正常，再正式绞肉。进料速度要均匀，不要加得太多，并注意有无异物，如有异物应拣出（机器开动时，不准将手接近或伸进进料口）。

（6）拌馅

将原料肉、各种辅料、充填剂、水等充分拌匀，成均质体系。

1）搅拌：可使原料肉、辅料、充填料、水相互混合，提高结着力，增加弹性、增强风味。

2）操作：拌馅时，依据不同产品的要求，原、辅料的添加顺序不一样。即使同一产品，不同季节也不一样。这是因为要保证得到优质和高产的统一效果，既要保证操作条件，又要保证好的品质和出品率，就要考虑气候条件对肉馅的影响。特别是含淀粉多的肠类产品，炎热季节和冬季就要考虑淀粉的特性，改变投料顺序及操作条件。

拌馅时要注意投料顺序，先将瘦肉与少量水、香料等拌匀，适时加冰水，充分拌匀后加肥膘，再搅拌至有一定黏性即可出料。拌馅时要注意温度变化，肉馅的温度不能超过 10～12℃。夏天为防止升温过快，一是加冰水，二是要在搅拌后快速灌肠。蒸、煮、熏等也应及时进行，不能积压，否则升温快，易产生酸败。冬天温度低，拌馅时间可适当延长。

要掌握好拌馅时间，拌馅过程一般在 20～30min，冬天可以长一点，夏天要短一些，视肠馅的搅拌情况，通过眼看、手摸，判断馅的稠度、黏性等，达到要求后即可出料。

（7）充填

充填是指将肠馅用充填机灌入肠衣内。充填好坏对灌肠的质量影响很大，充填应尽量均匀饱满，没有气泡。如有气泡应用针扎孔放气。充填是用专用的充填机来完成的。根据肠衣的直径选用不同口径的充填嘴，用不同的充填机，操作也不相同。

1）天然肠衣的充填：将肠衣用清水反复漂洗几次，去掉异物、异味，并将内壁也清洗一遍，然后将一端放于容器的边缘上，另一端套在充填嘴上。具体操作是，先将充填嘴打开放气，出来肠馅后，将肠衣套上，末端扎好，就可开始灌肠。充填时，在出馅处用手握住肠衣，并将肉馅均匀饱满地充填至肠衣中。手握松紧度适中，过紧易爆裂，过松易有气泡或充填不满。充填完后，应检查肠体有无气泡或充填不满，避免肠体不饱满。

2）胶原肠衣的充填：胶原肠衣充填操作同天然肠衣。大口径的胶原肠衣，用大口径的充填嘴。

3）塑料肠衣的充填：这类肠衣规格一致，充填时先扎好一端，将肠衣套在充填嘴上，手握肠衣体，握得要紧一些，使充填均匀，稍饱满，不要有气泡。

4）自动扭结充填：采用带自动扭结可定量的充填机充填。所用肠衣有天然肠衣、人造肠衣（胶原肠衣、纤维素肠衣等）。操作时将肠衣套在充填嘴上，开机后即可自动充填，并自动扭结。

（8）结扎

肠类制品品种多，长短不一，粗细各异，形状不同，有长形、方形、环形，有单根、长串，因此结扎方法不一样。具体结扎方法如下。

1）打卡结扎法：预先调整好打卡机，放上选择好的铝卡，将已灌好馅的肠，用手将肠体握住，将扎口处整理好，用打卡机打上铝卡。这种结扎法适用于口径50～100mm的肠类。

2）线绳结扎法：用线绳扎好灌肠两端，适用于单根肠衣，口径为50～120mm，如火腿肠、拐头肠、蒜肠等。先将肠衣一端用线绳扎好，灌好肠馅后，结扎另一头，打一个结，并留出一挂扣。

3）多道捆扎法：用于口径较大、肠体较重者，如使用牛盲肠的拐头肠、胶原肠衣的啤酒肠、圆盐水火腿等类型的灌肠。具体结扎方法是：肠馅灌装后，先扎好口，然后沿灌肠体每隔4～5cm横绕1～2道线绳，形成网状，防止因肠质量大，蒸煮时出现线绳断开或肠体破损。

4）肠衣结扣法：适用于环形结扎。具体结扣操作是：肠馅灌入后，将两头并在一起，手挽住系扣，成环形。系扣时注意在端接处留少许空隙，防止蒸、煮、熏时因肠馅膨胀而胀裂。这种结扎法多用于对肠、五花肠等。

5）多节结扎法：此法适用于肠衣长的局部连续操作。先将肠衣整个套在灌装嘴上，末端扎口，灌肠馅充满肠衣，按要求的长度、掐节绕扣，长度尽量一致，至末端系扣扎好。此法多用于维也纳肠、香肠、粉肠等肠类。

（9）烘烤

西式蒸煮香肠的制作中，多使用天然肠衣、胶原肠衣和纤维素肠衣等。烘烤是重要的程序，可使肠衣干燥与肉结合紧密，增强肠体的坚实度，有利于下一步烟熏和保存；还可以使肠内蛋白质初步发生凝结，升温可使亚硝酸钠与肌红蛋白作用产生发色过程，使肉呈鲜红色并能抑菌防腐。烘烤操作：过去多以木材（椴木、桦木、榆木等）燃烧为热源，现在多以干热气或电热为热源。天然肠衣和胶原肠衣的肠类，其烘烤、蒸煮、烟熏操作均在箱内自动完成。烤好的肠体特征：表面干爽，无黏湿感；肠衣表面有透明感，但无油脂溢出。如发现两头有油流出，表明烘干过度。

（10）蒸煮

蒸煮的作用：达到熟化，通过升温 70℃以上，抑制病源菌活性，使蛋白质凝固变性、发色、增味。

使用 PA 肠衣、PVDC 塑料肠衣灌制的各种肠不需要烘烤，可直接蒸煮。如果是要经过烘烤的肠，蒸煮的时间控制不一样。

1）PVDC 塑料肠衣：这类肠衣具有热缩性，一般是用机器充填，用铝卡打卡机结扎。采用高温水蒸煮，在高压罐内于 120～125℃经 20～30min 完成。低温法则是利用水煮或蒸汽炉蒸，温度应在 82～95℃，时间需要 50～70min，视肠体粗细而定。

2）PA 肠衣：这类肠可采用水煮，也可采用蒸汽炉或在蒸煮、烟熏箱内制作，温度控制在 78～90℃，时间为 80～100min。肠体较粗，蒸煮时间延长。

3）天然肠衣、胶原肠衣：这类灌肠一般都预先经过烘干，然后进行蒸煮。如果在蒸煮、烟熏箱内，可以连续操作，温度控制在 78～85℃，时间控制根据肠衣粗细而定，肠衣口径在 100mm 以上者，应适当延长蒸煮时间。一般温度控制在 85～95℃，时间为 70～85min。

（11）熏烟

使用胶原肠衣、天然肠衣的灌肠，可以进行烟熏。经烟熏的肠有特殊的香味，原湿软的肠衣变得干燥、发亮，肉色发红。烟雾中的一些成分还有一定的防腐作用。

烟熏一般在蒸煮烤箱中连续操作。如不用烤箱，可以在独立的烟熏炉中进行。一定要掌握好烟熏用的原材料（木屑等）以及烟熏的温度、时间。

（12）冷却

各类西式蒸煮香肠制品，在蒸煮、烟熏之后，应尽快冷却降温，这样可以提高产品的质量。快速降温可以使产品爽口，增加嫩度和脆感。冷却的方法有：

1）水冷却：可以用水池冷却，也可以用水淋的方式，是一种快速而经济的冷却法。

2）冷库冷却：有条件时可在冷库中强制冷却。

3）冷风冷却：用风扇强制吹风冷却。冷却时注意要冷却凉透，降至室温以下。这种方法在夏季降温慢，效果差。

（13）储存

冷却后的西式蒸煮香肠制品，应尽量悬挂存放，单体之间留有一定距离。特别是天然肠衣和胶原肠衣制品，更要注意制品之间不要长时间堆放在一起，要隔开存放，防止回温发霉。存放温度时间在 25℃左右存放不超过 20h；10℃左右存放不超过 4d。但使用 PVDC 肠衣经高温杀菌的肠类制品，按企业规定保质期一般在 90d 左右。

四、火腿制品加工

（一）产品分类

兔肉可加工火腿制品，主要是西式火腿，它以兔肉为主要原料，同时添加其他畜禽肉类和辅料，制作为压缩火腿、圆火腿、卷式火腿等。

压缩火腿又称方腿或盐水火腿，大块肉经过修整、注射、腌制，充填入特制的铝或不锈钢模具中煮熟而成。外形呈长方形（椭圆形），故称火腿，可直接食用。方火腿肉质鲜嫩、脂肪（肥膘）较少，咸味轻于中式火腿，色泽鲜艳，结实无孔洞，切片不松散。

圆火腿系用大块肉，经修整、注射、腌制后，充填至纤维素肠衣或特制的不锈钢圆弧形模具中压缩、煮熟而成。外形呈长圆筒形，故又称为圆腿。圆腿的口味、特点、用途和方腿基本相同。所不同的是圆腿的原料肉是猪前腿，夹层脂肪较多。因此，圆腿肉质较肥，脂肪含量亦较高。圆腿的肉质鲜艳，肉筋透明，微带红色。

（二）关键工艺要点

（1）修整

去掉肉的筋、腱、脂肪、碎骨、淤血、浮毛等杂物，切成质量为 200～500g 的肉块。肉温保持在 2～5℃，不冻结。

（2）配制盐水

应在注射前 12～24h 配制好。要注意盐水配制时的顺序：将含有磷酸盐的混合粉用 50℃左右的水溶解，然后倒入水中，加入盐、调味料及其他可溶性添加剂，充分搅拌至完全溶解，放在 2～4℃冷库中储存备用。若加入大豆蛋白粉或其他辅料，在注射前 2h 加入搅拌均匀。在注射前 20min，经 100 目过滤网倒入注射机的储液槽中。过滤是为防止沉淀堵塞针头。

（3）注射盐水

注射盐水的环境温度应在 24～67℃，原料肉的温度在 25～47℃。注射前应对原料肉计量，以便计算注射量。调节好盐水压力（0.4～0.6MPa）和针头注射速度（12～15 次/min）与输送板的每一步前进距离，将肉块均匀地放在输送板上，每批次原料肉可根据要求注射 1～3 次。注射完成后，将剩余的盐水计量，由此最终计算出每批次肉的盐水注射量。一般注射量为 20%～30%。

（4）嫩化

嫩化主要用于大肉块加工西式火腿，其目的是增大肉块的外层表面积，以增加与盐水的接触面积，渗出可溶性蛋白质，增加肉的黏合性和保水性。同时可破坏肉的肌束、筋腱结构的完整性，达到熟制时不因加热而形成肌肉收缩效应。为此，嫩化时刀片切割深度应在 1.5cm 以上，但并不切断。

（5）滚揉

滚揉是为使肉的肌肉组织松软，盐水溶液中的盐分在肉中充分分布，同时渗出盐溶性蛋白质，增加肉的黏合性和保水性。

滚揉时环境温度控制在 2～4℃，肉温 2～4℃，滚揉时间视肉块大小而定，一般在 16～24h。其间滚揉 20min，停止 20～30min，循环往复。有效滚揉时间，一般不大于 450min。开始可添加 1%～2% 的盐水。

（6）计量成型

滚揉好的肉倒在操作案上，按要求计量，充填成型。充填时的压力为 0.4～0.6MPa，压缩空气压力不低于 0.8MPa。圆火腿灌装入肠衣结扎，方火腿应装模具压盖封严。

（7）蒸煮

将水加温到65℃以后，放入模具盒或圆火腿，用15～20min 时间升温至75～82℃，保温（76±1）℃，煮 4.5～5.0h。注意中心温度一定要达到 68℃，时间至少 20min。

（8）冷却

蒸煮完成后，应将成品连同模具迅速放入冰水（0～5℃）中，或用冷水喷淋冷却，使产品中心温度降至 27℃以下。

（9）成品储存

冷却后的成品中心温度达到 0～6℃时可以脱模，脱模的方火腿或圆火腿，放在 0～6℃冷却间的货架上，分开码放。

五、熏烧烤制品类加工

（一）产品分类

肉经腌、煮后，再以烟气、高温空气、明火或高温固体为介质的干热加工制成的熟肉类制品，有烟熏肉类、烧烤肉类。熏、烤、烧三种作用往往互为关联，极难分开。以烟雾为主者属熏烤；以火苗或以盐、泥等固体为加热介质烤制而成者属烧烤。

1. 熏烧烤肉类

肉经煮制（或腌制）并经决定产品基本风味的烟熏工艺而制成的熟（或生）

肉类制品，如熏兔等。

2. 烧烤肉类

肉经配料、腌制，再经热气烘烤，或明火直接烧烤，或以盐、泥等固体为加热介质煨烤而制成的熟肉类制品，如四川百膳烤兔、麻辣烤兔腿等。

（二）基本工艺

1. 烤肉制品

（1）原料选择与处理

选择质量良好的原料肉，去掉杂质、腺体、血污，按产品要求整理成一定规格。

（2）腌制

将原料肉与香辛料、调味料等混合均匀，放入容器内，在 0～5℃温度中腌制 48～72h，中间翻倒一次。

（3）烤制

用专用铁钎子将腌制的原料肉串在横杆上（两条肉之间留有间距），再将肉钎挂在炉温 160～200℃的烤炉周边进行烤制。每隔 15min 将肉钎上、下、里、外机会均等地进行倒位 3～4 次，共烤制 2～3h，瘦肉呈枣红色，肥肉呈金黄色即可。在现代加工中，智能控制多功能烤箱已广为应用，根据产品类型选择设置相应的烤制温度等条件，可获得成色、熟度、口感等一致的标准化优质产品。

2. 熏肉制品

（1）原料整理

选择好原料肉，去骨、杂质、血污、腺体等，修整成一定规格。

（2）腌制

缸中放一定浓度的盐水（按配方将盐、硝称量好，倒入缸中，加入清水，不断搅拌，加水至 16ºBé 停止）。将肉一层层放入缸内，顶层的肉必须浸没在盐水中，根据产品类型适时腌制，每隔 2d 翻倒缸一次，腌至肉呈玫瑰红色即为腌透。在现代加工条件下，盐水注射可大大缩短腌制时间，提高腌制效能。

（3）洗刷

腌制好的肉出缸后即进行整修，修去肉表面的杂物、被毛等，修整齐，用温水洗净，穿上绳，串杆入炉。

（4）熏制

一种方法是先用木材明火烤，肉底部距离火苗 35～40cm，烤至外皮呈金黄色（需 5～6h），再加木屑，关闭炉门焖火烟熏 20h。

另一种方法是在腌制后将肉洗净，进行蒸煮。在烟熏、蒸煮箱内，先用 65～75℃适时烘烤至表面干燥，用蒸汽蒸煮，在 75～80℃蒸煮 45～50min，然后在

60～75℃烟熏 70～80min 或更长时间。现代加工则采用全自动蒸煮、烟熏一体设备，自动控制完成加工过程。

（三）关键工艺要点

熏制品加工要先将原料经过熟处理后，再进行熏制。将空铁锅置于炉火上，锅底加糖（加糖要定量），再将熏屉和待熏的产品放入后加盖，熏烤 5～10min 即可出屉。大批量生产可用熏炉进行熏制，时间根据产品大小而定。

肉品经过高温烤制，产品表面产生一种焦化物，从而使产品香脆清口，风味独特。烤炉的炉内温度，一般掌握在 200℃以上。烤制的时间要根据烧烤制品的品种而定。例如，广东叉烧肉用煤炉烤法，约烤 1.5h；北京烤鸭烘烤时间由多种因素决定，如烤鸭的大小、肉质老嫩、上色均匀的变化、火熏的程度等，但大体说来，质量为 2.5kg 的鸭坯，烤制的时间掌握在 30～40min。

六、肉干制品类加工

（一）产品类型及基本工艺

肉干制品是瘦肉先经熟加工，然后成型干燥，再经熟加工制成的干、熟肉类制品。可直接食用，成品为小的片状、条状、粒状、絮状或团粒状，有肉干类、肉松类和肉脯类。

1. 肉干类

瘦肉经预煮、切片（条、丁）、调味、复煮、收汤和干燥等工艺制成的干、熟肉制品。

2. 肉松类

瘦肉经煮制、撇油、调味、收汤、炒松、干燥或油酥等工艺制成的产品，肌肉纤维蓬松成絮状或团粒状。该类产品有肉松、油酥肉松、肉粉松等。

（1）肉松

瘦肉经煮制、撇油、调味、收汤、炒松、搓松和干燥等工艺制成的肌肉纤维蓬松成絮状的肉制品，如兔肉松等。

（2）油酥肉松

瘦肉经煮制、撇油、调味、收汤、炒松，再加入食用油脂炒制而成的肌肉纤维断碎成团粒状的肉制品，如成都油酥兔肉松等。

（3）肉粉松

瘦肉经煮制、撇油、调味、收汤、炒松，再加入食用油脂和谷物粉炒制而成的团粒状、粉状的肉制品。谷物粉的量不超过成品质量的 20%。油酥肉松与肉粉松的主要区别在于后者添加了较多的谷物粉或植物蛋白粉，故动物蛋白的含量稍低。市场已有多种肉粉松产品。

3. 肉脯类

瘦肉经切片（或绞碎）、调味、腌制、摊筛、烘干和烧制等工艺制成的干、熟薄片型的肉制品。产品有肉脯、肉糜脯。

（1）肉脯

瘦肉经切片、调味、摊筛、烘干和烤制等工艺制成的薄片型的肉制品。

（2）肉糜脯

瘦肉经绞碎、调味、摊筛、烘干和烤制等工艺制成的薄片型的肉制品。用兔肉与其他肉类混合，甚至添加植物蛋白或膳食纤维、微生物等强化营养成分，可开发出不同类型的肉糜制品。

（二）关键工艺要点

1. 肉干

（1）原料整理

选择精瘦肉，去脂肪、筋腱、血污、杂质，切成 0.3～0.4kg 的肉块。

（2）煮制

肉先用清水煮（加硝酸钾）40min 左右，捞出后顺纤维切成 0.3cm×5cm×3cm 的肉片。

（3）炒制

将煮肉原汤烧开，撇净浮油，加入料包、盐、糖、肉片、味精、料酒、酱油，边煮边炒，勤翻动，至原汤炒制近干时出锅。

（4）烤制

将肉片放入筛子中，在 90℃炉温烤炉中烤 2h，中间要翻动 2 次，烤干后冷却即为成品。麻辣肉干等产品在烤制后还需加入麻辣粉、咖喱、咖喱粉等再调味。

2. 肉松

（1）原料整理

选前、后腿肉，去脂肪、筋腱、杂质，切成 6～8cm 方块。

（2）煮制

先将肉块用清水煮 30min 左右捞出，放入另一锅中加水（水肉之比为 1.5∶1），加入部分调味料和香辛料，根据不同产品继续煮 3～4h，然后加入另一部分调味料等，小火继续煮制，捞出葱姜及杂质，熬至汤干、肉烂，再加入料酒、白糖搅拌均匀出锅。

（3）拉松炒制

用专用肉松绞肉机将肉绞碎，将面粉加油用小火炒约 5min，加入碎肉、味精继续炒制 30～40min，基本干燥后出锅过筛，将大颗粒搓碎混匀，即为半成品。再用文火炒 40min，至香脆不煳，即为成品。有的产品还需用拉松机拉松为绒毛状。

3. 肉脯

将瘦肉切成薄片，用盐、调味料、香辛料适时腌制。将铁筛或铁板洗刷干净，晾干，涂上食用油，将腌好的肉片摊放于筛内，入炉烘烤，适时烤干、熟透，即为成品。

肉糜脯则是将较细的肉与调味料、香辛料等混合斩拌为肉泥，均匀涂抹在烤盘上，入炉烘烤至半干，切片后入烤箱烤熟，即为成品。

七、油炸制品类加工

（一）产品分类及基本工艺

油炸是被广泛采用的一种肉类制品加工方法之一。传统的油炸制品，制作设备简单、制作方便。通过油炸后的制品具有颜色金黄、香脆适口、形状美观的特点。油炸工艺根据产品要求有挂糊、上浆、裹粉等不同的油炸技术和方式，所采用的设备也有不同的搭配。

其基本工艺是，将原料肉（或馅）与调味料、香辛料等充分混合，适时腌制或不腌，肉放入调制好的糊内，挂满淀粉或面包屑，再放入加热好的油锅内，炸制成外部呈焦黄色、内部熟透，即为成品。

在工业化生产中，连续性、洁净型油炸设备已广为应用，利用该类设备，可根据所需油炸产品类型和工艺需求，选择不同的油炸方式自动加工。

（二）关键工艺要点

（1）原料处理

无论哪种炸制方法在油炸前都必须对原料进行剔选、清洗并切割成型，然后根据不同的品种，选用不同的辅料腌制后，进行油炸加工。

（2）上浆挂糊

有的油炸制品经过修整处理的原料表面还要挂上一层由淀粉和蛋液等调制成的黏性糊浆，再经过油炸使之成熟。通过上浆挂糊一是可以保持原料中的水分和鲜味，使蛋白质等营养成分不受破坏；二是基本保持产品光润饱满的形态，以及增加制品的香、脆、酥的口感；三是上浆挂糊的原料是由淀粉、蛋液和少量面粉等组成，因此也增加了产品的营养成分和质量。

（3）油炸

原料下锅时的温度，应根据火候、原料性质和数量来决定。一般情况下，原料质老、块大、数量又多，下锅时的油温可高一些，油量要多一些；否则相应就低一些，一般以掌握在油温 180℃左右为宜。过油时应掌握的关键如下：

1）上浆挂糊的原料，一般应分散下锅；不上浆挂糊的原料，一般应抖散下锅；小型上浆原料下锅后，应当用铁筷划散，并要掌握好油温。

2）需要表面酥脆的原料，过油时应该复炸。

3）需要保持洁白色泽的原料，炸油必须用猪油或清油（即未用过的植物油或精炼油）。

4）净炸，又名走油，就是将产品投入油多、火旺的油锅中，让它滚翻受热，炸制时间较长，其目的在于使原料发胀松软，变形变性，增进美观，改善风味。走油一般用于大块的原料。

油炸制品的技术性较高，火候的大小、油温的高低、时间的长短都要掌握得恰当，否则就会使产品达不到要求，不是过老就是不熟或不脆。油炸制品制作方便，具有香、脆、松、酥、嫩、色泽金黄等特点。因此，油炸时油温的掌控十分重要。根据油锅的温度，可分温油锅、热油锅、旺油锅三种。区别油的温度，可视锅中油面特征来判断。具体情况参考表 2-2。例如，在制作油炸兔排时，油温要控制在 180～200℃之间。经过拍粉（面粉）、拖蛋（液）、滚面包渣的排骨放入炸油锅中才能变为黄色，经 8～10min，炸至金黄色表面发脆时捞出，即为成品。油温达到 230℃以上时，锅冒青烟，称为沸油。从现代营养和安全考虑，沸油炸制方法已越来越受到限制。

表 2-2　油温比较简表

名称	俗称	温度/℃	一般油面情况	原料入油时的反应
温油	3～4 成	70～100	油面平静，无青烟，无响声	原料周围出现少量气泡
热油	5～6 成	110～170	微有青烟，油从四周向中间翻动，搅动时微有响声	原料周围出现大量气泡，无爆炸声
旺油	7～8 成	180～220	有青烟，油面较平静，搅动时有响声	原料周围出现大量气泡，并带有轻微的爆炸声

八、其他制品类加工

兔肉制品的其他类型，包括罐头制品、调理制品、肉糕和肉冻制品等。

罐头制品是指以兔肉为原料，调制后装入灌装容器或软包装，经排气、密封、杀菌、冷却等工艺加工而成的耐储藏食品。根据加工方法不同，可将肉类罐头分为清蒸类、调味类、腌制类等产品。红烧兔肉、清蒸兔肉、腌制兔块等均可加工为优质罐头制品。

调理兔肉制品是适应现代消费需求快速发展的一类产品类型，以兔肉主要原料加工配制而成的、经简便处理即可食用的肉制品。调理肉制品按其加工方式和运销储存特性，分为低温调理类和常温调理类。低温调理类包括冻藏类和冷藏类。在传统肉制品现代化进程中，各类餐饮业、家庭烹饪制作的肉制品均可开发为低温或高温调理肉制品。兔肉调理产品有受人喜爱的宫保兔丁、酱兔肉丝、火锅兔、粉蒸兔、卤兔块、红烧兔块等。

肉糕类产品是以兔肉为主要原料，经绞碎、切碎或斩拌，以洋葱、大蒜、西红柿、蘑菇等蔬菜为配料，并添加各种辅料混合在一起，装入模子后，经蒸制或烧烤等工艺制成的熟食类制品，如兔肉糕、肝泥肉糕、血泥肉糕等。

肉冻类产品以兔肉为主要原料，调味煮熟后充填入模子中（或添加各种经调味、煮熟后的蔬菜），以食用明胶作为黏结剂，经冷却后制成的半透明的凝冻状熟肉制品，冷食，如肉皮兔冻、水晶肠、猪头肉冻等。

第三章　加工设备选择与使用管理

第一节　加工设备选择与配套

一、设备选择与配套原则

可将不同类型的兔肉制品再划分为预调理产品和熟制成品两大类。预调理产品是分割的生兔肉和配料经过腌制的半成品，食用前可根据多种需要进行烹饪，产品需冷链销售，货架期较短；熟制成品是经过腌制、熟化的真空包装（或充氮包装）产品，其具有品种多样、食用方便的特点。不同产品的综合加工可按照图 3-1 所示进行。

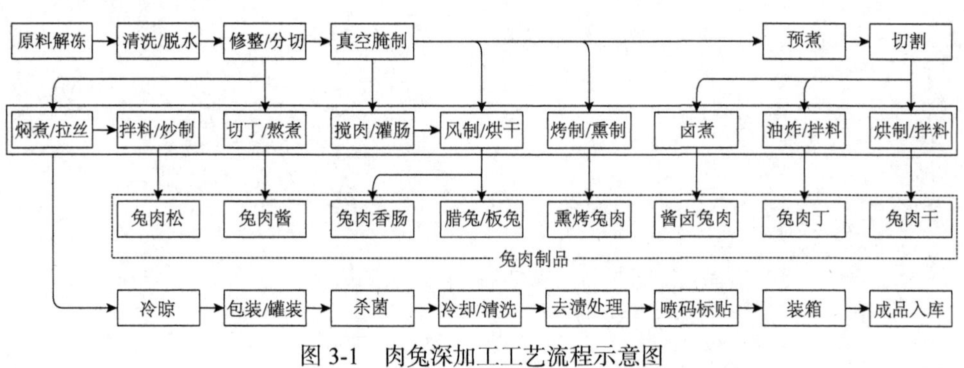

图 3-1　肉兔深加工工艺流程示意图

兔肉制品从地方风味到大众食品，从传统加工到规模生产，其加工工艺在不断提高，高品质、高效率的兔肉加工需要科学的生产工艺和适合的机械设备，其配套选择主要有以下几个原则。

1）生产品种不同，所用设备就不同。例如，生产香肠的设备与西式火腿的设备完全不同。有些产品使用的是通用设备，而有些产品是专用设备，应根据产品的种类，合理地选择所适用的设备。

2）根据产量选择配套设备。任何一种设备都有一定的设计生产能力。在选择设备时，可根据生产量、设备能力，合理搭配。选配时，既能满足生产需要，又不要富余量太大，以免增加不必要的能耗和加工原料损耗。

3）考虑设备的先进性、实用性。熟肉制品的生产设备种类很多，有国外的，有国内的。甚至名称相同的同一种类设备其性能、价格、结构复杂性也相差很大。既要考虑实用性，又要考虑设备的先进性，包括自控性能、维修条件、职工素质要求、地区环境条件等都要考虑周全。

4）根据生产规模、加工工艺、产品类型可选用自动化加工设备和半自动加工设备。通常中型以上的生产规模选用自动化加工设备，不仅加工效率高、降低劳动力成本，而且可以更好地控制产品的品质；对于中小型生产规模或投入的预算有限，可选用半自动加工设备，其具有设备的性价比高、占地面积小的特点；还有，同时生产多品种的企业，则选用全套多功能加工设备，由于其工艺和工序的复杂性，需要对各设备有效地组合和进行专业的工艺优化。

5）设备尽量选择通用性强、使用性能稳定、品种调配能力强、维修方便的。另外，还有一个非常重要的选择依据是设备的可拆卸性，以适应肉制品加工机械每天工作结束后的清洗。

6）我国的肉制品加工机械设备近几年来发展很快，特别是中式肉类加工设备的开发和应用，具备较高的技术水平和实用价值；西式肉类加工设备在欧美发达国家中起步较早，其技术先进、性能稳定，针对特殊或专用的加工设备仍然需要进口，当然，我国有些西式肉类加工设备也具备国际同类先进技术的水平，不仅价格实惠，且零配件易解决，售后服务也方便。

二、不同产品类型设备选择方案

下面列举几种不同产品加工设备选择方案。

1. 酱卤制品

选择方案为：盐水注射机、真空滚揉机、蒸汽煮锅或连续式酱卤热加工生产线、真空包装机。

对于高温杀菌的蒸煮袋包装（软包装）酱卤产品：盐水注射机、滚揉机、蒸汽煮锅或连续式酱卤热加工生产线、真空包装机、杀菌釜（配压缩空气储桶、空压机）。

2. 肉干制品

选择方案为：蒸汽煮锅、切片机、拉丝机、炒锅、调味机、热风循环烘箱或隧道、真空包装机。

肉脯类重组肉干制品还需斩拌机或绞肉机、搅拌机。

3. 中式腊肠

选择方案为：冻肉切片机、肥肉切丁机、绞肉机、灌肠机（活塞式灌肠机或绞肉灌肠两用机）、控温烘箱、双室真空包装机。

4. 西式蒸煮香肠

根据不同产品有不同的选择方案，如斩拌工艺方案和乳化工艺方案，在实际生产中常用上述两个方案的设备集成。

1）斩拌工艺方案：冻肉切割机、真空或普通斩拌机、自动真空灌肠机（带扭节装置）、全自动打卡机或气动拉伸打卡机、控温蒸煮桶、蒸煮烟熏箱、香肠喷淋冷却器、全自动连续拉伸真空包装机或间歇式真空包装机、制冰机。

2）乳化工艺方案：冻肉切割机、绞肉机、真空或普通搅拌机、乳化机、真空灌肠机（带扭节装置）、全自动打卡机或气动拉伸打卡机、控温蒸煮桶、蒸煮烟熏箱、香肠喷淋冷却器、全自动连续拉伸真空包装机或间歇式真空包装机、制冰机。

5. 西式火腿

选择方案为：盐水配制机、盐水注射机、嫩化机或蛋白质活化机、真空滚揉机、真空灌肠机或火腿充填机、气动台式拉伸打卡机、蒸煮烟熏箱、控温蒸煮桶、冷却桶，以及各种形状和质量的火腿、培根模具。

6. 罐头制品

对于罐头制品，空罐一般由专业工厂制造，除了不同类型产品需要上述相应的设备外，还需增加装料机和自动封口机。其杀菌方式与蒸煮袋包装（软包装）产品类相同。两种不同产品举例如下。

1）午餐肉罐头选择方案：绞肉机、斩拌机、真空搅拌机、空罐打油机、肉糜灌装机、真空封口机、杀菌釜、擦罐机、贴标机、制冰机。

2）罐装香肠选择方案：绞肉机、斩拌机、真空灌肠机、自动挂肠机、蒸煮烟熏箱、香肠喷淋冷却器、去肠皮机、装罐机、加汁机、真空封口机、杀菌釜、擦罐机、贴标机、制冰机。

第二节　主要工艺设备选择

一、屠宰分割设备

随着现代肉兔加工业的发展，大规模机械化流水线作业逐步取代手工操作。屠宰工序包括击昏、放血、剥皮、剖腹净膛、胴体修整、宰后检验等。根据工序要求，需要的生产线为宰杀与沥血、净膛、预冷输送、分割与包装输送线等（图 3-2）。

(a) 宰杀、沥血输送线

(b) 净膛输送线

(c) 预冷输送线

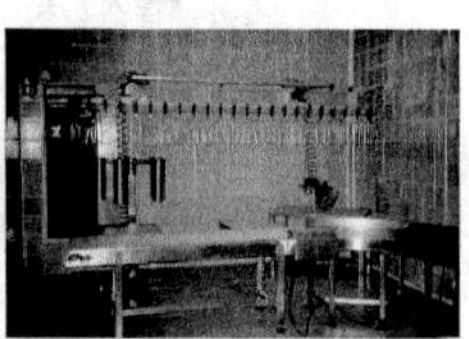
(d) 分割、包装输送线

图 3-2　肉兔屠宰生产线

二、解冻与清洗设备

屠宰后生鲜兔肉进入冷库冷藏后用于深加工前要进行解冻和清洗，通常采用恒温控湿的空气解冻和水浴解冻两种方式，溶冻后的兔胴体进入自动清洗机清洗，自动清洗机具有清洗、O_3 抑菌和快速去水的功能，可选择的设备如图 3-3 所示。

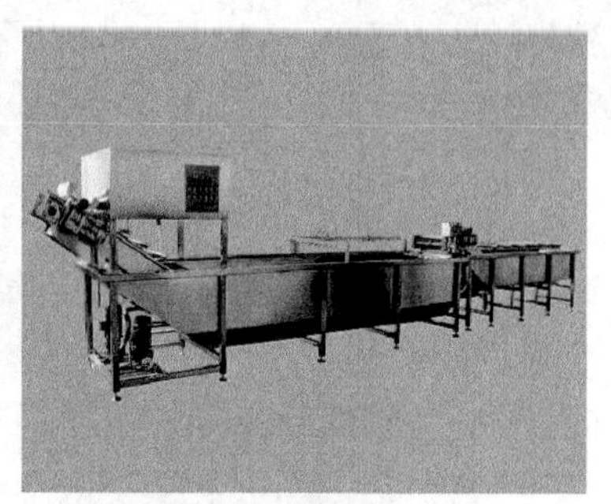

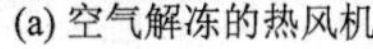

(a) 空气解冻的热风机　　(b) 复合式水浴解冻清洗机

图 3-3　解冻预清洗设备

三、腌制、注射、滚揉及乳化设备

腌制是大多数兔肉制品加工必需的工序，可采用腌缸冷室腌制后真空腌制。采用真空腌制机腌制[图 3-4（a）]，既使产品更好地入味，又缩短了加工周期。将配制好的腌制液和整只白条兔或分割后的兔肉投入真空腌制机进行腌制加工，操作时预先设置好真空度的压力、腌制时间和翻搅的间隔时间，以达到最佳的腌制效果。在酱卤肉、乳化肠、挤压火腿等兔肉制品加工中，应用注射、滚揉和乳化技术可加快腌制进程、提高腌制质量、提升产品品质，对改善肉品的保水、质构、色泽等特性具有重要作用。此类工艺涉及的设备包括盐水配制机、手动或自动盐水注射机、真空或非真空滚揉机、嫩化机、乳化机等（图 3-4）。

(a) 卧式真空腌制机

(b) 盐水配制机

(c) 盐水注射机

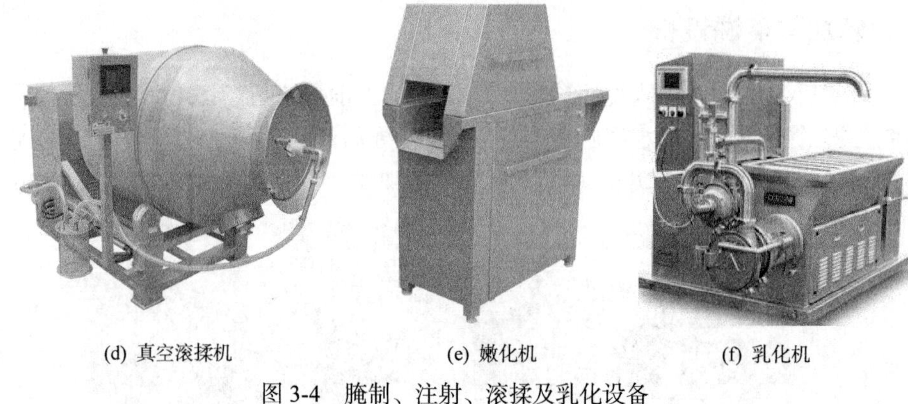

(d) 真空滚揉机　　(e) 嫩化机　　(f) 乳化机

图 3-4　腌制、注射、滚揉及乳化设备

四、绞切、斩拌及搅拌设备

用于兔肉制品加工中绞切、斩拌、搅拌、混合等工艺的设备，包括常规切片切丝机、切丁机、冻肉刨肉机、冻肉切割机、非真空或真空斩拌机、搅拌机等（图 3-5）。

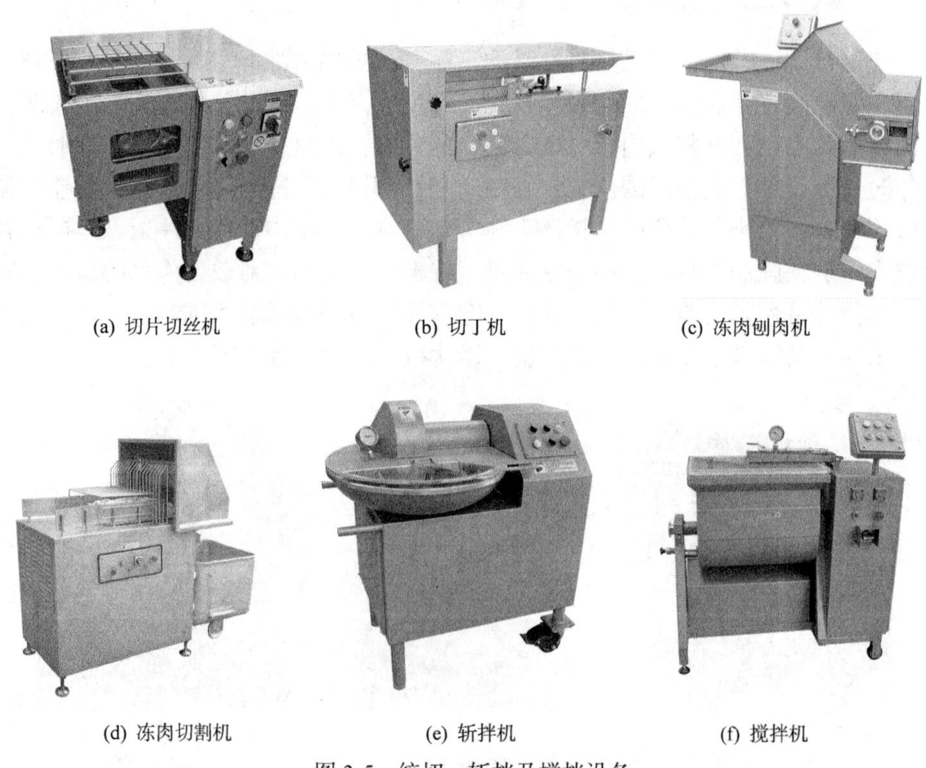

(a) 切片切丝机　　(b) 切丁机　　(c) 冻肉刨肉机

(d) 冻肉切割机　　(e) 斩拌机　　(f) 搅拌机

图 3-5　绞切、斩拌及搅拌设备

五、灌装、打卡设备

各类香肠制品灌装所需设备包括各类灌肠机、充填结扎机和打卡机等(图3-6)。灌肠机的用途是将已制作好的肉馅根据产品要求灌入各种不同规格的肠衣或包装袋中。各式打卡机用途是用铝卡或铝丝将经定量分份的肉制品肠衣两端打卡锁紧,一般与真空灌肠机或类似灌装设备连接。

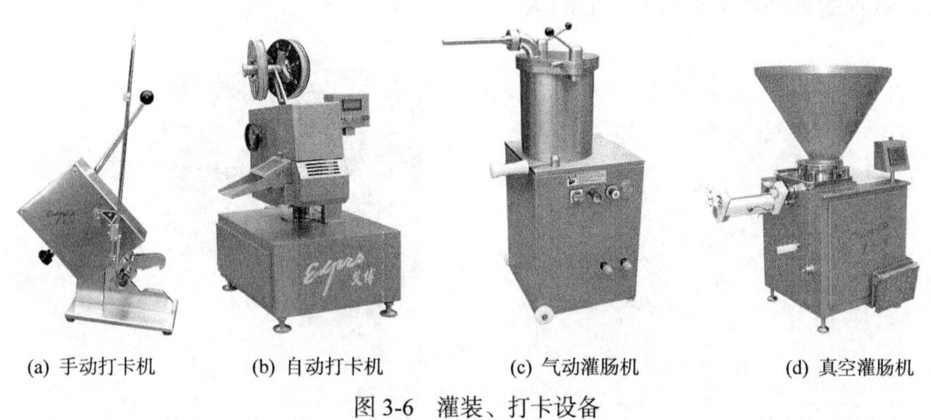

(a) 手动打卡机　(b) 自动打卡机　(c) 气动灌肠机　(d) 真空灌肠机

图3-6　灌装、打卡设备

六、油炸设备

油炸是肉类食品美拉德反应的应用之一，以体现肉品特有风味的常用加工工序，酱卤兔肉的着色加工和油爆兔肉丁都需要油炸加工。兔肉在油炸过程中，油温、油炸时间及油品变化对产品的品质起到至关重要作用，因此，对于油炸设备的结构和性能有着严格要求。根据不同产品，可选用小型油炸锅、导热油加热油炸机或油水分离式自动油炸机（图3-7)。特别是油水分离式自动油炸机，采用自动沉渣、过滤的新型洁油技术，并设有参数预设定及可调控制装置。

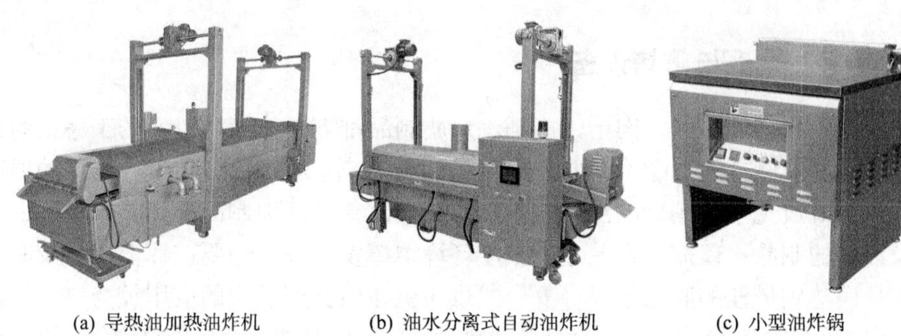

(a) 导热油加热油炸机　(b) 油水分离式自动油炸机　(c) 小型油炸锅

图3-7　油炸设备

七、蒸煮设备

蒸和煮是两种不同加工方法，蒸制是将调理好的肉品原料在 95～100℃温度的蒸汽中经过一段时间熟化而成的；煮制有预煮和卤煮之分，根据不同的品种和不同的工艺要求，对煮制液的配制也有所不同，煮制时间也有不同的设定。蒸煮设备（图 3-8）有单一的煮锅，也有设置智能温控和时间控制的装置，循环系统在加工过程起到使产品受热均匀的作用。

(a) 夹层煮锅

(b) 搅拌煮锅

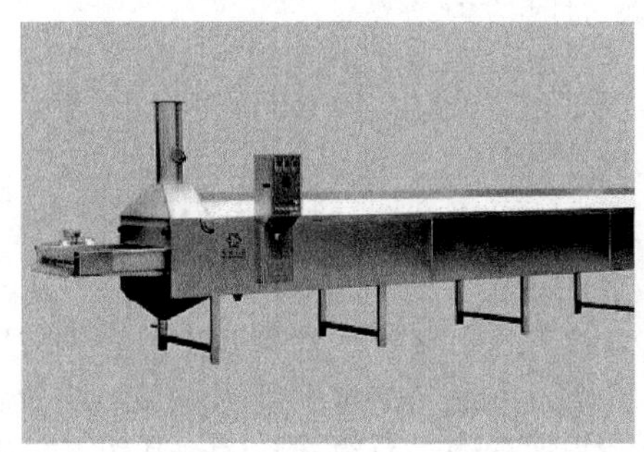

(c) 隧道式蒸制机

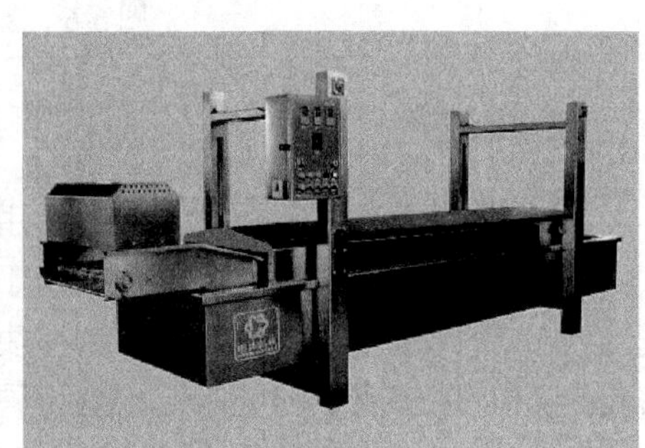

(d) 自动煮制机

图 3-8　蒸煮设备

八、烘烤、风干与熏烤设备

兔肉的烧烤、酱卤、肉干、肉脯、风腊制品都需要烘烤和风干的工序，烤制品在 160～180℃温度中熟化，并形成特有的风味；酱卤产品在 120～150℃的温度中烘烤，既避免了杀菌后的出油出水现象，又改善了酱卤制品的风味；肉干、肉脯及风腊的制品不仅需要在一定的温度环境中挥发水分，还要使挥发水分及时分离，从而达到最佳的脱水效果。复合式烘烤机在肉类产品中的应用较为广泛，设备采用置顶式高效换热器、强对流摆式热循环，不仅节能，而且受热均匀，设有可调、可控排湿装置，适用不同产品烘烤、烘干、风干的加工要求，可选择多种热源，如电能、管道蒸汽、导热油炉。可供烘烤和熏烤的设备如图 3-9 所示。

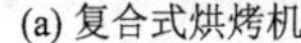

(a) 复合式烘烤机　　(b) 复合式熏烤机

图 3-9　烘烤和熏烤设备

九、拉丝炒制设备

炒制主要用于兔肉松和兔肉丁的加工，兔肉松结合煮制、拉丝的工序，炒制后即成肉松制品；分切的兔肉原料腌制或拌料再炒制后即得肉丁产品。根据产品的工艺要求，炒制机可在 120～180℃/30～120min 的范围设定。拉丝炒制设备如图 3-10 所示。

(a) 拉丝机　　(b) 卧式炒制机

图 3-10　拉丝炒制设备

十、包装设备

此类设备的用途是根据产品包装要求，对装有半成品或成品的包装袋进行密封。包括简易封口机、真空包装机、气调包装机、全自动拉伸真空包装机等类型（图 3-11）。

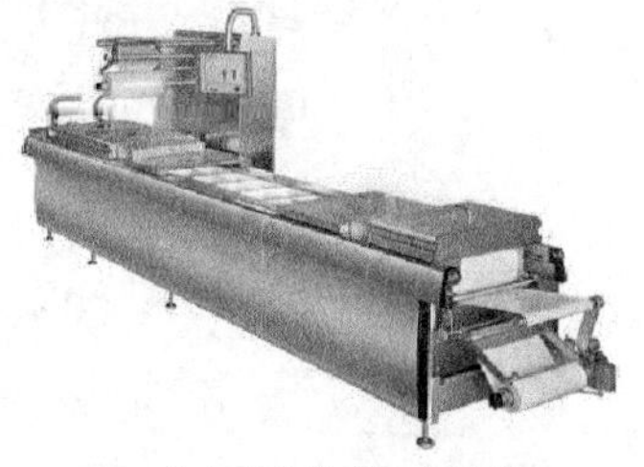

(a) 全自动拉伸真空包装机　　(b) 双室真空包装机

图 3-11　包装设备

十一、肉丸加工设备

肉丸加工已由传统的手工制作发展到完备的机械化连续生产线，实现了肉丸加工的工业化、规模化和标准化生产。肉丸生产的前加工设备除冻肉刨肉机、斩拌机、绞肉机、蒸煮机等肉品通用机器外，还包括特殊的打浆（擂溃）、成型等设备（图 3-12）。

(a) 搅拌擂溃机

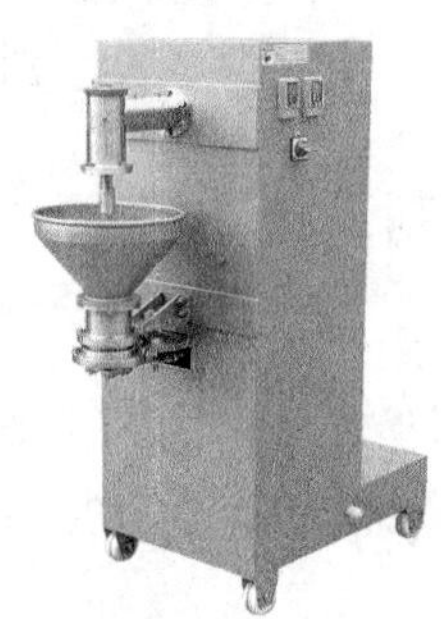

(b) 肉丸成型机

图 3-12　肉丸加工设备

十二、预调理肉制品设备

冷保鲜预调理食品是肉制品市场发展最快的产品类型之一，各式肉制品经过调理加工后冷却或冻结储藏，产品经简单煎炸、蒸煮或微波加热即可食用。根据产品类型的不同，其加工工序除常规的腌制、滚揉、盐水注射或其他调制设备外，还需特有的调理设备，如成型机、压排机、预上粉机、裹粉机、上浆机等（图 3-13）。

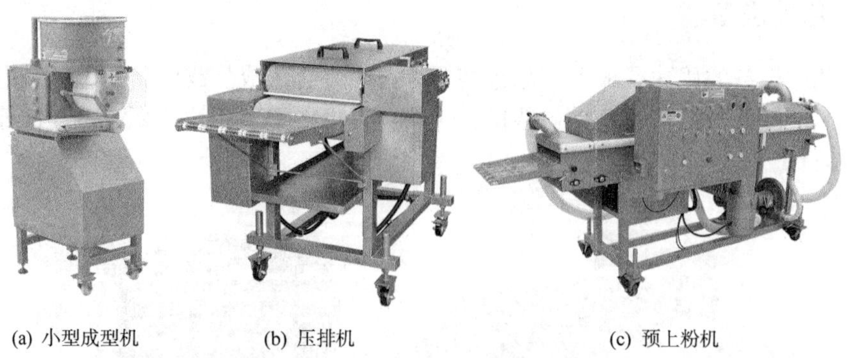

(a) 小型成型机　(b) 压排机　(c) 预上粉机

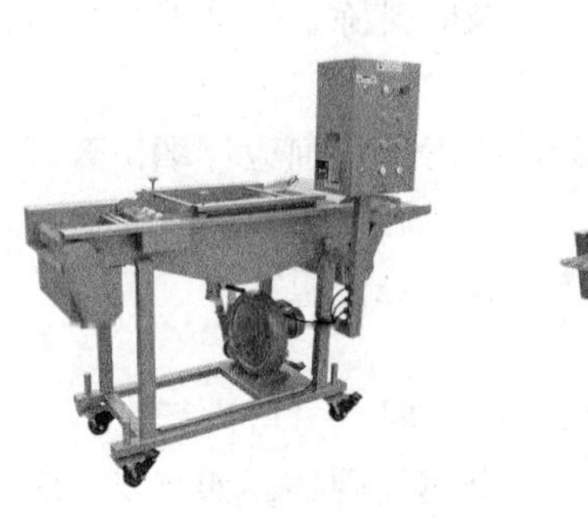

(d) 上浆机

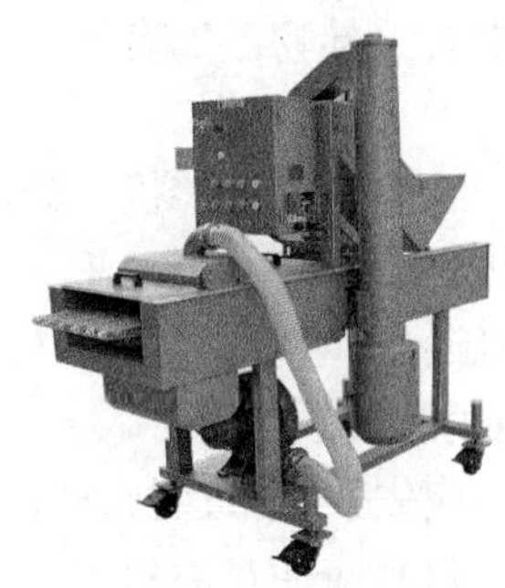

(e) 裹粉机

图 3-13　预调理肉制品设备

十三、高压杀菌设备

罐头制品除了根据不同类型产品需要相应的调制设备，如灌肠制品需要绞制、斩拌、灌装等设备外，还需要高温高压杀菌。以水为导热介质的水浸式杀菌锅、喷淋式杀菌锅和旋转式杀菌锅均属于高温高压杀菌。根据食品加工工艺的不同，杀菌釜可用于一次杀菌，也可用于已熟化产品的二次杀菌。常用的罐头杀菌设备如图 3-14 所示。

(a) 卧式杀菌锅

(b) 立式杀菌锅

图 3-14　罐头杀菌设备

第三节　加工设备的安全使用与维护保养

一、加工设备安全使用与保养基本要求

（一）设备安全使用的注意事项

1. 开机前的准备和检查

开机前检查电源及电气开关是否正常，有无漏电。

检查设备中有无异物。如有异物应及时排除，保证卫生清洁，用清洁的布擦洗一遍。

有的设备如绞肉机、斩拌机、充填机等开机前应仔细检查刀具及易松动部分是否紧固，防止松动。

使用斩拌机还要检查刀具安全防护装置是否正常。

2. 开机时的操作安全

正式投料前应先开机试运行，没有问题时，方可进行投料。

开机后，投料时应注意原料中有无金属及硬物，如有发现应立即清除，以避免损坏刀具及设备。

运行中若发生异常现象，如声音不对、振动或其他现象时，应立即停机检查。必要时找维修人员检查排除。在得到允许后方可重新启动机器，进行操作。

投料数量应按机器负载要求，注意不要超载运行，以免损坏设备。

3. 运行中的操作安全

设备在运行中严禁将手伸入料斗、斩拌机的刀具附近。斩拌机、绞肉机、搅拌机、充填机发生堵塞或有异物时，不能用手去排除，要用工具排除，并在停机后排除。

运行中发生机械故障或其他异常现象时，应先关闭电源，停止运行，再排除故障。运行中不能用铁器或其他硬物及能污染原料的物体去排除故障，也不得将硬物插入运行设备中，以免损坏设备。

4. 完成投料后的注意事项

投料操作完成后，先切断电源停止运行，然后做好设备清洁卫生工作。

（二）设备的维护保养

1. 清洗

工作完毕要对设备进行清洗，能拆下的零件要拆下清洗。先用刷子清水清洗，然后用温水清洗，洗干净后用洁净的干布擦干并涂上食用油。各管道如充填机的管道，工作完毕后要及时清洗。清洗时可采用高压水枪，但不得直接用高压水枪清洗机器控制面板。

2. 润滑

对于油压设备，应经常检查变速箱、油压箱的油位是否正常。

对设备的传动部分，平时应经常加注润滑油，轴承应每半个月加一次润滑油。电机轴承、减速机轴承等，应按要求定期检查、清洗、加油或换油。

3. 易损件

对易损件应经常检查，发现问题及时更换。

4. 磨刀

斩拌刀应根据生产量，2～3d 刃磨一次，以保持刀刃锋利。绞肉机的绞刀不能空转，且需经常检查。绞刀、孔板等也需根据使用情况进行刃磨。切片机的刀也应经常检查、刃磨，以保持锋利。

5. 检修

所有设备应定期安排小修、中修和大修，设备出现故障时应及时检修，严禁带病运转，以避免发生人身事故。

（三）肉制品生产设备的卫生和安全要求

肉制品加工机械除了必须具有切割、搅拌、热加工等特定满足肉类加工工艺的功能特性外，还必须符合卫生要求。国际上对肉制品加工机械的卫生要求非常严格，因为肉类是蛋白质含量较高的食物，同时也是细菌快速繁殖的培养基。如果肉类加工机械中留有细菌成长的清洗死角，就可能引起肉制品的交叉污染，直接影响消费者的食用安全。

1. 材料及结构要求

用于制造肉制品加工机械的材料必须符合国际食品加工卫生的相关规定，考虑并达到以下要求：不得采用任何可能产生有害于人体健康的物质；不能因材料与产品接触而产生有害于人体健康的物质；材料应具有较好的焊接性、导热性、耐腐蚀性、保温性、抗渗透性等特点；材料间的相互接触，或产品与材料的接触，不应对食品产生污染，或带来气味、色泽等影响；用于制造设备表面的材料（覆盖层）应符合食品卫生要求，不得采用重金属或加工中易产生异味、掉色的涂层；材料要有一定的机械耐用性，能承受机器的冷热作用、表面间的相互摩擦及设备每天的清洗；等等。

对机械结构来说，要求没有清洗死角和易拆卸。同样须考虑并达到以下要求：与肉类接触部件不得有死角，有利清洗、方便消毒；所有与肉类接触部件表面必须光滑，不得有任何裂纹、凹坑，有利清洗、消毒；所有与肉类接触部件尽可能易拆卸，有利清洗、消毒；根据清洗要求，必须考虑机械的防水保护和密封；传动部件尽可能结构简单、使用清洁能源，以减少机器对食品加工车间的污染；通过设计肉类机械的结构来消除其危害所加工肉类食品的可能性，或将该风险降到最低。

我国国家标准 GB 22747—2008《食品加工机械 基本概念 卫生要求》就是针对食品机械的卫生要求制定的。该国标对肉类机械设计制造中所涉及的材料、焊接、圆角等多方面可能产生食品质量问题的地方都提出了特别的说明。要求肉类加工机械在设计、制造时注意避免在结构上产生死角，从而避免死角处的细菌繁殖影响食品质量。

2. 清洗要求

考虑到卫生要求，肉制品加工车间通常是密闭的。虽然一般都装有通风设备，但车间环境仍比较潮湿，而且大部分加工车间的温度在 15℃以上，这样的环境十分有利于细菌繁殖。如果生产结束后没有及时将机器清洗干净，即使只有个别原料肉在加工时带入细菌，其后果都可能使细菌大量繁殖，从而影响到下一批肉制品的加工质量，这就是交叉污染所带来的严重后果。鉴于肉类原料的特殊性，肉类加工机械必须每天清洗，有的甚至要求每班清洗。这一特殊要求使得肉制品加工机械必须具有非常容易拆卸和组装的结构。因此，在保证材质的前提下，肉制品加工机械的易拆卸和易清洗已成为衡量其制造质量的一个重要标准。

肉制品加工机械的清洗工作十分重要，所以，肉制品生产厂家必须制定设备拆卸规范和清洗流程，并将其列入设备操作规程，以便操作者掌握设备的清洗要求。为了方便清洗，肉制品加工机械的很多部件应不需要工具就能拆卸，但也有必须使用专用工具才能拆卸的。对于这些专用工具，操作者必须妥善保管，禁止用于其他设备或用其他工具代替。在清洁剂或消毒液的选择上也应注意，使用者必须了解其用途和使用方法，按比例要求配制，且要保证清洗后不得残留在设备上。设备在每天清洗后需由专人负责检查，只有这样才能保证加工机械的卫生和产品的质量，维护企业的利益。

肉制品加工机械的主体材料选用 304 不锈钢，但也有部分设备因其接触酸、碱的特殊性，而要求采用 316 不锈钢。尽管选用的是优质不锈钢材料，如果没有很好清洗，则与肉类接触部分还是会产生锈斑。在设备制造过程中机械折弯或焊接的区域有时也会出现锈蚀点，这是正常现象。由于上述原因产生的锈蚀点，只要用不锈钢清洁布擦拭后并保持清洁就不会再出现锈斑。另外，需要特别说明的是，虽然安装在肉制品加工机械上的电器元件的防水等级较高，但清洗时仍要避免直接用水冲洗电气元件，以免发生安全事故。

3. 肉制品加工设备的安全要求

肉制品加工机械设备中有很多用于肉类切碎、搅拌、切割的刀具和可旋转的部件，在加工时还需要添加辅料、添加剂等，使得肉制品加工机械设备在运行过程中存在很大的安全风险。这在设备设计、制造时必须予以考虑，并采取相应措施予以避免。欧盟“CE”、加拿大“CSA”、美国“UL”等安全认证标准针对安全风险提出了严格的要求。在欧美，凡是带刀具的加工设备在销售前必须经过强制性安全认证。

（1）安全防护

单机操作的肉制品加工机械设备必须采用人性化设计，应根据人体的高度、视觉适应性等来设计操作高度和安全防护装置。这样可以避免误操作或连续操作疲劳引起的安全事故。

安全防护的基本要求是：人手容易伸入的地方必须设置一定的限制；所有安装刀具的位置必须有防护罩；搅拌容器必须有防护罩，且不能用手伸入；所有的设备检修门不得随意打开，一旦打开就不能启动机器；电气控制箱门打开后也无法启动机器；设备必须装有相位检查，以避免接错相位导致刀具等转动件反向安装而产生的严重后果；设备表面必须张贴相关安全警示；等等。

由于肉制品加工机械设备的使用场地湿度较大，使用后用水清洗易造成电器件接触不良。因此，设备拆洗后必须及时检查安全开关的可靠性。若发现问题，应立即排除故障。另外，任何安装在肉类加工机械上的安全开关和防护罩都禁止拆除。

（2）安全操作

大多数加工安全事故都是人为造成的，其主要原因是设备操作人员安全意识薄弱。肉类在进入切割、搅拌等工序时，旋转的刀具和部件可能会伤害操作者的身体，而水煮、油炸等热加工也可能直接烫伤操作者。因此，除了设备本身须安装防护装置外，规范操作是避免出现人身安全事故的最主要方法。

对于刀具来说，正确安装至关重要。以斩拌机为例，除了要求斩拌刀在刃磨好后其外形必须一致外，还要求每片刀的质量也一致。在安装好斩拌刀后，必须确认各刀尖与斩拌锅底的间距一致，并锁紧，以避免高速转动产生振动引发事故。而在安装带锯锯条时，必须检查锯条的胀紧情况，受力太紧或太松都可能导致锯条断裂。因此，操作者在使用设备前必须充分了解设备用途，并能正确拆装相关部件。

有的产品加工时，要求在设备运转过程中添加辅料，为安全起见，要求在这些设备的加料口安装防护罩或设定速度限制等。例如，绞肉机加料口就必须有防护罩，一旦开启防护罩，机器就会停止；斩拌机前盖在开启时就有速度限制；等等。对于不了解设备的操作人员来说，会认为操作麻烦或认为是设备故障，甚至让维修人员拆除安全开关。这是绝对禁止的，严重违反了安全操作规程。

无论是工厂管理者，还是设备操作者、维护者，都应十分重视加工设备的安全防护和操作，任何违规操作都可能损坏机器或给操作者带来人身伤害，最终给企业带来损失。

二、加工设备的清洗保养

肉制品加工机械设备常用于高湿度环境下加工富含营养成分、易腐败变质的原料肉，因其所处的加工环境较差，使其在机器的维护保养方面与普通机械设备有很大区别。除了做好普通机械设备的例行维护保养外，肉制品加工机械设备的维护保养还应增加防腐、防潮、防细菌繁殖等工作。

（一）清洗保养的重要性

肉制品加工机械设备的主体采用不锈钢材料制造，其目的就是提高机器的卫生等级，并便于清洗，防止设备材料腐蚀对所加工肉制品造成污染。为了达到清洗要求，肉制品加工机械设备的常用配件已逐步采用防水、耐腐蚀的材料制造，如不锈钢轴承、不锈钢风机、食品级工程塑料等。但是，由于设备本身特点，肉制品加工机械设备的很多部件仍需要采用非不锈钢材料制造，尤其是电动机、减速机、皮带轮等运动部件，因其特性和强度要求，仍采用不耐腐蚀的碳钢或其他材料制造。但无论采用何种材料制造肉制品加工设备，彻底清洗都是肉制品加工机械设备维护保养的重要工作之一。

很多人对不锈钢材料存在一种误解，认为“不锈钢是不会生锈的，随便清洗即可”，这是一种错误的认识。以盐水注射机为例，注射针、轴承、盐水泵内芯都是采用高级不锈钢材料制成，若不及时清洗，则很快会生锈腐蚀。肉制品生产车间潮湿的环境和添加辅料也会使设备部件的传动缝隙和外表黏附上具有较强腐蚀性的污物和污水，如注射用盐水、斩拌时所加淀粉等。这些黏附物若不及时清除同样会严重地腐蚀设备部件；黏附在部件外表面的污物，不但会腐烂发臭直接腐蚀部件，还会降低这些部件的散热性，导致设备过热不能正常工作，缩短机器的使用寿命。

肉制品加工机械设备制造材料的特殊性，使得这类设备具有很长的使用寿命。但前提必须是设备得到彻底清洗和全面维护保养。只有设备使用者认识到清洗工作的重要性，保证每次的清洗质量，才能延长设备的使用寿命，继而为企业创造更多效益。

（二）清洗保养基本要求

肉制品加工机械设备的清洗保养工作需要认真仔细、按部就班进行。清洗目的是为了抑制细菌的生长和繁殖，延长设备使用寿命。所以，除了电器控制部分不能直接用水冲洗外，其他部件均须清洗，且清洗后设备不允许有积水。

鉴于肉制品加工机械设备有不同结构和功能，其清洗保养工作有如下要求：

1）与肉接触部分的清洗：这一部分的清洗最为重要，必须用水冲洗，且要求边冲边刷，机器上不得留有任何附着物。对于刀具、锯条、注射针、灌肠嘴和叶轮叶片、搅拌桨等能拆卸的部件，都应拆下彻底清洗。

2）可移动部件的清洗：尽可能拆下部件清洗，不可拆卸部分应往复移动多次冲刷，对于不易冲洗的部位，则要往复移动多次蘸水擦拭。

3）动力部件的清洗：动力部件虽然远离设备的肉类加工区，有些还有防护罩，但是，在加工中还是不可避免会有很多污物黏附在上面。这些部件的特殊性要求只能擦拭，而不能用水清洗。

4）机箱内的清洗：肉制品加工车间内湿度很高，加上机器在使用时散发热量产生冷凝水，当机器使用一定时间后，箱内会产生积液，极易滋生细菌。所以，必须定时擦拭清洁机箱内部。

5）所有机器清洗完成后要及时擦干，机内不得残留积水。轴承和运动部件等摩擦结合处需加注食品级油脂润滑。

6）机器长期封存前，必须将机器部件尽可能拆开，彻底清洗、擦十、润滑，然后组装，试机无误后封存。

7）机器的清洗保养属于日常工作，每日由设备操作者完成。

（三）肉制品加工机械设备的定期保养

肉制品加工机械设备和普通的机械设备一样，需要进行定期保养，以保证其处于良好的工作状态，满足生产需求。完善的定期保养，将有效地提高机械完好率、利用率，减少机械磨损和故障停机日，延长机械使用寿命，降低机械运行和维修成本，确保安全生产。肉制品加工机械设备的维护保养要推行清洁、润滑、调整、紧固、防腐的工作程序，实行日常保养和定期保养制度，严格按使用说明书规定的检查周期和保养项目进行维护保养工作。

1. 保养分类

结合普通机械设备的保养要求，肉制品加工机械设备的保养分为以下几类。

（1）日常保养

日常保养是在机械运行的前后及过程中进行清洁、检查及调整，主要检查机械的安全开关、易损零部件的工作状况，以及日常的润滑。该保养工作由设备操作人员自行完成。

（2）一级保养

周期约为每周一次，内容包括对设备进行全面的清洁、紧固和润滑，对输送带等易随着使用时间延长而松弛的装置进行调整。该保养工作由操作人员和维修人员共同完成。

（3）二级保养

周期约为每月一次，内容在一级保养的基础上，增加检修工作，及时更换易损零件。该保养工作由操作人员和维修人员共同完成。

（4）走合期保养

新购机械和大修完工机械需要有一个走合期。走合期结束后，必须进行清洗、紧固、调整及更换润滑油，重新试机合格后方能交付车间正常使用。该保养工作由维修人员完成。

（5）转移保养

机械设备转移工作场地后，要进行二级保养，此保养称为转移保养。该保养工作由设备维修管理部门完成。

（6）存放保养

即将停用或封存的机械设备在停用和封存之前也应进行保养，此保养称为存放保养。其主要内容是清洁、润滑、防潮，以及检查零配件的完好程度，保养完成后试机合格才能交保管部门封存。该保养工作由设备维修管理部门完成。

机械设备管理的好坏关系到机械设备能否正常运行，对企业产品的质量、成本和效率有重要影响。因此，企业必须重视加工机械设备的维护保养工作，做到正确使用设备，精心维护设备，保持设备的最佳工作状态。

2. 保养内容

肉制品加工机械的特殊工作环境和性能，使得该类机械的主要传动和控制系统专一性较强，其维护保养内容主要涉及以下几个部分。

（1）主要传动系统的维护保养

肉制品加工机械设备的主要传动系统包括链、带、齿轮、涡轮、螺旋传动副等。这些主要传动系统的保养工作有：清洁、润滑、调节、皮带及链条的胀紧和磨损更换、齿轮涡轮的调整和磨损更换、螺杆螺母的磨损更换等。由于肉制品加工机械设备中有很多传动系统是直接与肉接触的，所以要求采用耐腐蚀、易清洗的材料来制造，并要求方便拆卸、清洗。以下为常见的维护保养重点：

1）轴承和滑动、旋转摩擦面等要选用食品级的润滑油（脂）来润滑，但不允许润滑油流入食品内。

2）与肉直接接触的传动部件需要经常拆卸、清洗消毒，还需同时检查其磨损程度，如有磨损及时更换。

3）清洁、检查并保证密封件的完好功效，也是传动系统维护保养不可缺少的工作。

4）液体输送部件在肉制品加工机械设备中的应用是较多的，典型的是盐水注射机，工作时会有细小的肉屑进入到管路中，堵塞针孔或加速盐水泵的磨损。对于此类部件，日常清洗时，要求用清水在管路内多次循环，保证清洗质量。

总之，肉制品加工机械设备传动系统的维护保养工作强调的是洁净、润滑，要勤检查、勤清洗、勤调整、勤更换，使传动系统始终处于良好的工作状态。

（2）减速器（机）的维护保养

减速器（机）在肉制品加工机械设备中使用较多，尽管各制造商生产的减速器（机）有较大区别，但在润滑和维护保养上是一致的。

1）必须按使用说明书规定的润滑油牌号加油，并加至规定油位。新减速机初次使用时，运转 300h 的磨合期后，需要更换新油，使用 3 个月后必须补充加油。一般情况下，减速器（机）可 6 个月左右换油一次，工作时间较少的可以 12 个月换油一次。更换的新油必须与原油的品牌号相同。

2）减速器（机）在使用过程中，若发现异常声音、高温现象、漏油现象等应及时处理。密封件损坏要及时更换。对于不能自行解决的问题，应及时与生产厂家联系。为使减速器（机）易于散热，其外表面应保持清洁，通气孔不得堵塞，油位不能过高，油质不能老化或含有杂质，要求周围散热条件良好。

（3）液压系统的维护保养

液压系统具有推力大、速度快、传动平稳、控制精确等优点，因此广泛应用于肉制品加工机械设备中，对液压系统元件的维护保养同样很重要。

1）必须按照说明书指定的液压油牌号进行加油或换油，换油时须注意保持油的洁净，同时应将油箱底部积存的污物清理干净，并将油箱洗净。连续使用累计1000h或间断使用每隔半年至一年换一次油。

2）定期清洗液压管路，清洗方法应先用煤油清洗，再用液压油循环清洗，洗后放掉清洗油，换上新油。滤油器也应经常检查清洗，发现损坏应及时更换。

3）要经常检查密封元件和管接头的密封性。经常检查油箱中的油面高度，避免吸油口低于油位，以防止空气进入。如更换液压油后，应开机做循环运动，排出液压系统中的空气。

4）正常使用的液压油温一般在30～50℃，最高不得超过60℃。油温过高将给液压系统带来不利影响。因此，液压系统安装时，必须考虑到系统内外部的清洁和通风散热，尽可能降低泵和背压阀的使用压力，以减少系统的能量耗损。

（4）气动元件的维护保养

气动传动具有卫生、无污染的特点。为了发挥其工作效能，延长使用寿命，同样需要对气动元件进行维护保养，需要注意以下几个方面：

1）压缩空气是气动元件的动力，必须保持洁净，否则会损坏气缸，或导致阀和其他气动元件运作不良。特别是当压缩空气中含有大量冷凝水时，回路中的水分子会因温度较低而冻结，导致元件密封件损伤。所以，气源系统应设置冷却器、空气干燥器和冷凝水收集器等。

压缩空气必须经净化处理：一般机械及一般气动回路过滤精度应小于40μm，射流元件、气马达等应小于10μm，而食品、医药、电子等应小于5μm。

2）气缸是气动系统中的主要部件，因此，必须了解所使用气缸的工作要求。对给油型气缸，应在回路中设置油雾器，使用ISO VG32供油，不得使用机油；对不给油型气缸，由于已预加润滑油，无须供油。

肉制品加工机械设备应采用防水性强的气缸，且回路中应安装速度控制阀以控制气缸速度。换向阀靠近气缸安装，可以减少耗气量，并提高气缸响应速度。长行程气缸应设置中间支撑，以克服活塞杆的下垂、缸体的下弯及振动。气缸的回转部位（销轴）要加润滑油。

3）在检修气动系统时，必须先切断电源和气源，排除系统内残存的压缩空气，然后才能拆卸气动设备或从设备上拆除气动元件。

气动元件及气管连接时需要缠绕密封带或加注固体密封剂，需从管螺纹前端1.5～2个螺距以上的内侧位置开始，并按照螺纹旋向的反方向缠绕。防止密封带多余部分被压缩空气打碎而堵塞管路。修理结束后必须将管道吹净，才能接通气源和电源，并进行适当的功能检查和漏气检查，确认安装正确后才能交付生产使用。气动元件如长期不使用会出现很多故障。因此，在使用频率很低情况下，应定期保证系统运作，每月至少一次，使其能保持正常的工作状态。

（5）真空泵的维护保养

真空泵在肉制品加工机械设备中的使用是很普遍的，从原料的初加工到最后的产品包装，很多设备都配置有真空泵。而且，真空泵都是在食品生产车间使用，其废气、废油等都会带来污染。所以，真空泵的维护保养非常重要。

1）真空泵的旋向应与泵外壳红色旋向箭头一致。可以通过核对电机旋向及开机时是否有异常噪声来判断真空泵旋向的正确性。如反向，则更换电动机三根相线中的任意两根即可。第一次启动真空泵或每次改变接线后都必须核对旋向后才能用于生产。

2）真空泵使用时，泵体、泵盖等外表面温度会超过 70℃，这是正常的。但真空泵电动机不宜频繁启动（每小时不超过 6 次），泵运转时禁止加油或放油。运转时若发现真空泵有异常声音，应立即停机检查。

3）真空泵油：当环境温度在 10～40℃时，使用 ISO VG100 真空泵油；环境温度在 0～10℃时，使用 ISO VG32 真空泵油。真空泵油必须保持在油窗高度的1/4～3/4 位置。对于频繁使用的真空泵，应经常检查油位及其污染情况（建议每周1 次），如果油被污染，会出现发黑、乳化、变稠等现象，应及时换油。

4）更换真空泵油及油过滤器：建议泵在第 1 次工作满 150h 后换油，正常工作每 500h 换油 1 次。换油时，应同时更换油过滤器。由于真空泵质量不一，所以，具体换油时间应按照真空泵制造商的使用说明书执行。

5）清洗换油应在泵热时进行。若发现清洗用机油排出时浑浊不清，则需重复加入新的机油清洗，直到排出来的机油清洁为止。

6）更换排气过滤器：如果泵温明显升高，电动机电流达到或超过额定电流，泵排气口有油烟产生，则应检查排气过滤器是否堵塞，如有堵塞应及时更换。

吸气滤网、气水分离器等都应保持清洁，经常清洗和放水。如果真空泵长期搁置不用，应将泵油放尽并清洗，然后注入新油置于干燥处。

真空泵的使用和维护保养要求较多，使用者应认真阅读真空泵制造厂提供的使用说明书，及时做好保养工作，以保持真空泵的良好工作状态。

3. 设备大修

肉制品加工机械设备使用多年后，运动部件会严重磨损。当采用二级保养已不能保证机器正常运转时，要及时进行大修，不能让机器“带病工作”。对于已损坏不再使用的肉制品加工机械，也可以通过大修使其恢复，重新为企业创造效益。

在设备大修前，首先应对设备进行检测，了解设备问题所在，确定损坏部件的位置及可能需要更换的零件。对主传动部件和动力部件更应根据所出现的问题做出相应分析，列出大修计划。

（1）设备大修前的检测和评估

肉制品加工机械设备在大修前需要进行性能检测和问题分析，以确保一次性通过维修后的性能测试，降低维修成本。以下是机器大修前的检测和相关因素的评估重点。

a）设备性能的检测

很多大修前的机器已接近不能正常工作或已经处于不能正常工作的状态。对此，首先应该检查设备的电器控制系统和动力源，如电动机、减速机等。然后检查传动部件、运动部件、加热或真空等部件。通常这些部件都是标准产品，可以向生产厂家购买。当检测发现有问题必须更换时，购回后更换即可。

为了便于清洗，肉制品加工机械设备有很多零部件都能拆卸，如果这些可拆卸部件出现了问题或损坏，同样可以很方便地维修加工或更换。所以，对于机器的大修来说，检查重点应该放在平时不可拆卸部件的损坏评估上。在确认所需更换的机器部件后，就要制定两个需更换部件的清单，一个是可以向设备供应商购买的可拆卸部件清单，另一个则是需要维修更换的不可拆卸部件清单。前一项问题较易解决，而后一项则需结合企业自身的维修能力做出是否能够大修的评估。

b）维修环境和能力的评估

肉制品加工机械设备的大修条件与普通机械设备的大修条件有着很大的区别，因为肉制品加工机械设备有卫生和材质的要求。除了要考虑到维修场地外，还需要评估企业是否具有维修材料和设备大修的技术力量。企业的维修环境和能力需要在设备大修前就做出评估，以避免设备拆卸后无法完成维修，继而造成维修成本升高的被动现象出现。

（2）设备的大修

在对设备进行了大修前的检测和评估后，若该企业无法进行此项工作，则建议将设备送至原设备生产厂家进行大修。若确定可以在本企业进行维修工作，则应对设备大修做出详细的计划表。计划表中要列出维修项目、维修工艺、零件准备、精度要求、检测工具、进度要求、维修人员、完工日期等。最重要的是，要有大修完成后设备性能的检测标准。该标准可以根据肉制品加工工艺自行制定，也可以由原设备生产厂家提供。

为了保证大修工作顺利进行，充分做好计划表中的所有准备工作是十分必要的。尤其对较为复杂的机器，还需做好拆卸步骤和零件摆放位置的记录。大修时对所有的零部件都需检测（如磨损、老化、腐蚀、变形等情况）、修复、更换、调整、清洁、擦干、润滑。尤其是对在日常难以做到维护保养的零部件，更应借此机会予以保养。

大修时，若发现有零部件还能使用但已出现磨损、老化等现象，建议更换新件。动力部件、液压系统、真空泵等均需更换新油，其中动力部件还需做防锈处理。在完成所有零部件的检测后，方可进行组装，组装完成后进行整机调整，最后进行空载试机和负载试机。

机器大修的目的是彻底修复机器出现的问题，并恢复其功能。在不清楚机器的关键点和要素的情况下，可先请教设备生产厂家再进行大修，或请设备生产厂家的技师共同参与大修。

第四章　兔肉制品主要产品配方与工艺

第一节　腌腊制品配方与工艺

一、缠丝兔

1. 原辅料配方

1）原料：白条兔 100kg。

2）辅料：①腌制料（食盐 1.25kg、亚硝酸钠 10g、五香粉 75g 等干腌料，食盐 2.5kg、酱油 1kg、料酒 1kg、白糖 0.5kg、姜粒 200g、五香粉 125g 等湿腌料）；②涂料：甜酱 1kg、豆豉 2.5kg、酱油 500g、白糖 250g、味精 15g、胡椒粉 25g、花椒粉 50g、五香粉 250g、白酒 75g。

2. 工艺流程

原料选择→整理→腌制→涂料→缠丝→烘烤→蒸煮→包装。

3. 加工技术要点

1）选 2～2.5kg 的健康青年兔，经检验合格后按常规屠宰，剥皮，去内脏，去体表结缔组织及脂肪，清洗干净后备用。

2）兔坯腌制可用干腌法，也可用湿腌法。

干腌法：腌制料混合、研磨混匀。装缸时一层兔一层腌制料，腌制料均匀撒在兔体上，加盖进行腌制，每隔 2h 翻缸 1 次，一般腌制 2d 左右，即可出缸。

湿腌法：辅料加沸水溶解后，冷却至 15℃以下配制。将兔坯放入缸中，倒入腌制液，腌制 10h 左右即可出缸。

3）兔坯出缸后，用清水洗去盐渍，挂在通风处晾干，进行必要的修整后，将预先配好的涂料，均匀涂抹在兔坯的胸腹腔内，每只兔坯用量 25g 左右，涂料用量不宜过多，以免在缠丝时流出污染胴体，而影响品质。

4）缠丝有密、中、疏 3 种，以密缠为最佳。丝间距宽约一指。每只兔坯用细麻绳 4m，从兔头缠起，呈螺旋形向后腿方向边缠边整形，胸腹部包扎裹紧，前肢塞入前胸，后肢尽量拉直。麻绳缠至后肢腕关节处收尾打死结。缠丝造型时，要求将兔体缠紧、扎实，成细条圆筒状，横放形如卧蚕，故缠丝兔又称“蚕丝兔”。

5）兔体经缠丝后，应通风晾挂 6～7h，然后送入烘箱内悬挂烘烤。烘烤时间依储藏时间及加工季节而定。一般烘烤 30～40min，干燥后即为半成品。

6）如需煮熟销售，可用配好的卤水蒸煮 45min。卤水配制：生姜 0.3kg，花椒 15g，肉豆蔻 30g，小茴香 15g，大茴香 75g，桂皮 7g，胡椒 7g，味精 15g。

7）经烘烤后的半成品，解掉麻绳，经卫生质量检验，合格者做仔细整形，成品有腿无头，表面有螺旋状花纹，色泽棕红光亮，肉质紧密，味浓而咸甜适中，无异味，产品真空封口包装。也可以熟制品形式出售，蒸煮后解除麻绳趁热在体表涂一层香油，即可出售或装入塑料袋，真空封口包装。

二、红雪兔

1. 原辅料配方

1）原料：净兔肉 100kg。

2）辅料：食盐 5～6kg、花椒 0.2kg、料酒 2～3kg、白砂糖 2～3kg、白酱油 3kg、混合香料粉 100g。

2. 工艺流程

选料→配料→腌制→修割整形→干制→包装、检验。

3. 加工技术要点

1）选择膘肥、健壮，体重 2kg 以上的活兔，越大越好。

2）宰后剥皮，腹部开膛，除尽内脏和脚爪，将兔坯用竹片撑成平板状，修去浮脂和结缔组织网膜，擦净淤血。

3）腌制处理：分为干腌法和湿腌法。

干腌法：将食盐炒热，与其他配料混合均匀，涂抹在兔体和嘴内，叠放入缸，腌制 1～2d，中间翻缸一次，出缸后再将其余辅料均匀涂抹在兔体内外。

湿腌法：将配料用沸水煮 5min，冷却后倒入腌渍缸内，以淹没兔坯为好。浸渍 2～4d，每天上下翻动 1 次，适时起缸。

4）兔坯出缸后，放于工作台上，腹部朝下，将前腿扭转到背部，按平背和腿，撑开成板形，再用竹条固定形状，并修剪筋膜刮去浮脂等污物。

5）将固定成形的腌制兔坯悬挂在通风阴凉处，自然风干，通常一周左右。阴雨潮湿天气，可在烘房烘干兔坯，出品率为净兔质量的 50%～55%，即为成品。食用时煮、蒸均可，如再浇上少许麻油，则五味俱全。

三、腊大兔

1. 原辅料配方

1）原料：兔肉 100kg。

2）辅料：食盐 5kg，白糖 7kg，白酒 3kg，生抽 5kg，硝酸钠 20g。

2. 工艺流程

原料整理→腌制→晾晒→烘焙→包装。

3. 加工技术要点

1）原料整理：选择健康体肥，体重1.5kg以上的肉兔。经常规屠宰，宰后立即烫毛煺毛，剖腹除去内脏，用尖刀剔除脊、胸和四肢兔骨，整理成平面块状，用竹片撑开并定形。

2）腌制：取一半食盐和硝酸钠混合均匀，擦透兔坯，平整叠放，腌制半天，用清水将盐粒洗净，晾干水分。将剩余的食盐及其他辅料搅拌均匀，涂擦在兔坯上，叠入缸中腌制3～4h，其中翻缸1～2次，使兔肉充分吸收配料，然后把兔坯取出沥干。

3）烘焙：把腌制好的兔坯一块一块平摊在竹筐中，白天放在阳光充足的地方晾晒，夜间放入焙房中烘焙，焙房温度控制在45～50℃之间，连续烘焙4d，即为成品。若遇雨天，可直接放入焙房烘焙。

4）包装：腊大兔表面无盐霜，肉质光洁，皮表呈棕红色，气味芬芳，咸度适中，口味清甜。产品经检验合格的，除去竹片，修整一下边缘，进行真空包装即可，也可进行杀菌处理后再出售。

四、广州腊兔

1. 原辅料配方

1）原料：兔肉100kg。

2）辅料：粗盐4kg，酒200g，白糖5kg，生抽4kg，硝酸钠10g。

2. 工艺流程

选料→腌制→复腌→晾晒→成品。

3. 加工技术要点

1）选用肥大肉厚的大兔，宰洗干净，除去内脏，从腹剖开，取出脊骨、胸骨、手脚骨。然后平铺于案上，使其成为平面块状，再用小竹竿撑开，以防接叠。

2）先用粗盐和硝酸钠将大兔全身擦遍，经腌制一夜后，再用清水洗净，以减轻盐碱度。

3）腌制好的大兔清洗晾干水分后，再将余下调味料与兔肉一起搅拌均匀，腌制40～45min。

4）复腌好的兔肉放在竹筛中，置于阳光下连续日晒5～6d即为成品。

五、四川腊兔

1. 原辅料配方

1）原料：兔肉100kg。

2）辅料：食盐5kg，花椒200g，亚硝酸钠10g。

2. 工艺流程

活兔选择→宰杀→整理→清洗→腌制→整形→风干→成品。

3. 加工技术要点

1）选符合卫生标准的 2kg 以上活兔，要求膘肥肉满，越大越嫩越好。

2）宰兔剥皮，大开膛，掏尽内脏，去脚爪，用竹片撑开呈平板状。

3）将配料混匀，涂擦胴体内外，也可用冷开水 7.5kg 将配料溶解，再将兔肉浸于其中湿腌。

4）出缸后将胴体放在案板上，面部朝下，将前腿扭转至背上，再用手将背、腿按平。

5）将兔坯置阴凉通风处，挂晾风干，即为成品。产品身干质洁，色红亮油腻，咸度适中，肉嫩味美。

六、酱腊兔肉

1. 原辅料配方

1）原料：兔肉 50kg。

2）辅料：精盐 1.7kg，甜酱 8kg，五香粉 200g，白砂糖 3kg，白酒 500g，醪糟 3kg，花椒粉 500g。

2. 工艺流程

原料整理→切条→腌制→酱制→晾晒→风干→成品。

3. 加工技术要点

1）将带皮兔腿肉，拆去大骨，切成宽的大肉条，清洗干净后备用。

2）先在每块肉的肉皮上喷洒少许白酒，这样可使肉皮软化，易于进盐，也易于煮软，并能起杀菌作用。然后将精盐与花椒粉混合，抹遍每块肉的内外，放入小缸（盆）里盖好，腌 4～5d 即可。在腌的过程中，每天要将肉块上下翻动一次，以防盐味不匀和发热变质。

3）肉起缸后，用尖刀在每块肉上方的肉皮上戳一个小孔，用麻绳穿上，吊在屋檐下通风处晾 2～3d。待肉表面的水分干透时，将甜酱、白砂糖、五香粉、醪糟等混合成糊状（如太稠可加少许酱油），然后用干净的刷笔，将每一块肉都刷上一层酱料。注意要刷得薄、匀，使肉的每一部位都能涂到酱。

4）第一次刷完后，待肉晾干再刷第二次。如此连刷三四次，直至整个肉块都被酱料严严实实包上为止。

5）刷酱的肉块只宜挂在通风处吹干，切勿阳光直晒，吊挂 20d 左右即为成品。

七、芳香腊兔肉

1. 原辅料配方

1）原料：鲜兔肉 100kg。

2）辅料：食盐 7kg，大茴香 200g，小茴香 200g，桂皮 300g，花椒 300g，葡萄糖 500g，白糖 4kg，白酒 3kg，酱油 400g，冰水 5kg。

2. 工艺流程

原料肉整理→切条→拌调料、揉搓→腌制、清洗→挂晾→熏制。

3. 加工技术要点

1）选用新鲜兔肉，精修后，切成 3～4cm 厚、6cm 宽、15～25cm 长的肉条。

2）将大茴香、小茴香、桂皮和花椒焙干，碾细与其他调料拌和。

3）把兔肉放入调料中揉搓拌和，拌好后入盆腌，温度在 10℃以下腌 3d，翻倒一次，再腌 1d 捞出。

4）将腌好的肉条放在清洁的冷水中漂洗，用铁钩钩住肉条吊挂在干燥、阴凉、通风处，待表面无水分时进行熏制。

5）熏料用杉、柏木锯末或玉米芯、瓜子壳、棉花壳、芝麻荚，将熏料引燃后分批加入。

6）肉条离熏料高约 30cm，每隔 4h 将肉条翻动一次。熏烟温度控制在 50～60℃之间，至肉面呈金黄色，一般约需 24h。熏后将肉条在通风处挂晾 10d 左右，自然成熟，即为成品。

八、香熏兔

1. 原辅料配方

1）原料：兔胴体 50kg。

2）辅料：精盐 2～3kg，硝酸钠 25g，花椒 100g，八角 80g。

2. 工艺流程

选料→干腌→出缸挂晾→烟熏炉烘烤→挂晾成熟→包装→成品。

3. 加工技术要点

1）将兔胴体清洗干净，用竹片撑开呈平板状。

2）配料调匀，涂遍兔体腔内外及嘴里，入缸腌 3d 左右，每天上下翻缸一次，促使排污除腥和盐渗透，腌出香味。

3）出缸后将兔体放在案板上，面部朝下，将前腿扭转至背上，用手将兔的背和腿按平后，悬挂于通风阴凉处风干。

4）移入烟熏炉内以 50～60℃烘烤，同时烟熏，约 10h。出炉挂晾在通风干燥处成熟，然后切割后定量真空包装或整只包装储存。

九、广味腊兔

1. 原辅料配方

1）原料：兔肉 50kg。

2）辅料：食盐 2kg，生抽 2kg，糖 8.5kg，45 度白酒 1kg，硝酸钠 10g。

2. 工艺流程

选料→腌渍、清洗→晾晒、烘焙→包装、检验。

3. 加工技术要点

1）将兔宰杀洗净，取出内脏，从腹部剖开，取出脊骨、胸骨、腿骨，平铺案上，呈平面状。

2）用食盐将兔身擦抹腌渍，一夜后用清水冲洗，控干水。

3）将各种配料搅和均匀，把兔放入，腌制 1～2h 后取出，白天放在竹筛上摊开暴晒，晚上用火烘烤，4d 左右即可制成。

十、兔丝兜

1. 原辅料配方

1）原料：净兔肉 50kg。

2）辅料：食盐 2.5～3.5kg，酱油 1.3kg，料酒 700mL，白砂糖 500g，姜、葱各 1kg，五香粉 200g。

2. 工艺流程

肉兔屠宰→剖腹整理→腌制→风干发酵→斩块调味→装袋封口。

3. 加工技术要点

1）选择膘肥体壮，体重 2kg 以上的肉兔，尤以 3～4 月龄仔兔为佳。

2）将兔宰后充分放血，剥去兔皮，破腹开膛，取出内脏，除去淋巴结、浮脂和结缔组织网膜，擦净残血污物。

3）用沸水溶解配料，拌和均匀后冷却备用，再把兔坯浸入腌渍液 3～4d，每天上下翻动 1 次，适时出缸。

4）把兔坯捞出晾干后，将其肋骨斩断，修净筋膜、浮脂及残留污物，再用细麻绳均匀地呈螺旋状绕兔体并缠成圆筒形，螺纹间距 1.5～2cm。

5）将修整成型后的兔坯晾挂在通风阴凉处，自然风干或烘房脱水干燥后即为成品。产品色泽光润棕红，表皮干燥酥脆，肉质紧密而富有弹性，体面有明显的螺旋花纹，腹腔内无积水和霉变斑点，味香色美，咸甜适中。食用方法蒸煮兼用，切块食用时浇上香油、辣油等佐料，味道更鲜美。

十一、腊香兔肉

1. 原辅料配方

1）原料：净兔肉 100kg。

2）辅料：食盐 2.5kg，白砂糖 1kg，黄酒 1kg，乙基麦芽酚 6g，复合调味液 4kg。

2. 工艺流程

选料→整理→腌制→修割整形→干制→发酵腌制→包装、检验。

3. 加工技术要点

1）选用健康活兔，宰前需经 10～12h 断食，但必须供水，便于宰杀时摘除内脏，减少兔体污染。

2）需充分放血，时间不少于 2min。

3）放血后用湿毛巾擦净兔体，以防兔毛飞扬，污染兔体。在腕关节稍上方截断前肢，以跗关节截断后肢，截肢应整齐。

4）从后肢跗关节处，在股内侧用尖刀平行挑开，剥至尾根，在第一尾椎处去掉尾巴。再用双手握紧兔皮的腹背部，向头部方向反转拉下，最后抽出前肢，剪断眼、唇周围的结缔组织和软骨。

5）从腹正中开腹，下刀缓慢，将内脏取出，修除兔体各部位的结缔组织、趾骨附近的腺体、生殖器官、胸腺、大血管等，用开水洗净的湿毛巾擦净各部位的残血和毛，然后用 65%～75%食用酒精将兔体擦干净，尤其是口腔。

6）按配方比例加入辅料，将辅料倒入整理好的兔肉中搅拌均匀，以平板状叠放在腌制缸中，上用重物压实。腌制温度 4℃，时间 60h，每隔 10～12h 翻缸一次，共翻 5 次左右，以确保腌制均匀。

7）腌制兔肉出缸后，放于不锈钢台面，将腹部朝下用力按平背部和腿，撑为平板状，再用竹条固定形状，悬挂在通风阴凉处自然风干，风干发酵时间 7～10d。

8）然后吊挂进行晾晒，在平均气温 10～12℃晾晒 3～4d，兔体呈现鲜亮的玫瑰色泽，散发出浓郁的腊香气味，则风干发酵成熟，至外观呈现鲜亮的玫瑰色泽，腊香浓郁。进一步调制，可将其斩成块形，在卤汁中卤制 1～1.5h 后食用。

十二、晋风腊兔

1. 原辅料配方

1）原料：白条兔 150kg。

2）辅料：食盐 6kg，料酒 2kg，生抽 6kg，白糖 8kg，五香粉 40g，香油 1.5kg，复合磷酸盐 200g，硝酸钠 15g。

2. 工艺流程

原料选择→涂料→腌制→缠线→烘烤。

3. 加工技术要点

1）选 3～4 月龄的健康肥肉兔宰杀、剥皮、去内脏，洗净淤血，沥干后备用。

2）将辅料混合调成稀糊状，涂于兔体内外，体内多涂，体外少涂。

3）将涂好的兔坯整齐叠入腌缸内，腌制 3～4d，每天翻缸 1～2 次，并揉搓兔体，促进腌液渗透。

4）用细麻绳均匀地从头颈缠到后腿，线绳呈螺旋状，缠线间距1.5～2cm。

5）缠线后在通风处稍风干，进入烘房，在70℃温度下烘烤2h，出炉在通风处日晒6h左右，又送入烘房，在50℃温度下烘烤5h，期间涂香油4～5次。产品色泽红偏暗，从头到尾细麻绳处有清晰的红白螺纹，腊香可口，细嫩质软，风味独特。

十三、风味板兔

1. 原辅料配方

1）原料：鲜兔肉100kg。

2）辅料：小茴香粉50g，丁香25g，肉桂25g，白芷25g，陈皮25g，花椒25g，八角50g，胡椒5g，砂仁10g，肉蔻10g，生姜50g，葱50g，食盐10kg，味精50g。

2. 工艺流程

原料整理→配卤→腌制→干制→包装。

3. 加工技术要点

1）选择2kg以上的青年健壮肉兔，经常规屠宰，尽量做到不损坏皮肤、耳朵、四肢和尾，使成品外形美观、完整。从腹中线起，上沿胸膛、头部，下沿骨盆腔对劈肉兔，剔除脑髓，保留两肾。沿脊椎部0.5～1cm自上而下将肋骨剪断压平，使整只兔成板形。

2）取食盐6kg、小茴香粉50g，混合均匀，加水配制成盐卤。其他辅料及食盐4kg混合后加水煎熬、过滤，冷却后即为药卤。

3）将兔用竹片撑开并交错平铺在腌缸中，压以重物，先用盐卤腌24h取出，平铺另一腌缸中，再入药卤腌48h。腌制的温度控制在2～4℃。两次腌制时均要进行翻缸1次。

4）腌制好的板兔坯，用冰水冲洗脱盐，沥干后置烘房中干燥至含水率为35%。

5）干制后的成品去爪尖并整形，分装于相应规格的包装袋中，用真空包装机密封，经常规杀菌后，即可出售。

十四、腊野兔

1. 原辅料配方

1）原料：草地围栏自由放养的兔50kg。

2）辅料：食盐2kg，酒1kg，酱油500g，硝酸钠10g，白糖3kg。

2. 工艺流程

原料整理→清洗→腌制→烘制→包装。

3. 加工技术要点

1）将兔剥皮并除去内脏，先用刀从兔后肢肘关节处平行挑开，然后剥皮到尾根部，再用手紧握兔皮的腹部处用力向下拽至前腿处剥下。此时应注意防止拽破腿肌和撕裂胸腔肌。割去四肢的肘关节以下部分，剔去脊、胸骨及腿脚骨。用两根交叉成十字的小竹片撑开胸腔，使之成为扁平状。

2）将经过整理的兔放入以上混匀的配料内，用手将配液均匀地涂擦于兔的表面和内腔里，背面朝下，腹面向上，一层压一层平铺于缸内，腌制 50min，中间翻缸一次。

3）取出后每天白天可挂在太阳下暴晒，晚上放入烘房内（50℃）连续烘制 3d，待制品表面略干硬并呈赭色（红褐色）时即可。

4）整形后真空包装防霉。传统腊野兔产品多在秋、冬季节制作。

十五、腊兔肉卷

1. 原辅料配方

1）原料：净兔肉 85kg，猪肥膘 15kg。

2）辅料：食盐 6kg，花椒 350g，白砂糖 5.5g，五香粉 400g，料酒 3kg。

2. 工艺流程

选料→切割整理→腌制→成型→风干→包装、检验。

3. 加工技术要点

1）猪肥膘切成薄片备用，兔肉按肌肉部位分割成大块料备用。擦去残留血污，剔去网状结缔组织及淋巴结。

2）将兔肉与配料拌和均匀后，按干腌法适时腌制 2～4d，猪肥膘不腌。

3）将腌制适当的兔肉坯料与薄片猪肥膘重叠后，卷成圆柱状，或叠成长方形，再用绳或薄膜固定其形状。

4）将肉卷悬挂于通风良好处，在 7～12℃条件下风干发酵至半干，即为成品。

十六、玫瑰板兔

1. 原辅料配方

1）原料：兔肉 100kg。

2）辅料：精盐 4kg，白砂糖 1kg，白酱油 1kg，味精 100g，鸡精 30g，乙基麦芽酚 15g，复合磷酸盐 50g，香料水 3kg。

2. 工艺流程

肉兔选择→屠宰整理→腌制处理→修割整形→风干发酵→被膜处理→真空包装。

3. 加工技术要点

1）选用健康肉兔，宰前需经 10～12h 断食，但必须供水。击昏后将兔体倒挂于架上，用刀切开颈动脉，充分放血，时间不少于 2min。

2）放血后用湿毛巾擦净兔体，以防兔毛飞扬，污染兔体。在腕关节稍上方截断前肢，以跗关节截断后肢，截肢应整齐。

3）从后肢跗关节处，在股内侧用尖刀平行挑开，剥至尾根，在第一尾椎处去掉尾巴。再用双手握紧兔皮的腹背部，向头部方向反转拉下，最后抽出前肢，剪断眼、唇周围的结缔组织和软骨。

4）从腹正中开腹，下刀缓慢，将内脏取出，修除兔体各部位的结缔组织、趾骨附近的腺体、生殖器官、胸腺、大血管等，用开水洗净的湿毛巾擦净各部位的残血和毛，然后用 65%～75%食用酒精将兔体擦净干净，尤其是口腔。

5）将整理好的兔肉，用混合的辅料充分搓擦拌和均匀，平板状叠放入缸中，上架竹片，用重石压紧进行腌制。腌制温度 2～6℃，时间 3d。

6）腌制兔坯出缸后，放在不锈钢台面上，撑开呈平板状，再用竹条固定形状，并修割筋膜、浮脂等污物。

7）将固定成形兔坯悬挂在通风阴凉处，自然风干发酵 7～10d，然后吊挂晾晒，在平均气温 10℃左右，晾晒 3～4d，兔体呈鲜亮的玫瑰色泽，控制水分含量在 34.5%～34.8%，含盐量为 9.4%～9.6%，风干发酵成熟。

8）将板兔及其包装袋用紫外线杀菌器进行表面杀菌 3min，立即装袋，用真空封口机封口。产品呈鲜艳的玫瑰色泽，肉质紧密、富有弹性、鲜嫩味美、咸淡适宜、腊香醇厚。

十七、兔肉香肚

1. 原辅料配方

1）原料：净兔肉 100kg。

2）辅料：食盐 5.2kg，亚硝酸钠 10g，白砂糖 1.5kg，混合香料（五香粉、花椒粉、胡椒粉等）450g，菜油、麻油适量。

2. 工艺流程

肚皮制作→选料与整理→配料制馅→灌肚→扎口→日晒→发酵鲜化→涂油刷霉→叠缸包藏。

3. 加工技术要点

1）肚皮制作，在一定形状的肚皮模具上人工贴膜，然后挂于通风处晾干，当晾至肚皮透明变硬，形态完美，片头不明显，同模具黏合比较疏松时，即可脱模备用。

2）选用新鲜兔肉和猪肥膘，肥膘切成 0.6cm×0.6cm×2.5cm 左右的脂肪条，兔肉要剔骨，除去筋膜、肌腱、血污、淋巴等不适合加工和影响产品质量的部分，然后切成 0.8cm×0.8cm×3cm 左右的瘦肉条。

3）按配方要求准备好各种辅料，放入容器内，充分拌和均匀，待用。亚硝酸钠的用量根据季节温度不同可稍作增减，冬季稍增，春季稍减。

4）将准备好的兔肉和猪肥膘倒入拌和均匀的辅料中，搅拌均匀。然后根据不同气温静置 10～20min，以使各种辅料充分溶解渗入肉馅中，切勿放置太久。

5）根据所要制成香肚的大小，用台秤称量配好的肚馅，大香肚 200～250g，小香肚 150～175g，随后进行灌制。灌肚方法是：两手中指和大拇指分别捏住肚皮的边缘，并外翻，将肚口张开，对着肉馅用两个食指把肚馅扒入肚皮内；灌满后，左手握住肚皮的上部，右手用针在肚皮上刺孔，以排除肚皮内空气；然后用右手在案板上揉搓香肚，使香肚肉馅紧实呈苹果状。

6）香肚扎口有别签扎扣法和绳结扎口法两种。采用绳结扎口，操作快而简便，易于晾挂。但绳结扎口法不易扎紧，最好先用竹签采用别签的方式封口 5～7 针后，再用细绳打一活扣，套在香肚与别签之间，用力紧缩，香肚形状完整美观。然后抽出竹签，剩下的绳头可再扎另一香肚。

7）将扎口后的香肚挂在阳光充足，通风良好的场所，晒 2～4d，最适温度 12～20℃，气温 12℃时晒 3～4d，20℃左右晒 2～3d，直到肚皮透明，外表干燥，颜色鲜艳，扎口干透为止。在没有阳光的阴雨天，采用 55～60℃温度烘烤 12～24h 亦可。

8）长时间发酵鲜化是香肚加工工艺的特点，也是形成香肚风味的关键工序。方法是：在阴凉通风干燥处长时间晾挂，具体方法为将晒好的香肚剪去扎口长头，将每 10 只串挂一起，移入通风干燥处，经 40～50d 发酵而成。

9）将发酵鲜化好的香肚涂油刷霉。用干净消毒纱巾，先浸上精菜油在香肚表面涂擦，刷掉香肚表面的霉菌，然后将香肚逐只涂上一层麻油，起到防腐保鲜和改善风味作用。

10）香肚沾满麻油后，沥油片刻，逐只分层码入缸内进行储藏，一般可储藏半年以上。为便于销售，也可直接用纸盒包装，内套塑料袋。

十八、兔腊肉

1. 原辅料配方

1）原料：肉兔 5 只。

2）辅料：食盐 700g，白酒 300mL，酱油 350g，混合香料（八角、小茴香、桂皮、花椒、胡椒）100g。

2. 工艺流程

屠宰整理→辅料调制→腌制处理→挂晾风吹→烘烤、烟熏→包装。

3. 加工技术要点

1）肉兔用电击晕后放血宰杀，擦洗截肢，剥皮去尾及剖腹整理，清洗后沥干水分。

2）将小茴香、桂皮、花椒、胡椒烤干，碾细与食盐一同炒热，炒出香味，加入白酒和酱油拌匀。

3）用调料将每只兔胴体擦遍，拌匀放入盆中腌制 2～3d，翻动 1 次，再腌制 2～3d，以腌透为准。

4）在兔头部前端扎一孔穿线，将兔肉吊挂在阴凉通风处控水，温度以 3～4℃为宜。

5）取水柏锯木、花生壳、核桃壳等作熏料，将兔肉平放竹栅上，熏料点燃后放在离兔 30cm 左右的下方，周围用木板或铁板围起，兔肉上方盖厚挡板烘烤熏制，浓烟要持久，不可泄出，每隔 3h 翻动 1 次，兔肉两面都要熏至肉呈金黄色时为止。

6）熏制后，将兔腊肉悬挂于干燥通风处，使其自然成熟和继续风干，然后真空包装，保质期 6 个月以上。

第二节 酱卤制品配方与工艺

一、盐水兔

1. 原辅料配方

1）原料：兔肉 100kg。

2）辅料：食盐 4kg，花椒 1kg，硝酸钠 10g，白糖 3kg，料酒 5kg，姜葱各 1kg，复合五香料 640g。

2. 工艺流程

选料→整理→腌制→整形→包装。

3. 加工技术要点

1）选择丰满、健康、体重 2kg 以上的肉兔，常规屠宰，充分放血，剥皮去爪、尾，剖腹开膛，摘取内脏，擦净残血，剔去浮脂、结缔组织网膜。

2）取一半食盐和花椒混合炒热，把热椒盐先从刀口处塞入兔体腔，擦涂体腔、口腔和颈部，然后擦遍兔坯，腌制 1d。剩余的食盐和其他辅料混合均匀，加水煮沸，调制成卤汁备用。经椒盐腌制的兔坯叠入缸中，上压重物，倒入卤汁淹没兔坯，再腌制 2d。

3）兔坯出缸，清除附着杂物，放在操作台上，腹朝下，前腿向下折，按平背和腿，悬挂沥干卤汁及水分即可。

4）质量合格上等盐水兔肉质细嫩，多汁，肉呈玫瑰或粉红色，肌肉丰满而富有弹性，有典型的腊香风味。产品真空包装，经常规杀菌后，即可出售。

二、扒兔

1. 原辅料配方

1）原料：兔肉 100kg。

2）辅料：食盐 2kg，复合磷酸盐 100g，蜂蜜 1kg，五香料等 500g，植物油适量。

2. 工艺流程

选料→整理→盐水注射→腌制→油炸→卤煮→杀菌→冷却→包装。

3. 加工技术要点

1）选用健康肉兔屠宰后，扒去毛皮，剪去脚爪，开膛去内脏及脂肪，洗净整理，晾干备用。

2）将食盐、复合磷酸盐等配制为盐水，盐水温度降至 5℃以下时，用注射器对腿、背等处肌肉进行注射，盐水注射量要求达到兔体质量的 6%以上。将注射盐水的兔坯用滚揉机进行间歇式滚揉，有效滚揉时间为 0.5h，然后静置腌制，腌制时间为 2～3d。要求整个腌制过程，温度不超过 5℃。

3）把腌制好的兔坯用蜂蜜水浸泡片刻，下油锅，高温油炸上色。

4）煮锅放入五香料等香料包，加水烧开保持 10min，把油炸好的兔坯放入煮锅内，大火煮开 10min，然后小火炖煮至兔肉熟烂，时间为 4～6h。

5）将煮好的扒兔冷却即可出售。如果要长期存放，可修边整形，用铝塑包装材料真空定量包装后进行高压蒸汽或高压水杀菌，经检验合格出厂。

三、多味腊卤兔

1. 原辅料配方

1）原料：兔肉 100kg。

2）辅料：精盐 5kg，白糖 3kg，味精 0.3kg，生姜 0.5kg，大葱 0.5kg，五香粉 0.15kg，白酒 0.5kg，辣椒 4kg，花椒 2kg，白酱油 1kg，亚硝酸钠 15g，I+G 100g。

2. 工艺流程

选料→宰兔剥皮→整理清洗→配料腌制→风吹晾干→老卤炖煮→分段包装→杀菌处理→产品检验→成品。

3. 加工技术要点

1）100kg 水用盐调整浓度约为 8ºBé，加入预先煮制好的香料水放入亚硝酸钠、白糖、味精等搅拌均匀，放入原料兔肉腌制 12h 左右。

2）悬挂于通风干燥处，挂晾 6h 左右至表面干燥。

3）将辅料调制为卤汤，并添加适量老卤，放入兔肉大火烧开，文火炖煮至肉熟，即为成品。

4）如果需长期储储藏，则可冷却后真空包装，高温杀菌，杀菌式 15′—25′—15′/121℃（反压冷却），恒温检验后包装，保质期 6 个月。

四、五香卤兔

1. 原辅料配方

1）原料：净兔肉 100kg。

2）辅料：丁香 100g，乳香 100g，桂皮 100g，八角 100g，陈皮 100g，亚硝酸钠 10g，精盐 100g，麻油 3kg，黄酒 5kg，白糖 6kg，酱油 5kg。

2. 工艺流程

选料→预煮→配料→卤水调制→卤煮→浸卤→冷却。

3. 加工技术要点

1）选用 1.5～2kg 的活兔宰杀后剥皮，除去内脏淤血、污物和毛，用清水洗净，分为头、颈 2 块，前后腿 4 块，中部 1 块。

2）肉块入锅加水，用旺火煮沸 5min，倒掉水去腥，然后用凉水漂洗肉，冷却备用。

3）将香料研碎，装袋扎口，放入锅内，再加清水适量，放入黄酒、白糖和精盐，在旺火上煮成卤水。

4）将肉块放入卤锅，以旺火煮透后捞出，抹去浮沫。

5）肉块晾凉后，再用清水漂洗 1h，取出沥干。将亚硝酸钠溶于适量水中，放入肉块浸泡 30min 左右，取出沥干，再用熟麻油涂抹肉表面即为成品。

五、糟兔

1. 原辅料配方

1）原料：健康肉兔 50 只（每只 2～2.5kg）。

2）辅料：陈年香糟 2.5kg，黄酒 3kg，大曲酒 250g，炒过的花椒 25g，葱 1.5kg，生姜 200g，精盐、味精、五香粉各少许。

2. 工艺流程

原料选择→预煮→卤煮→糟液调制→整理→糟浸→成品。

3. 加工技术要点

1）选择 2～2.5kg 的健康肉兔，屠宰后整理，将整理后的兔坯放入锅内用旺火煮沸，除去浮沫，随即加葱 500g、生姜 50g、黄酒 500g，再用中火煮 40～50min，起锅。

2）在每只兔上撒些精盐，然后从正中剥开成两片，头、爪斩去，一起放入经过消毒的容器中约 1h，使其冷却。锅内的原汤，先将浮油撇去，再将其余辅料倒入另一容器，待其冷却。

3）用大糟缸 1 只，将冷却的原汤放入缸中，然后将兔块放入，每放两层加些大曲酒，放完后所配的大曲酒正好用完，并在缸口盖上放 1 只盛有带汁香糟的双层袋布，袋口比缸口略大一些，以便将布袋口捆扎在缸口。袋内汤汁滤入糟缸内，浸卤兔体。待糟液滤完，立即将糟缸盖紧，焖 4～5h，即为成品。

六、北京王厢房五香兔肉

1. 原辅料配方

1）原料：活兔 10 只（每只约重 2.5kg）。

2）辅料：精盐 500g，复合香料 200g（桂皮、八角、小茴香、花椒等），姜、葱适量，五香粉 50g，红曲色素适量，白糖 600g，料酒 150g，味精 40g，老汤适量，糖色、香油各适量。

2. 工艺流程

原料选择→清洗整理→腌制→调料→卤煮→成品。

3.加工技术要点

1）将活兔宰杀，放血，剥皮，去脏，去杂，剁成 5 块，洗净，晾干水。

2）兔肉放入盆内，表面撒上一层精盐，在 10℃左右条件下，腌制 12h 左右。

3）锅中放入老汤和香料，烧开后放入兔肉块，旺火烧开，撇净浮沫，改用小火煮至汤略干。

4）加入红曲、料酒，煮 30min，再加白糖煮 15～30min，离火加入味精少许，让肉在原汤中再浸泡 10h，捞出，抹糖色，淋上香油即为成品。

七、挂脉雪兔

1. 原辅料配方

1）原料：净兔肉 50kg，鲜猪肉皮 30kg。

2）辅料：食盐 1.5kg，花椒、八角、葱、生姜等香料 500kg，鲜汤适量。

2. 工艺流程

原料选择→清洗整理→猪皮调理→卤汤调制→卤制→成品。

3. 加工技术要点

1）选择 2～2.5kg 的健康肉兔，屠宰分割，清洗。

2）将猪肉皮刮洗干净，放入沸水锅内，焯一下，捞出，刮净油脂，切成粗条，用温水洗净；兔肉洗净，沥干水。

3）汤锅放入鲜汤和花椒、八角等香料烧开，放入兔肉，旺火煮开，撇净浮沫，改用小火将肉煮熟，捞出晾凉，切成小薄片，摆入碗内。

4）汤锅再放入清水、猪皮条、精盐在旺火上烧开，撇净浮沫，改用小火慢熬成脉汁，捞净猪皮条，另作他用。脉汁稍凉后，浇入摆好的兔肉片碗内，凝固后，取出，改刀装盘即可。

八、豆豉兔头

1. 原辅料配方

1）原料：新鲜兔头 10kg。

2）辅料：食盐 250g，白糖 150g，酱油 600g，料酒 150g，大蒜、姜、五香粉、豆豉等适量。

2. 工艺流程

原料选择→整形清洗→煮制→酱制→烘干→真空包装→高压杀菌。

3. 加工技术要点

1）剔除血污、碎肉等杂质，使外形美观。将整形好的原料用净水洗干净，然后进行称量，根据用量加入配料。

2）先将豆豉放入 165～170℃的色拉油中翻炒，直到有香味生成。然后根据配方将配料和适量的水先用大火加热煮沸，再加入原料改用小火慢煮 1.5～2.5h，直到原料入味即可。

3）将料汤继续加热，用锅铲不断地轻翻炒动，待汤汁烧干时，出锅。

4）将兔头放入 60℃的干燥箱中，烘干 10min，使表面干燥，无汤汁，便于包装。将烘好的兔头从箱中取出，放在室内，使其自然冷却到室温。

5）将冷却的兔头装入包装袋中，用真空包装机封口，然后放到高压锅中，高压杀菌 30min，即为成品。

九、麻辣兔腿

1. 原辅料配方

1）原料：兔腿 100 只（约 8kg）。

2）辅料：大葱 200g，姜片 100g，姜米 50g，干辣椒 50g，猪肉茸 50g，精盐 60g，酱油 200g，料酒 100g，味精 80g，白糖 50g，香醋 30g，白胡椒粉 50g，香油 300g，花椒 30g，八角 50g，丁香 50g，桂皮 50g，湿淀粉 200g，鸡蛋 20 个，头汤 1L，花生油适量。

2. 工艺流程

原料选择→清洗整理→蒸煮→油炸→调味→真空包装→成品。

3. 加工技术要点

1）选用新鲜或储藏期不超过 3 个月的兔腿，放冷水中洗净血污，浸泡 0.5h，清洗后取出沥干。

2）加入大葱、姜片、花椒、八角、丁香、桂皮及酱油、料酒、精盐、味精，腌制 3h，上笼蒸烂取出。

3）把鸡蛋清、湿淀粉搅成蛋清糊。油锅置旺火上，添入花生油，烧至五成热时，兔肉逐个挂糊，下入油锅中浸炸 5min 捞出，待油七成热时再炸一次，至呈柿红色时捞出沥油。

4）锅重置火上，添入香油 30g，下入葱花、姜米煸炒出味，添头汤，加入冬笋、肉茸、干辣椒、蒜茸和剩余调料；汁沸时放入炸好的兔腿，汁收浓出锅，淋上香油。

5）将加工的兔腿装于真空包装袋中，用真空包装机包装，冷链储运销售。

十、卤味腊兔

1.原辅料配方

1）原料：鲜兔肉 100kg。

2）辅料：姜 500g，八角 160g，桂皮 300g，小茴香 260g，丁香 30g，味精 60g，白酒 3kg，白糖 2kg，精盐 2kg，硝酸钠 20g。

2. 工艺流程

选料→预处理→腌制→预煮→晾挂→刷蜜、上油→烘烤→包装→储存→成品。

3. 加工技术要点

1）选择膘肥肉嫩的活兔，常规宰杀、去皮、剖腹去内脏，清洗。用整个兔肉胴体作为加工原料。

2）将辅料中的盐、糖、硝酸钠混合为腌制剂，涂抹在肉兔体内外，腌制 24h。

3）香料熬煮为卤汁，放入肉兔，先大火稍煮，再用小火卤制。

4）卤制后兔肉冷却，挂入烘炉，60～65℃烘烤 40min，然后刷蜜、上油处理。

5）将制品置于 80～90℃烟熏炉中，用糖熏 30min，冷却后即为成品。冷却后的产品真空包装后于 2～4℃冷库中储存。

十一、五香兔肉

1. 原辅料配方

1）原料：肉兔 10 只（约 15kg）。

2）辅料：食盐 300g，八角、花椒、桂皮、良姜、小茴香、草果、甘草各 500g，砂仁、豆蔻、丁香、荜茇各 150g，酱油 500mL，葱白段 1.5kg，白糖 500g，绍酒 500g，醋 200g，猪油 1kg。

2. 工艺流程

原料选择→剥皮→腌制→风干→浸泡→调汤→卤制→冷却→成品。

3. 加工技术要点

1）兔宰杀后剥皮，先从兔头至脖颈顺长割破兔的表皮（不要划破里皮），然后把兔的四蹄割破一周，再从头皮向下翻剥至脖子下面，把兔头向上吊起来，将兔皮用力向下一撕，即至尾部，把兔尾割下，附在皮上（习俗上剥兔要筒皮），最后开膛，取出内脏。

2）剥去皮的兔子洗净后，以炒盐、花椒、丁香反复擦抹内外，浸腌 1d 后，挂在通风处，待其风干至透即可取下。

3）先把兔头剁下，再顺长分成两半，按照兔腿 8 块、兔肋 4 块、脊背 4 块、腰窝 2 块共计 18 块分档，洗净后放入清水内浸泡回软。

4）八角、花椒、桂皮、良姜、小茴香、草果、甘草、砂仁、豆蔻、丁香、荜茇等装入纱布香料袋，放入沸水内煮两三沸，再加入酱油、葱白段、白糖、绍酒、醋和适量盐，煮沸后即成卤汤。

5）另外起锅放旺火，下入猪油，将兔肉放入煸炒至透后，倒入卤汤内，先以大火烧沸，再转小火慢卤，约 3h 捞出兔肉晾凉即为成品。

十二、豆豉兔头

1. 原辅料配方

1）原料：鲜兔头 15kg。

2）辅料：食盐 100g，白糖 100g，酱油 200mL，料酒 500g，大蒜 300g，姜 600g，五香粉 50g，豆豉 600g。

2. 工艺流程

原料选择→整形→清洗→卤煮→酱制→烘干→包装→杀菌→冷却→成品。

3. 加工技术要点

1）选用新鲜兔肉为原料，剔除血污、碎肉等杂质，使外形美观。将整形好的原料用净水洗干净。

2）先将豆豉放入 165～170℃的色拉油中翻炒，直到有香味生成。再根据配方将配料和适量的水先用大火加热煮沸，然后加入原料改用小火慢煮 1.5～2.5h，直到原料入味即可。

3）将料汤继续加热，用锅铲不断地轻翻炒动，待到汤汁烧干时，出锅。

4）将兔头放入 60℃的烘烤箱中，烘烤 10min 左右使表面干燥，无汤汁，将烘好的兔头从箱中取出，放在室内，使其自然冷却到室温。

5）将冷却的兔头装入包装袋中，用真空包装机封口。

6）高压杀菌：将包装好的产品放入到高压杀菌锅中，至中心温度 121℃后保温 15min，反压冷却，保温检验，即为成品。

十三、江南炖兔肉

1. 原辅料配方

1）原料：带骨兔肉 40kg。

2）辅料：葱3kg，油3.5kg，盐150g，高汤50kg，姜3kg，味素100g。

2. 工艺流程

选料→切块→预煮→爆炒→卤煮→冷却→成品。

3. 加工技术要点

1）将兔肉切成2cm方块，葱切成段，姜切成片。

2）先放一半油，再放入兔肉，低火不要太旺，炒制片刻后加入一半葱、一半姜，以及适量清水烧开，捞出兔肉，水、葱、姜倒掉。

3）然后将另一半油倒入勺内烧热，放入以上兔肉，加另一半葱、姜，爆炒3min左右。

4）再加高汤、盐和味素烧开，在旺火上炖卤30min左右，冷却后分份包装，即成肉香、质嫩、味清鲜的炖兔肉。

十四、普罗旺斯式炖兔肉

1. 原辅料配方

1）原料：兔肉13kg。

2）辅料：黄油300g，橄榄油、洋葱、白葡萄酒适量，猪去皮五花肉1kg，番茄约1kg，香菇2kg，脱核青橄榄果2kg，胡椒、盐、月桂叶、百里香、面粉、辣椒适量。

2. 工艺流程

选料→切块→配料→炒制→卤煮→调味→成品。

3. 加工技术要点

1）选去骨兔肉为原料，切成小块。

2）将橄榄油、黄油，以及切碎的洋葱和切成肉丁的五花肉放入平底炒锅，文火炒成金黄色。

3）将兔肉块在面粉里滚一下（兔肝在烹制最后才放入），放入锅中，加入盐、胡椒、白葡萄酒，卤煮15min左右。

4）放入切成块的番茄，百里香、月桂叶及脱核青橄榄果。文火煨1h左右，加入香菇、兔肝、辣椒，调味卤煮15min左右，冷却后分份包装，即为成品。

第二节　兔肉香肠配方与工艺

一、兔肉香肠

1. 原辅料配方

1）原料：兔肉50kg。

2）辅料：精盐 1.5kg，白糖 2kg，曲香酒 1.5kg，味精 150g。

2. 工艺流程

原料选择→分割切条→拌料腌制→灌装→挂晾风干→烘烤干燥→成品。

3. 加工技术要点

1）肉兔经宰杀、剖腹净膛去内脏，清洗干净，再去头、爪、尾，去骨后修净碎骨、黄色脂肪，再切成 1cm 左右的肉粒。

2）兔肉粒加入辅料，充分搅拌，拌匀后腌制 2h，即成馅料。

3）馅料灌入肠衣中，要粗细均匀，每 12cm 为一节，扎好，并缚细麻绳，再针刺排气 。

4）灌好的肠坯，用温水清洗其表面，然后挂晾风干水汽。

5）晾干的肠坯，送入烘房，烘至干燥发硬，即为成品。

二、风干兔肉腊肠

1. 原辅料配方

1）原料：兔肉 40kg，猪肥肉 10kg。

2）辅料：精盐 1.5kg，白糖 0.75kg，曲香酒 500g，辣椒粉 100g，花椒粉 150g，胡椒粉 50g，红油豆 500g。

2. 工艺流程

选料→切丁→灌制、结肠→洗涤→晾晒、烘焙→包装→检验→成品。

3. 加工技术要点

1）以新鲜兔肉及猪膘肥肉为原料，切成四角分明、大小均匀的肉粒，温水漂洗，除去肉表面杂质和油腻，滤去水分。

2）辅料与肉粒混合，加入少许清水，根据季节、气温不同，水分略有增减，搅拌均匀，腌制 1h 左右。

3）用鲜肠衣或干肠衣灌制。如选择干肠衣，先用 30～35℃温水灌制肠衣，然后排尽水，再灌入肉馅。

4）未采用真空灌肠机灌制的，需用针尖在肠体上下均匀刺孔，使肠内多余的水分和空气排出，以利于香肠迅速干燥。

5）将灌制好的香肠每隔一定长度打扣或拴索绳，结紧肠体。

6）用 40～45℃温水洗干净肠体，再以清水冲洗降温，以防止孔闭塞，影响肠体内水分蒸发。

7）将洗涤后的香肠挂在竹竿上，放在阳光充足的地方晾晒 3～4h，使水分初步蒸发，肠体表面收缩，然后悬挂于通风阴凉处自然风干 15d 左右，至肠体干燥发硬即为成品。

三、天津兔肉腊肠

1. 原辅料配方

1）原料：鲜兔肉 37.5kg，猪肥膘 12.5kg。

2）辅料：酱油、白糖、白酒各 1.5kg，亚硝酸钠 5g。

2. 工艺流程

选料→制馅→灌制→晒干或烤制→包装→检验→成品。

3. 加工技术要点

1）选用新鲜兔肉和猪肥膘为原料，用绞肉机将兔肉绞成 1cm 见方小块，切丁机将猪肥膘肉切成 1cm 见方的肉丁。

2）将兔肉和猪肉丁与酱油、白糖、白酒、亚硝酸钠混合，搅拌成肠馅，腌制 20min。

3）用温水将肠衣泡软，洗干净，用灌肠机将肠馅灌进肠衣，每隔 12cm 卡一节，用无毒耐温塑料带系扣儿，或用原肠衣扭转成结，阻止肠馅上下串通。将卡完节的香肠检查一遍，发现肠体内有气泡时，用针板打孔，排放出气体。

4）采用阳光晒干或烤炉烘干。若在烤炉内烤制，炉温在 60～70℃之间，烤 3h 左右，取出挂在阴凉通风处，风干 3～5d，即为成品。

四、广式兔肉腊肠

1. 原辅料配方

1）原料：兔瘦肉 80kg，猪肥肉 20kg。

2）辅料：精盐 4kg，曲酒 0.5kg，白糖 6.5～7kg，无色酱油 2kg，葡萄糖适量。

2. 工艺流程

原料选择→整理→绞肉→拌料→灌制→日晒、烘烤→成熟。

3. 加工技术要点

1）肠衣用新鲜猪或羊的小肠衣，干肠衣在用前要用温水泡软、洗净、沥干后在肠衣一端打一死结待用，麻绳（或塑料绳）用于结扎香肠，一般加工 100kg 原料用麻绳 1.5kg。

2）将兔肉用 $1cm^3$ 孔板绞成肉馅，肥肉切丁备用。

3）将瘦肉、肥肉丁放在搅拌器中，开机搅拌均匀，将配料用酱油或少量温开水（50℃）溶解，加入肉丁中充分搅拌均匀，不出现黏结现象，静置片刻即可灌肠。

4）将上述配制好的肉馅用灌肠机灌入肠内，每灌 12～15cm 时，即可用麻绳结扎，待肠衣全灌满后，用细针扎孔洞，以便于水分和空气外泄。

5）灌好结扎后的湿肠，放入温水中漂洗几次，洗去肠衣表面附着的浮油、盐汁等污物。

6）水洗后的香肠分别排在竹竿上，放到日光下晒2～3d，工厂生产的灌肠应进烘房烘烤，温度在50～60℃（用炭火为佳），每烘烤6h左右，应上下进行调头换尾，以使烘烤均匀，烘烤48h后，香肠色泽红白分明，鲜明光亮，没有发白现象，为烘制完成。

7）将日晒、烘烤后的香肠，放到通风良好的场所晾挂成熟，晾到30d左右，此时为最佳食用时期。

五、兔肉红腊肠

1. 原辅料配方

1）兔肉60kg，猪瘦肉15kg，猪肥膘25kg。

2）辅料：淀粉5kg，豆蔻粉0.13kg，胡椒粉0.19kg，硝酸钠25g，精盐3.5kg，红曲色素适量。

2. 工艺流程

原料整理→清洗→切丁、绞肉→拌料→灌制→漂洗→烘烤或晾晒→成品。

3. 加工技术要点

1）将兔肉、猪瘦肉清洗干净、绞碎，猪肥膘切丁后，置冰箱内预冷，备用。

2）将配料混合后，用少许冰水溶解，与肉馅、肥膘丁一起入搅拌机搅拌均匀。

3）用口径18～24mm或24～26mm的肠衣灌制，整根灌制，扭转分段。

4）用针在肠体上穿刺若干小孔，便于烘肠时水分和空气外泄。灌制好的湿肠置于40℃的温水中漂洗1次，除去肠衣表面附着的浮油、盐汁及其他污物，然后挂在竹竿上沥干。

5）经漂洗沥干后的湿肠可在日光下暴晒一至数周，如果采用烘房烘肠，温度应控制在45～50℃，经3h后上下调挂一次，再升温至50～55℃，24～48h后，肠身干燥，肠衣透明起皱，色泽红润，即为烘制完成。烘好后的香肠应晾挂在通风干燥处慢慢冷却、成熟，经10～30d即可成熟，产生浓香味，即为成品。

六、兔肉枣肠

1. 原辅料配方

1）原料：兔肉85kg，猪肥膘15kg。

2）辅料：白糖6.5kg，食盐3kg，曲酒0.5kg，色拉油1.5kg，β-环糊精0.12kg，白胡椒粉0.1kg，味精0.15kg，I+G 0.08kg，异抗坏血酸钠0.1kg，红曲米粉0.01kg，亚硝酸钠10g，生姜汁0.3kg。

2. 工艺流程

原料选择→宰杀→清洗→拆骨→绞肉→拌馅→充填→漂洗→挂晾→成熟→

包装。

3. 加工技术要点

1）选择健康肉兔，经检验合格后宰杀、剔骨，取净兔肉及新鲜猪肥膘为原料。兔肉放入绞肉机，用 5mm 网眼绞碎。鲜猪肥膘肉切成 0.5cm 见方的肉丁。

2）原料肉、白糖、食盐、β-环糊精、白胡椒粉、味精、I+G、异抗坏血酸钠、红曲米粉事先用酒或水溶解，生姜汁放入搅拌机，搅拌均匀，静置 30～40min。

3）用自动灌肠机进行灌装，一般以 4～6cm 长为宜，用针刺肠体，排放空气。

4）隔一定距离系上线绳，全部灌好后，用温水漂洗，然后挂在竹竿上，在日光下晒 1～2d。

5）将吹晒后的枣肠放入烘房中，烘烤温度为 55～60℃，约 12h 左右，烘至肠体干爽，鲜红光亮，质地发硬，即可出烘房，冷却后晾挂发酵成熟。按规格要求进行定量真空包装。

七、兔肉发酵肠

1. 原辅料配方

1）原料：兔肉 80kg，猪肥膘 20kg。

2）辅料：微生物发酵剂 5g，葡萄糖 1kg，芥子全籽 60g，蔗糖 2kg，豆蔻粉 30g，食盐 3kg，硝酸钠 15g，蒜粉 50g，亚硝酸钠 5g，黑胡椒粗末 35g，芫荽 80g。

2. 工艺流程

绞肉→斩拌→灌肠→发酵→干燥和成熟→包装。

3. 加工技术要点

1）肉兔屠宰、分割后冷却至中心温度为 2℃，剔骨后通过直径为 6～10cm 的筛板孔的绞肉机。肥肉微冻，切为 4cm 左右方丁。

2）肥瘦肉与盐等辅料充分混匀，注意不要搅拌过度。然后放入发酵剂，再搅拌 3～4min 或适当多一些时间（取决于搅拌的速度）。

3）全部物料通过直径为 3～4mm 的筛孔再绞一次，灌装入天然肠衣中。

4）采用多段式自然发酵风干，第一阶段室外风干的温度为 8～14℃，时间为 2～3d，第二阶段室外风干的温度为 8～14℃，时间为 3～4d。

5）然后两次室内挂晾发酵和熟成，温度均为 10～12℃，自动循环风风速为 0.3～0.4m/s，时间分别为 3～4d 和 2～3d。成品真空包装。

八、即食兔肉发酵肠

1. 原辅料配方

1）原料：兔肉 60kg，猪瘦肉 15kg，猪肥膘 25kg。

2）辅料：食盐 3kg，葡萄糖 1kg，蔗糖 2kg，亚硝酸钠 10g，红曲米 20g，五香粉 15g，辣椒粉 40g，蒜粉 50g，胡椒粗末 30g。

2. 工艺流程

绞肉→混合→灌肠→风干发酵→成熟→包装。

3. 加工技术要点

1）以剔骨新鲜兔肉、猪瘦肉和肥膘为原料。廋肉冷却至中心温度为 2℃，通过直径为 6～10cm 筛板孔的绞肉机绞制。肥肉微冻，用切丁机切为 4cm 左右方丁。

2）肥瘦肉与辅料充分混匀，注意不要搅拌过度，全部物料再通过直径为 3～4mm 的筛孔再绞一次，灌装入天然羊小肠肠衣中。

3）在温度为 8～12℃的风干发酵室内，悬挂风干 2d。入烘烤烟熏箱，70～75℃烘烤 30～35min，再于 20～22℃烟熏 3～4h。

4）烟熏后香肠在室内悬挂 24h 左右，真空包装即为成品，为消闲方便旅游食品，开袋即食。

九、熏煮兔肉早餐肠或烤肠

1. 原辅料配方

1）原料：兔肉 75kg，猪奶脯或白膘 25kg。

2）辅料：淀粉 5kg，胡椒粉 100g，玉果粉 120g，食盐 3.5kg，口径为 18～20mm 的羊小肠衣（早餐肠）或猪肠衣（烤肠），亚硝酸钠 10g。

2. 工艺流程

选料→腌制→绞制斩拌→灌制→烘烤→煮制→烟熏、冷却（或不烟熏）→包装→成品。

3. 加工技术要点

1）将原料肉剔除碎骨、筋膜、血块，切成长方条。

2）将条形肉块加食盐和亚硝酸钠混合，在 1～2℃下腌制 12～24h。

3）腌制肉放入斩拌机斩拌，为了防止肉温升高，适量添加冰屑，勿使肉温超过 7℃。然后灌入肠衣，灌肠节长 12cm，直径 1.8～2.0cm。

4）入烘烤间烘烤，温度 65～80℃，时间 10min 左右。

5）蒸煮熟化温度 75℃以上 20～30min 即可。如烘后再烟熏和蒸煮，烟熏时间 20～40min，70℃煮制时间 20～40min。

6）蒸煮后冷水喷淋至肉温 30℃以下，待晾干后送入冷库（-1～3℃）储存；12h 后取出分发。

十、兔肉火腿肠

1. 原辅料配方

配方一：兔肉 85kg，猪肥肉 15kg，大豆蛋白 4kg，淀粉 4kg，蔗糖 2kg，葡萄糖 400g，食盐 3kg，复合磷酸盐 400g，亚硝酸钠 10g。

配方二：兔肉 55kg，猪瘦肉 30kg，猪肥肉 15kg，大豆蛋白 5kg，淀粉 5kg，蔗糖 2kg，葡萄糖 400g，食盐 3kg，复合磷酸盐 400g，亚硝酸钠 10g。

2. 工艺流程

原辅料准备→腌制与滚揉→斩拌及拌料→灌装→煮制→成品。

3. 加工技术要点

1）进行盐水配制，按需要量称量净化水，然后依次加入复合磷酸盐（应先用少量温水化开）、食盐、亚硝酸钠、蔗糖、葡萄糖。

注意每种成分加入后应搅拌至完全溶解，过滤待用。温度一般控制在 4～8℃，相对密度为 1.0898～1.1065。盐水要现用现配。

2）腌制（注射）与滚揉。

方法一：采用盐水腌制的方法。将配好的盐水加入原料肉中淹没肉块，0～4℃下腌制 36～48h，每隔 4～6h 滚揉 1 次，每次 20min 左右，至肉块吸足盐水，组织充分软化。

方法二：采用盐水注射机注射的方法，按不同部位、不同方向重复注射 2～3 次，0～4℃下腌制 24h。

3）在 10℃左右，将腌制好的肉放入斩拌机斩拌 1min，加入冰块（约占肉质量的 10%）、调味料后再斩拌 4～5min，按配方加入淀粉和大豆分离蛋白，再斩拌 4min。

4）用天然肠衣或聚偏二氯乙烯材料的肠衣，灌制的肉馅要紧密而无空隙，防止过紧或过松，胀度适中。

5）温度至 90℃时将肠体放入煮锅中，使肠体全部没于水中，10min 内使水温恒定在 80～85℃，保持一定时间，当肉馅中心温度达到 72℃即可出锅。

6）天然肠衣包装的产品出锅后晾挂，沥干表面水分，然后送入温度为 70℃的烘箱中烘 1～2h，使肠衣干爽并与肉馅紧密结合，肉色鲜艳发亮为止，冷却后即为成品。

十一、兔肉三鲜肠

1. 原辅料配方

1）原料：兔肉 20kg，鸡肉 20kg，猪肥膘 10kg。

2）辅料：精盐 1.75kg，亚硝酸钠 5g，白糖 1kg，淀粉 1kg，大豆蛋白 2kg，味精 150g，白胡椒粉 100g，玉果粉 70g，洋葱粉 200g，姜粉 50g，冷水及碎冰 15～20kg，红曲色素适量。

2. 工艺流程

原料准备→腌渍→绞碎→混料→灌装→熟制→成品。

3. 加工技术要点

1）鲜肉去皮、骨和其他杂质，切块后加精盐和亚硝酸钠混匀，放入 1～2℃冷库腌渍 12h。

2）兔肉和鸡肉用 1.5mm 孔径绞肉机绞碎，添加配料溶液与少许水，再加入肥膘肉与适量碎冰块，使肉馅匊匀。

3）灌装于直径 7.5cm 的塑料肠衣，每根长 40cm。以 90℃的水温炖煮 1.5h，取出冷却便为成品。

十二、兔肉骨泥香肠

1. 原辅料配方

1）原料：兔肉 75kg，骨泥（猪骨或鸡骨泥）25kg。

2）辅料：大豆蛋白 5kg，五香粉 0.1kg，精盐 3kg，白糖 2kg，胡椒粉 0.2kg，味精 0.1kg，白酒 0.5kg，姜粉 0.1kg，亚硝酸钠 10g，磷酸钠 80g，异抗坏血酸钠 50g，红曲米 150g，卡拉胶 400g，冰屑 10kg。

2. 工艺流程

原料准备→切块→斩拌制馅→腌制→烘烤、蒸煮→成品。

3. 加工技术要点

1）原料肉除骨，然后切成丁，用温水漂洗，除去浮油，防止烘烤时滴油。

2）肉料进入斩拌机，斩拌过程中各原辅料添加顺序为肉丁、骨泥、冰水、大豆蛋白、辅料及添加剂。一般肉的斩拌时间为 2～3min，用慢档速度，斩拌刀应保持锋利。骨泥、大豆蛋白在肉斩碎到一定程度时用 50℃热水溶解后添加。整个斩拌时间为 8min。斩拌结束时馅的温度为 10℃左右，至用手拍打肉馅时整块肉馅会随着一起颤动，此时为斩拌乳化效果最佳状态。

3）将斩拌后的肉馅灌入猪肠衣中，每 15cm 在肠衣两端结扎。

4）灌好的肠体上架、清洗后入烘箱，60～65℃烘烤 30min，80℃蒸煮 30min，蒸煮后的肠体经晾挂冷却后即为成品。

十三、兔肉肉糜火腿肠

1. 原辅料配方

1）原料：兔肉 30kg，猪肥肉 20kg。

2）辅料：淀粉 4kg，五香粉 100g，姜粉 100g，亚硝酸钠 5g，黄酒 500mL，红曲米 100g，精盐 1.73kg，冰屑水适量。

2. 工艺流程

原料准备→腌制→绞制→拌料→装模加热（烧煮）→整形冷却→脱模包装→

运输和保存。

3. 加工技术要点

1）将原料修整后切成长条状或小块坯料，并放入可容 40～50kg 肉的钢盘内。采用干腌制法，在肉坯内拌入原料肉质量 3%的食盐和全部亚硝酸钠混合均匀，冷藏腌制约 1d。

2）用绞肉机将经腌制的肉坯绞成肉糜。绞肉机筛板孔径为 0.3～0.7cm。绞碎后继续腌制 1～2d，腌制温度应为 2～4℃。

3）先将肉糜投入搅拌机，搅拌约 1min，再加入其他辅料混合调味，料继续搅拌 1min，使各种成分均匀、肉馅有稠度和弹性。

4）将肉馅装模，工序是首先过磅定量，每只模具只装肉馅 3.1～3.16kg。一般原则是，装入模具后肉面低于模具口径约 1cm。然后，把过秤的肉糜装入塑料袋，并合袋口使肉块充满塑料袋的底部，再用细钢针在塑料袋上扎孔，排出肉块与塑料袋之间的空气。最后装模压盖，先用干净的衬布填入模具，再将肉坯连同塑料袋一同塞入模具，塑料袋口平褶于肉面，并覆上衬布，加上压盖。盖要压紧并固定好。

5）将模具分层交叉放入烧煮锅内，放入过滤水，水面稍高于模具顶部。水温加热到 78～80℃时，保持这个温度达 3～3.5h。在烧煮 2h 以上之后，对产品测温，测得中心温度为 68℃时，产品即已成熟，再持续一段时间后排出热水，用过滤水淋浴冷却，经 20～30min 淋浴后，模具已不烫手，即可出锅。

6）整形的主要目的是将模具的压盖位置加以调整，不使产品形状怪异，影响美观。同时略加压力，使产品内部结构更加紧密。整形后，产品即送入 2～5℃冷库内继续冷却，时间 1.2～1.5h，至产品中心温度与库温平衡即可。

7）将产品从模具中取出，再用包装物对产品进行包裹，制成成品。需要注意的是，包装时手事先应经严格消毒，工作间和工作用具亦如此，以防对产品产生污染。运输或保存时，应使产品始终处于 2～4℃的条件下。

十四、兔肉熏烤火腿肠

1. 原辅料配方

1）原料：新鲜兔肉 50kg。

2）辅料：混合香料 1kg，精盐 1.25kg，淀粉 1.25kg，水 7.5～10kg。

2. 工艺流程

原料准备→腌渍→滚揉→灌装→熏烤→烧煮→冷却储藏。

3. 加工技术要点

1）进行肉料腌制，盐水温度应控制在 8～10℃，与工作室温度相同。注射后可能剩余少量盐水，可将这些盐水用于浸渍肉块。经注射后的肉块应及时存入 2～4℃的冷库内腌渍 16～20h。注射液的用量一般控制在原料质量的 20%～25%。

2）每小时滚揉 5min，停机 55min，总开机时间 1.5～2h，工作间温度以 8～10℃为宜。滚揉时逐渐加入淀粉和 2.5%的混合香料，有时还须添加 15%左右的肉糜。这些肉糜颗粒较粗，并经 36～40h 腌渍。腌渍用的盐水与注射时用的相同。在肉表面裹满糊状蛋白质时滚揉完成。

3）将滚揉好的肉块装入特制肠衣内，用夹子将肠衣口封住。

4）灌制后，要用温水将肠衣表面略加洗涤，再穿棒搁在特制的架子车上。采用煤气熏烤炉，点火生炉，用含树脂较少的木柴及木屑生火燃烧，使烟熏室内产生大量烟雾，并使温度上升至 70℃左右。将产品置于烟熏室内熏烤，时间一般为 2h 左右。熏烤温度用煤气火调节，控制在 70±2℃。

5）将烧煮锅内的水预热到 85℃左右，再投入经烟熏的半成品。水量以淹没半成品为宜。半成品投入时，水温会从 85℃下降到 78～80℃，保持这个温度烧煮 2～2.5h。测其中心温度，达到 68℃，可排水出锅。

6）产品出锅后可进行排风冷却。然后置于 2～4℃冷库进一步冷却。

十五、兔肉挤压火腿肠

1. 原辅料配方

1）原料：兔肉 20kg，禽肉 20kg，猪肉 10kg。

2）辅料：腌制注射盐水 8kg（由食盐 2kg、亚硝酸钠 5g、异抗坏血酸钠 80g、烟酰胺 50g、葡萄糖 200g、适量水配制而成），淀粉 1.2～2.0kg，乳化蛋白 10kg（大豆蛋白、冰屑等斩拌制作而成），混合香料粉 2kg。

2. 工艺流程

原料准备→腌制→滚揉→绞切→混合→挤压灌装→蒸煮→熏烤→冷却→检验→成品。

3. 加工技术要点

1）进行肉料腌制，盐水温度应控制在 8～10℃，与工作室温度相同。注射后可能剩余少量盐水，可将这些盐水用于浸渍肉块。经注射后的肉块应及时存入 2～4℃的冷库内腌制 16～20h。

2）每小时滚揉 5min，停机 55min，总开机时间 1.5～2h，工作间温度以 8～10℃为宜。滚揉时逐渐加入淀粉和 2.5%的混合香料粉，有时还须添加 15%左右的肉糜。这些肉糜颗粒较粗，并经 36～40h 腌渍。腌渍用的盐水与注射时用的相同。在肉表面裹满糊状蛋白质时滚揉完成。

3）将腌制兔肉块用绞肉机绞细，添加其他辅料，用搅拌机充分混合为均匀肉馅，肉温不高于 12℃，然后将制作的肉馅挤压灌装于特制肠衣或模具内，打卡或封口。

4）将烧煮锅内的水预热到 85℃左右，再投入灌装后产品，水量以淹没产品为宜。水温从 85℃下降到 78～80℃，保持这个温度烧煮 2～2.5h。测其中心温度，达到 68℃即可取出冷却。

5）产品出锅后可进行排风冷却，并根据需要去除包装肠衣或磨具，进行烟熏或不烟熏，然后置于 2～4℃冷库进一步冷却。

十六、兔肉肝肠

1. 原辅料配方

1）原料：兔肉 42kg，猪瘦肉 20kg，猪肥肉 15kg，兔肝 15kg，猪皮 8kg。

2）辅料：食盐 3kg，亚硝酸钠 10g，异抗坏血酸钠 50g，变性淀粉 4kg，五香粉 100g，白糖 2kg，胡椒粉 150g，味精 100g，白酒 500mL，洋葱粉 200g，复合磷酸钠 60g，红曲色素 100g，肉汤适量。

2. 工艺流程

原料准备→切块→腌制→热斩拌制馅→热灌装→蒸煮→冷却→成品。

3. 加工技术要点

1）选用新鲜兔肉、猪瘦肉、猪肥肉、兔肝和猪皮为原料。新鲜兔肉和猪瘦肉绞制为小块后添加食盐 1.5kg、亚硝酸钠 10g、异抗坏血酸钠 50g，混合后入冷室 2℃腌制 48h。猪肥肉用切丁机切为小方丁，微冻结备用。猪皮入沸水煮制约 10min，清洗冷却，切为小方丁冷却备用。

2）腌制后兔肉和猪瘦肉进入可升温的斩拌机，边斩拌边添加调味料和香辛料，斩为肉泥后转为搅拌，将热肉汤缓缓加入，然后依次加入淀粉、兔肝和其他辅料，再斩拌为乳化肉泥。

3）斩拌机转为搅拌，将机器温度升至 55℃，依次放入猪皮丁和肥肉丁，在肠馅不低于 50℃时迅速灌装入耐高温人工肠衣内，打卡结扎。

4）灌装后香肠清洗干净表面，入蒸煮锅 80℃煮至肠体中心温度 65～70℃。然后水浴冷却法迅速冷却至肠体温度 15℃以下，入 2℃冷库储藏，冷链储运销售。

十七、兔肉血肠

1. 原辅料配方

1）原料：兔肉 45kg，猪瘦肉 5kg，猪舌 10kg，猪肥肉 20kg，兔血 15kg，猪皮 5kg。

2）辅料：食盐 2.5kg，亚硝酸钠 10g，异抗坏血酸钠 50g，本色酱肉 2kg，白糖 2kg，胡椒粉 150kg，味精 100g，白酒 500mL，肉豆蔻粉 100g，复合磷酸钠 60g，红曲色素100g，肉汤适量。

2. 工艺流程

原料准备→切块→腌制→热斩拌制馅→热灌装→蒸煮→冷却→成品。

3. 加工技术要点

1）选用新鲜兔肉、猪瘦肉、猪肥肉、猪舌、兔血和猪皮为原料。新鲜兔肉和猪瘦肉绞制为小块后添加食盐1.3kg、亚硝酸钠8g、异抗坏血酸钠40g，混合后入冷室2℃腌制48h。猪舌切小块，添加食盐200g、亚硝酸钠2g、异抗坏血酸钠10g，混合后入冷室2℃腌制52h。猪肥肉切丁机切为小方丁，微冻结备用。

2）腌制后猪舌入沸水煮熟，清洗冷却后备用。猪皮入沸水煮制约10min，清洗冷却，切为小方丁冷却备用。

3）腌制后兔肉和猪肉进入可升温的斩拌机，边斩拌边添加调味料和香辛料，斩为肉泥后转为搅拌，将热肉汤缓缓加入，然后依次加入其他辅料和新鲜的兔血，再斩拌为乳化肉泥。

4）斩拌机转为搅拌，将机器温度升至55℃，依次放入猪皮丁、肥肉丁和猪舌块，在肠馅不低于50℃时迅速灌装入耐高温人工肠衣内，打卡结扎。

5）灌装后，香肠清洗干净表面，入蒸煮锅80℃煮至肠体中心温度65～68℃。然后用水浴冷却法迅速冷却至肠体温度在15℃以下，入2℃冷库储藏，冷链储运销售。

十八、兔肉啫喱肠

1. 原辅料配方

1）原料：兔肉45kg，猪皮10kg，猪头肉20kg，香菇15kg，洋葱10kg。

2）辅料：食盐3kg，亚硝酸钠5g，异抗坏血酸钠30g，白糖1.5kg，胡椒粉150kg，味精100g，白酒500mL，肉豆蔻粉100g，复合磷酸钠40g，食用明胶1kg，肉汤适量。

2. 工艺流程

原料准备→切块→腌制→斩拌→灌装→蒸煮→冷却→成品。

3. 加工技术要点

1）选用新鲜兔肉、猪头肉、猪皮、香菇和洋葱为原料。新鲜兔肉绞制为小块，添加食盐1kg、亚硝酸钠5g、异抗坏血酸钠30g，混合后入冷室2℃腌制48h。

2）猪头肉和猪皮入沸水煮熟，取出清洗干净，切为小方丁，冷却备用。肉汤过滤澄清，冷却备用。洋葱切为方丁，入沸水漂烫数秒，入冷水冷却，沥干冷却备用。食用明胶用清水溶解备用。

3）腌制后兔肉放入斩拌机，边斩拌边添加调味料、香辛料和冷却的猪头肉，斩为肉泥后转为搅拌，边搅拌边加入肉汤和明胶液，然后依次加入香菇丁、猪皮丁等，搅拌均匀。

4）将肠馅灌入耐高温人工肠衣内，打卡结扎，清洗干净表面，入蒸煮锅 80℃煮至肠体中心温度 70～12℃。然后水浴冷却法迅速冷却至肠体温度为 15℃以下，入 2℃冷库储藏，冷链储运销售，不加热食用。

第四节　熏烧烤炸制品配方与工艺

一、五香熏兔

1. 原辅料配方

1）原料：兔肉 100kg。

2）辅料：食盐 1.0kg，白砂糖 1.0kg，亚硝酸钠 10g，生姜 300g，青葱 200g，肉桂 160g，良姜 80g，砂仁 120g，八角 80g，白芷 50g，陈皮 40g，酱油（生抽）2kg，黄酒 1kg。

2. 工艺流程

原料选择→宰杀→漂洗整理→腌制→煮制→晾制→烟熏→出炉→成品。

3. 加工技术要点

1）选用健康活兔（以肉用兔为好），屠宰、净膛后用清水将兔胴体内外漂洗干净，特别是将口腔内的脏物冲洗干净。

2）将配料称好并充分混合搅拌后，用手均匀涂抹在兔肉表面，特别是兔肉胸腔内也要擦抹到位。擦完后，把兔肉堆叠于不锈钢盆中，上面用干净塑料薄膜盖好。将盆放入 4～8℃的低温库中腌制 48h。在此期间将兔肉上下翻动 3～4 次，腌至兔肉呈玫瑰红色。

3）将煮制香料用纱布包好，放入夹层锅中，倒入清水，以能全部浸没兔肉为宜。打开蒸汽阀门，将水烧开 20min 左右，放入腌制好的兔肉，加入食盐、黄酒、酱油，待水沸腾后，用勺撇去水面上的浮沫，关小蒸汽阀门，小火保持汤面呈微沸状，焖煮 1.5h 即可。

4）兔肉煮熟后，用漏勺轻轻捞出，注意保持兔体完整，然后，放在不锈钢盘子上，控干汤汁，稍晾至干燥，使兔体上无明显水珠。

5）用麻绳捆住兔体上肢，穿挂在烟熏杆上。注意挂兔体时，每两只兔体之间要保留 5cm 左右的间距，以便于烟气的流通和兔体受烟均匀。穿好杆后，将杆挂入烟熏炉中，在铁槽盘中放入锯末和白糖混合物（锯末：白砂糖 = 3：1，质量比），再将盘放在炉底部的电热丝上。关好炉门，并通电源加热。加热时，第一步，先使炉温上升至 40℃左右，并保持温度 10min。同时打开炉内循环扇和排气孔，使兔体稍干燥。第二步，提高炉内温度至 50℃，关闭排气孔，并保持 30min。

6）将烟熏好的兔子取出，挂晾冷却即为成品。

二、关公赤兔

1. 原辅料配方

1）原料：胴体兔肉 10 只（每只约重 750g），蛋黄肠 2kg。

2）配料：千层耳 1.5kg，卤牛肉 1.5kg，黄瓜、胡萝卜各 500g，翡翠黄瓜卷 1kg，腐乳卤、胡椒粉、味精和精盐适量。

2. 工艺流程

原料准备→配料切片→兔肉烤制→切片→分装→成品。

3. 加工技术要点

1）选择质量适中的健康肉兔，屠宰、清洗后冷却。

2）将蛋黄肠、千层耳、卤牛肉、黄瓜、胡萝卜分别切成薄片，在大圆盘下方拼摆成山坡状。

3）将兔腿肉去骨洗净，肉向两边片薄，拍平，然后加腐乳卤、胡椒粉、味精和精盐，上烤箱烤 30～40min，待色泽金黄起香即可。

4）将烤兔肉切成条，依次拼摆出马头、马颈、前腿、马身、后腿以及马鬃、马尾，即为成品。

三、邳县熏烧兔

1. 原辅料配方

1）原料：活兔 10 只（每只质量约为 1.25kg）。

2）辅料：鲜侧柏叶适量，精盐 300g，老卤汤 3kg，混合香料（丁香、桂皮、八角、姜片、葱段、小茴香、胡椒等）250g，料酒、糖色、红糖、香油各适量。

2. 工艺流程

原料整理→卤制→晾干→熏制→成品。

3. 加工技术要点

1）将活兔宰杀，放血，剥皮，开腹，除去内脏，剁去脚爪，清洗干净，放入清水内浸泡 12h，漂净血水，捞出，控净水；葱段、姜片拍松。

2）将丁香、桂皮、八角、小茴香、胡椒用纱布袋装好，扎住口。汤锅坐火上，放入老卤汤、净兔、香料袋、精盐、料酒、姜片、葱段在旺火上烧开，撇净浮沫，改用小火将兔煮至九成熟。

3）捞出，晾干，抹匀糖色，挂阴凉处风干，放在熏盘上。

4）熏锅坐火上，放入红糖、八角、小茴香、鲜侧柏叶，当烟雾升起时，迅速将兔肉熏盘坐入锅内，盖严锅盖，熏制 3min，取出，抹匀香油即成。

四、烤兔肉串

1. 原辅料配方

1）原料：净兔肉 10kg。

2）辅料：精盐 20g，鸡精 10g，白糖 20g，五香粉 2g，孜然粉 10g，辣椒粉 20g，亚硝酸钠 1g，异抗坏血酸钠 5g。

2. 工艺流程

选料→切块→腌制→配料→穿串→烤制→冷却→包装→冷藏。

3. 加工技术要点

1）将检查合格的活兔按程序宰杀放血，去脏、去杂、洗净，切成 3cm 见方的肉块，入 2～4℃冷库冷却。

2）按照配料要求制作腌制汤料，与肉块混合在冷库内 2～4℃腌制 24h。

3）用竹签或钢签手工或自动肉串机将兔肉穿好，作为生鲜冷鲜产品即可冷藏出售，保质期 7d 左右，或冻结储藏，保质期 6 个月。冷鲜储藏的肉串按照一般烤肉串方法烧烤或油炸后食用，冻结储藏的肉串放置自然解冻后烧烤或油炸食用。

4）熟制产品在兔肉穿串后入烤箱烤熟，或者油炸熟制，冷却后冻结，包装，然后冻结储藏，冻结储藏的熟制肉串放置自然解冻后加热即可食用。

五、油炸嫩兔

1. 原辅料配方

1）原料：鲜嫩的 2 个月左右的幼兔 10 只。

2）辅料：食盐 100～150g，本色酱油 100～120mL，面粉、五香粉、植物油或动物油等适量。

2. 工艺流程

原料选择→切片→涂料→油炸→翻烧→冷却→成品。

3. 加工技术要点

1）幼兔屠宰、分割后清洗沥干，取肉切成肉片。

2）肉片撒上面粉和调料，轻轻拌和，静置腌制约 20min 待用。

3）锅里放约 3cm 厚的植物油或动物油，用慢火将油烧开，将涂有调料的肉片放入锅内油炸。轻轻翻动，大约 1h 待肉片两面呈现黄褐色。

4）取出冷却，即为成品，装盒冷链储藏或冻结储藏均可。

六、麻辣油炸兔肉

1. 原辅料配方

1）原料：鲜兔肉 10kg。

2）辅料：食盐 100～150g，鸡精 10g，花椒粉 50g，辣椒粉 100g，胡椒粉 40g，

面粉、植物油等适量。

2. 工艺流程

原料选择→切块→上料腌制→油炸→翻烧→冷却→成品。

3. 加工技术要点

1）优质肉兔为原料，屠宰分割，清洗后冷却。

2）将兔胴体分割后切成块，食盐、鸡精、花椒粉、辣椒粉、胡椒粉混匀。兔肉块添加 90%辅料混合粉，腌制 2h。

3）面粉与剩余的 10%的香料等混合，将兔肉块在混合品中翻滚一下，放在油锅里用适宜的火候将大块兔肉炸 10min 后，再放入小块肉和杂碎等，不断翻动，大约 30～35min，炸到褐色发脆为止。

4）取出冷却，即为成品，装盒冷链储藏或冻结储藏均可。

七、生炸兔腿

1. 原辅料配方

1）原料：兔大腿 10kg。

2）辅料：食盐 200g，绍酒 200g，葱汁 120g，味精 12g，酱油 55g，鸡蛋 10 个，湿淀粉 200g，五香粉 30g，花生油适量。

2. 工艺流程

原料选择→上料→浸制→油炸→冷却→成品。

3. 加工技术要点

1）兔大腿以清水洗净，搌去水分，将两面剞成交叉的十字花刀，用食盐、绍酒、葱汁、味精、酱油拌匀。鸡蛋液加入湿淀粉搅成全蛋糊，把渍腌入味的兔腿放入全蛋液中，挂上一层薄浆。

2）锅置旺火上，下入花生油，烧到八成熟时，放入兔腿，待外皮干燥收紧，将锅端离火口，把兔腿浸炸透（约 15min）捞出。

3）取出冷却，即为成品，装盒冷链储藏或冻结储藏均可。

4）食用前油锅重放旺火上，待烧到成热时，将兔腿浸炸（约 1min），捞出装盘，撒上五香粉即可食用。

八、烤酱兔肉

1. 原辅料配方

1）原料：肉兔 10 只（约 15kg）。

2）辅料：食盐 450g，面粉、胡椒、动物油或植物、油酱油等适量。

2. 工艺流程

原料选择→切块→调味→油炸→卤煮→烤制→成品。

3. 加工技术要点

1）胴体兔肉切成若干块，放在面粉、食盐、胡椒、动物油或植物油的混合物中翻滚一两遍，腌制数分钟。

2）锅中加植物油或动物油烧热，投入兔块炸20min左右。

3）将炸过的兔肉取出放在锅中，加入适量的酱油，盖好锅，用慢火煮45min左右，待肉熟透。

4）敞开锅，将兔肉卤烧15min，直至汤干把肉烤成酱红色，即为成品，装盒冷链储藏或冻结储藏均可。

九、葱烤兔肉

1. 原辅料配方

1）原料：肉兔10只（约10kg）。

2）辅料：葱1kg，酱油100g，精盐100g，味精75g，黄酒500mL，白糖50g，姜片50g，陈皮50g，鲜汤2.5mL，麻油500g，花生油或豆油250g。

2. 工艺流程

原料选择→切块→预煮调味→油炸→调汤→卤煮→收汤→成品。

3. 加工技术要点

1）将带骨兔肉剁成3cm见方肉块，锅中清水烧沸，加入兔块烫煮一下捞出。

2）大葱切成3cm长的段。锅内放生油，烧至八成热时，将兔肉下锅炸，至兔肉呈金黄色时捞出。

3）再将葱下油锅炸至金黄色捞出，即成葱油。

4）另取净锅，加麻油、姜片、陈皮，放入兔肉、黄酒，加葱段、鲜汤、精盐、酱油、白糖、味精，用旺火烧沸，撇去浮沫，改用小火烧30min左右。

5）转旺火，兔肉继续卤煮至汁水收干翻烤，淋上麻油、葱油，将兔肉盛起，冷却后即成色泽金红、香酥、味浓的葱烤兔肉，装盒冷链储藏或冻结储藏均可。

十、四川熏兔

1. 原辅料配方

1）原料：白条净体兔10只。

2）辅料：红茶100g，白糖150g，白酒150g，精盐100g，酱油1500g，大料25g，花椒25g，桂皮10g，茴香25g，草果10g，鲜姜10g，大葱150g，香油25g，味精25g。

2. 工艺流程

原料选择→整形→清洗→预煮→卤汤调制→卤煮→熏制→涂料→再熏制→冷却→成品。

3. 加工技术要点

1）肉兔屠宰、清洗后，放入开水锅内，质量超过 1.5kg 以上的剁成两截。烧开后，涮净兔肉，撇去白沫。

2）汤中加入酱油、白酒、精盐、大葱、鲜姜、药料袋卤煮至肉熟。煮时应掌握火候，防止煮得过烂。卤煮后捞出。

3）熏锅内放入红茶、糖，支好铁熏架，将熟兔放在熏架上，盖严锅，慢火烧至冒黄烟，熏制 10min 左右后取出。

4）将事先熬好的糖稀涂在兔肉上，再回锅熏 20min 左右，当肉熏制为朱红色时取出，涂上味精调拌的香油，即成熏香浓郁、鲜嫩爽口的成品，装盒冷链储藏或冻结储藏均可。

十一、百膳烤兔

1. 原辅料配方

1）原料：鲜兔后腿肉 100kg。

2）辅料：食盐 2kg，白砂糖 1.2kg，料酒 1kg，生姜 500g，亚硝酸钠 10g，异抗坏血酸钠 100g，五香料、辣椒等适量。

2. 工艺流程

原辅料选择→腌制→整形→烘烤→烧烤→包装封合→杀菌冷却→产品检验→外包装。

3. 加工技术要点

1）以健康优质兔后腿肉为原料。

2）将五香料浸泡熬煮为香料水，溶入辅料后冷却，将兔肉放入 2～4℃腌制 2d，为加快腌制进程可在肉兔上用尖刀划破肌肉，每天上下翻动 1～2 次。也可采用盐水注射机将香料腌制水均匀注入兔肉内，腌制时间可缩短至 24h。

3）将腌制后兔腿入沸水中浸泡数秒钟，捞出挂晾吹干表面。入烘烤装置或烤炉中，65～75℃烤制 6h 左右至半干。

4）兔腿整齐排放在烤盘上，入烤箱 160～180℃，烘烤约 2h 至熟化，取出冷却，即为成品。

5）如果要长期储藏，则取蒸煮袋，装入兔腿，真空机抽气密封。置于杀菌釜内杀菌，杀菌式为 15′—20′—15/121℃，反压冷却。然后擦干、保温、检验、贴商标，装箱。

十二、油炸兔肉丸

1. 原辅料配方

1）原料：兔肉 50kg，其他畜禽肉 25kg，猪肥肉 25kg。

2）辅料：食盐 3kg，淀粉 7kg、胡椒粉 100g、玉果粉 120g、大豆蛋白 1kg，复合磷酸盐 100g，冰屑适量。

2. 工艺流程

选料→腌制→绞制斩拌→成型→油炸→冷却→冻结→包装→成品。

3. 加工技术要点

1）将原料肉剔除碎骨、筋膜、血块，切成长方条。

2）将条形肉块加食盐和亚硝酸钠混合，在 1～2℃下腌制 12～24h。

3）腌制肉放入斩拌机斩拌，为了防止肉温升高，适量添加冰屑，勿使肉温超过 12℃。边斩拌边添加辅料，加入顺序为复合磷酸盐、大豆蛋白、调味料、香辛料，最后添加淀粉，搅拌混合即可。

4）将斩拌后肉馅入肉丸机成型为肉丸，然后入油炸锅炸制成熟，冷取后–38℃以下急冻，冻结状态下包装，–18℃以下冻结储藏，保质期 1 年以上。

第五节　肉干制品配方与工艺

一、五香兔肉干

1. 原辅料配方

1）原料：50 只白条胴体兔肉。

2）辅料：食盐 2.5～3kg，酱油 3kg，黄酒 1kg，白砂糖 2kg，五香粉 200g，胡椒粉 50g。

2. 工艺流程

原料选择与处理→成型→卤制→烘烤→成品。

3. 加工技术要点

1）选择 3～4kg 膘肥体壮的活兔，按照屠宰要求进行屠宰和净膛，去头、爪，并保持胴体的完整性，然后将胴体冲洗干净，晾干水汽备用。也可将胴体切成若干块，备用。

2）先将除去脂肪及筋腱网膜的白条兔放入清锅中煮沸 20～30min，然后捞出冷却，晾干水汽，再剔去骨骼。将净肉块按产品形状质量要求，沿肌肉纤维方向纵向切成长条或片状，尽量要求规格整齐，并注意保护肌肉纤维的完整性，以防成品熟制处理时造成形状损失。

3）先取初煮原汤加工配料，用急火将汤汁煮沸，当汤汁溢出芳香味时，再放入切成型的肉块，换用微火煨制。煨制时要不断用锅铲轻轻翻动肉块，待肉质酥疏时捞出，沥干水分备用。

4）将沥干水分的半成品肉块平铺于特制的铁筛网上，放置于烘房（或烘箱）

内的隔板上，烘房温度确保在55℃左右，每隔1～2h调动一次上、下格的位置，并翻动肉料，为防焦煳，待肉块“发汗”、光亮油润、色泽棕红并富有弹性时取出，即为成品五香兔肉干。

二、多味兔肉干

1. 原辅料配方

1）原料：剔骨兔肉10kg。

2）辅料：食盐300g，亚硝酸钠1g，异抗坏血酸钠5g，葡萄糖50g，调味粉（咖喱粉，或沙爹粉，或孜然粉）100g，鸡精10g，白糖200g，白酒100g，酵母提取液5g。

2. 工艺流程

屠宰→原料选择→切条→腌制→预煮→卤煮→切小方丁→加调料炒干→电烘烤干燥→入无菌包装室冷却→真空包装→储藏→成品。

3. 辅料调制

调味粉制作：按下列配方比例，称取辅料磨细，60目筛细筛后密封包装备用。

咖喱粉：姜黄43，辣椒9，白胡椒3.5，玉果6，小茴香9，芫荽粉7，丁香1，桂皮6，干姜2，八角7.5，孜然3，芹菜籽2。

沙爹粉：姜黄20，辣椒33，白胡椒4，山柰6，小茴香4，芫荽粉7，丁香1，桂皮6，干姜3，八角7，孜然2，芹菜籽6.4，红曲色素0.6。

孜然粉（烧烤味）：孜然20，辣椒5，草果10，砂仁6，花椒6，陈皮3，白扣6，小茴香12，八角5，山柰8，桂皮10，干姜3，丁香2，烧烤香精4（肉干加工加调料炒干时加入）。

4. 加工技术要点

1）肉兔屠宰后入冷库冷却保鲜，尽可能保证清洁，此后不再清洗，不冻结。

2）精选后腿肉或背肉，肉块加腌制料后混匀，2～4℃腌制24h。

3）腌制后肉块入清水中煮数分钟，卤水中煮熟。

4）将煮熟的兔肉切成小方丁，加调料炒干。炒时根据产品类型，加入调味粉，使外表涂一层色泽美观的粉，也有利于储藏期的延长。

5）烘烤干燥至产品水分含量为20%，入无菌包装室冷却，真空包装。

三、四川麻辣兔肉干

1. 原辅料配方

1）原料：净兔肉100kg。

2）辅料：食盐2.5～3kg，酱油3kg，白酒1kg，白砂糖1.5kg，五香粉50g，辣椒粉100g，花椒粉70g，胡椒粉60g，鸡精60g，生姜、葱适量，辣椒红油适量。

2. 工艺流程

原理选择→水煮→复煮→烘烤→冷却包装→成品。

3. 加工技术要点

1）选择经检疫合格的肉兔，屠宰分割，取新鲜兔肉。

2）把生姜、葱用纱布包好，放入与肉质量相同的水中，用大火煮沸 10min 后放入兔肉，并要翻动，待兔肉煮至发硬、颜色发白时，即可捞出，用冷水冲洗沥干，用刀切成 1.5cm 见方的肉丁或肉片。

3）取一部分原汤或肉质量 1/3 左右的水，加入除红油以外的所有辅料，将汤料煮沸后加入肉片或肉丁，用锅铲不断轻轻翻动，直到汤汁将干时改用小火，用铲翻动，使上色均匀，将肉取出，控 1～2h。

4）将肉丁或肉片铺在铁丝网或烘盘内，放进 55～60℃的烘房中，烘烤时经常翻动，以防烤焦，需 4～5h，烤到肉丁发硬变干、具有芳香味时，取出加入辣椒红油混合均匀，红油加入量根据顾客口味调整。

5）兔肉干成品在无菌间冷却、包装，即为成品。

四、麻辣兔肉松

1. 原辅料配方

1）原料：净兔肉 50kg。

2）辅料：食盐 2kg，酱油 6～8kg，白砂糖 3kg，辣椒 600g，花椒 350kg，胡椒 200g，黄酒 1kg。

2. 工艺流程

原料选择→原料整理→煮制→擦松→成品。

3. 加工技术要点

1）选择 3.5～4kg 的成年肉兔，尽量选择肌肉丰满、背宽、臀圆、四肢粗壮的肉兔，屠宰后冷却，剔骨。原料肉要尽量去净脂肪、碎骨、筋膜和血污等，然后把兔肉顺肌肉纤维方向切成大块，注意保持肌肉纤维的长度。再用清水冲洗，除去肉块中残存的淤血和污物等杂质。

2）先在锅内放入适量清水，煮沸后倒入原料肉，待原料肉发硬后，盖紧锅盖，并用纱布封严，减少蒸汽挥发，保持水温。当煨制六成熟时，揭开锅盖，舀出锅内油汤，用锅铲翻动肉料，然后添加适量清水继续煨制，撇去浮油，再加入配料焖制，当肉料疏松时即可起锅。在煮制的最后阶段，当油撇清后应注意火力大小，特别是锅内汤汁大部分蒸发后，到肉质疏松时。应用微火维持温度，以防粘锅影响肉松质量，待肉汁及辅料全部吸收后，即可擦松。

3）将已煮制成熟的肉料放入炒松机内，控制烘炉温度在 250～300℃，过高或过低对产品质量均有影响。抽样检测，待水分烘制适度后，立即转入擦松机，擦至肌肉纤维疏松成絮状时，即为成品兔肉松。

五、海味多肽营养兔肉松

1. 原辅料配方

1）原料：剔骨鲜兔肉适量。

2）辅料：胡萝卜、蛋白酶和调味复合料。胡萝卜和蛋白酶按兔肉酶解需求添加，调味复合料根据不同味型按如下比例添加，其中肉粉是指酶解制作的多肽肉粉。

葱香味型：肉粉 88kg，冻干香葱粗粉 5kg，炒香芝麻 5kg，碎核桃仁 2kg。

海味味型：肉粉 88kg，紫菜粉 7kg，炒香芝麻 5kg。

五香味型：肉粉 88kg，五香粉 3kg，白砂糖 1kg，辣椒粉 2kg，炒香芝麻 3kg，冻干蔬菜粉 3kg。

咖喱味型：肉粉 86kg，咖喱粉 7kg，白砂糖 4kg，辣椒粉 1kg，冻干洋葱粉 2kg。

2. 工艺流程

肉兔选择→屠宰分割→剔骨→整理→绞切→斩拌→蒸煮→加酶发酵→辅料调制→干燥→成品包装。

3. 加工技术要点

1）以符合卫生标准之剔骨兔肉为原料，肉用兔、淘汰毛用兔、取皮兔等均可。经宰杀、脱毛、净膛、清洗后置于冷室内至少 12～14h，至肉中心温度 2℃。剔骨后去除油脂、筋腱，绞制为 0.5cm 见方肉粒。

2）绞肉入斩拌机，220～230r/min 的斩拌速度斩为肉泥，边斩拌边添加与肉等量的冰屑，以控制肉温在斩拌结束时不高于 16℃。

3）斩拌后肉糜入蒸煮器，添加等量清水，加热至 75℃，保温 22min 熟化，其间搅拌 3 次。

4）熟化肉糜入发酵罐，降温至 47℃，添加蛋白酶（木瓜蛋白酶，添加量 4000U/g），45℃保温 6h 使肉蛋白酶解为多肽和氨基酸混合液。

5）鲜胡萝卜洗净，绞为粗粒，入斩拌机 200～220r/min 的斩拌速度斩为胡萝卜泥，边斩拌边添加占胡萝卜质量 10%的冰屑，同时添加 0.5g 抗坏血酸。多肽、胡萝卜汁（糜）与辅料混合配方及比例为：酶解多肽 60%，胡萝卜汁（糜）约 32%，食盐 1.4%，酵母精 0.15%，羧甲基纤维素 0.4%，β-环糊精 0.1%。

6）将酶解液、胡萝卜汁（糜）与辅料混合，高压均质处理后采用高温喷雾干燥法，干燥熟化为肉粉。喷雾干燥时的进风温度为 180～185℃，出风温度为 70～75℃。

7）取喷雾干燥后肉粉，按照不同类型添加调味复合料，混合后无菌真空包装入袋内或瓶内，每袋（瓶）20～50g。

六、枣红兔肉脯

1. 原辅料配方

1）原料：鲜兔肉 50kg。

2）辅料：食盐 2kg，白砂糖 2.5kg，酱油 3kg，黄酒 1kg，复合香料 250g。

2. 工艺流程

原料选择→原料整理→成型→腌渍→烘烤→成品。

3. 加工技术要点

1）选择健康肉兔，屠宰后把白条胴体剔骨，尽量把肌肉分割成大块，并保持肌肉纤维的完整性，以防止肌肉分切过碎。剔骨的同时，注意修净伤斑、出血点、碎骨、血污、淋巴结、烂肉及脓疤等杂质。

2）修净筋膜、污斑、污血等的净肉装入不锈钢模具内，送入冷库，在低温条件下速冻，使肌肉硬度增加，再用切片机将兔肉切成薄片备用。

3）用适量清水稀释配料，待搅拌溶解后倒入兔肉片中，注意肉片上下要浸湿均匀，充分吸入配料，然后在室温条件下适时腌制，当肉片呈玫瑰红色时腌制结束。

4）用特制的网筛将腌渍合适的兔肉片，按产品规格要求平摊在网筛上，置于烘房内格架上。控制烘房温度在 180～250℃之间，待肉片“发汗”出油、油润光亮、色泽枣红、半透明、肉片富有弹性时取出，然后用压平机将熟肉压平，并按产品规格切成块型，即为枣红兔肉脯成品。

七、肉糜兔肉脯

1. 原辅料配方

1）原料：兔肉 40kg，其他肉类（禽肉或猪牛肉等）10kg。

2）辅料：淀粉 3kg，食盐 2.5kg，味精 100g，异抗坏血酸钠 350kg，白糖 5kg，鸡蛋 3kg，白胡椒 200g，生姜汁 350g，料酒 1kg，大豆蛋白 500g，辣椒红色素适量，清水（或冰屑）适量。

2. 工艺流程

原料整理→配料→肉料斩拌→抹片→烘烤→烧烤→冷却包装→成品。

3. 加工技术要点

1）鲜兔肉切成小块，辅料调制备用。

2）将肉料入斩拌机，慢速斩拌为肉粒，边斩边加入辅料，高速斩拌为肉糜。

3）将乳糜放在专用模盘上抹平为片状。

4）在 65～70℃的鼓风干燥箱或专用烘烤装置中干燥，冷却后与盘剥离。

5）将肉脯片根据成品要求切片，装入烤盘内，入烤箱或专用烧烤装置中180℃左右 2～4min 烤熟，冷却后按照成品要求真空或简装。

八、带骨兔肉脯

1. 原辅料配方

1）原料：兔肉 75kg，兔骨 6kg。

2）辅料：食盐 2.5kg，味精 0.1kg，抗坏血酸 0.4kg，白糖 5kg，淀粉 3kg，鸡蛋 4kg，辣椒红色素 1kg，大蒜泥 1kg，白胡椒粉 0.3kg，生姜汁 0.3kg，料酒 1kg。

2. 工艺流程

原料整理→清洗→干燥→绞碎→拌料→斩拌→烘烤→冷却包装→成品。

3. 加工技术要点

1）活兔宰杀，充分放血后，剥皮，去内脏，去脚爪。对全净膛胴体剔骨，去净脂肪、筋膜，在清洁冷水中清洗后沥干。

2）用绞肉机将兔肉绞成肉糜，绞肉时加少量冰屑调温。取兔中轴骨和四肢骨，去净残肉、肌膜，破碎成小块状（长约 2cm）。

3）骨块在清洁冷水中漂洗净血，捞出沥干后在沸水中预煮，去净油脂，取出，冷却后去净残肉，在 60℃以下的鼓风干燥箱中干燥。

4）骨块用粉碎机粉碎至细度小于 80 目的骨粉，干燥后的骨粒应细碎成白色或灰白色粉状物。若骨中油脂沬去净，会延长干燥时间并有脂肪氧化味，粉碎后成褐色片状物，并熟结在粉碎机内影响粉碎效果。

5）将骨粉、辣椒红色素、食盐、大蒜泥、生姜汁、白胡椒粉、白糖等用少量冷开水溶解，拌入兔肉糜，用斩拌机拌匀。

6）将烤盘预热至 85～90℃后，盘内涂布植物油，再将拌好的肉糜用抹刀平铺在烤盘内。要求抹片平整光滑，厚度均匀且不超过 3mm，在 80～85℃烤箱中烘烤 20～30min，然后将温度降至 65～70℃烘烤 2～3h，揭片翻面，继续烘烤 2～3h 至肉片两面颜色一致、收缩均匀、肉香味好。再将烘箱温度升至 160～180℃，烘烤 2min 左右，取出。

7）冷却后切成 120mm×80mm 的片状，检验合格后真空包装。

九、灯影兔肉

1. 原辅料配方

1）原料：精兔肉 10kg。

2）辅料：精盐 200g，白砂糖 200g，五香粉 40g，胡椒粉 30g，鸡精 10g，酵母提取液 10g，红曲色素适量。

2. 工艺流程

原料整理→清洗→固形→拌料→铺片→烘烤→冷却包装→成品。

3. 加工技术要点

1）以优质兔肥肉和背部肌肉为原料，保证原料肉优质新鲜。

2）鲜肉选择整理后于2～4℃下冷藏2～3d，冻结固型，切为均匀薄片。

3）肉片与辅料混合，混合时每次肉片不能过多，轻轻拌匀并保持肉片完整性。

4）将肉品平整均匀铺在烤盘上，铺片时片与片相接，不重叠也不留空隙，使之连成一片。

5）入烘房或烤箱，65℃烘烤3.5h后取出冷却。用压片机压为均匀平整的薄片，按规格要求切为长条。

6）再入红外烤箱120～140℃烤制约5min使之油亮红润即可。罐装产品可再添加适量芝麻油和芝麻。特点是色泽红润。

十、手撕兔肉

1. 原辅料配方

1）原料：兔背脊肉10kg。

2）辅料：食盐200g，亚硝酸钠1g，葡萄糖30g，D-异抗坏血酸钠10g，复合磷酸盐10g，白酒100g，红曲红色素3g，油酥豆瓣100g，油酥豆豉10g，花椒粉10g，五香粉10g，白砂糖200g。

2. 工艺流程

原料预处理→切条→拌料→腌制→风干→整形→真空包装→杀菌熟化→冷却及储藏。

3. 加工技术要点

1）取兔背脊肉冷冻后改刀成1cm左右粗细的条状。

2）兔肉加入食盐、亚硝酸钠、复合磷酸盐及葡萄糖拌和均匀，再加入白酒和D-异抗坏血酸钠，0～4℃下腌制24h以上，沥除血水，最后加入其余辅料混匀，0～4℃下再腌制12～24h。

3）腌制完毕的兔肉均匀铺放在风干架上，低温风干至脱水50%。然后整形单根独立真空包装。

4）入杀菌锅熟化和杀菌，杀菌式15′—50′—15′/110℃，产品快速冷却后常温储藏。

十一、吉利（Jiely）肉干

1. 原辅料配方

1）原料：鲜兔肉50kg。

2）辅料：食盐2kg，亚硝酸钠5g，异抗坏血酸钠25g，白砂糖2kg，复合磷酸盐25g，本色酱油2kg，黄酒1kg，复合香料300g。

2. 工艺流程

原料选择→清洗整理→腌制→灌装→蒸煮→切片成型→烘烤→成品。

3. 加工技术要点

1）选择健康肉兔，屠宰后将白条胴体剔骨，尽量把肌肉分割成大块，并保持肌肉纤维的完整性，以防止肌肉分切过碎。

2）修净筋膜、污斑、污血等的净肉与辅料混合，2～4℃冷室内滚揉 4h 后静置腌制 24h。

3）腌制后肉块挤压灌装入方形模具内，压紧封严，入蒸煮锅 80℃蒸煮至中心温度 70～72℃，保温 10～15min 后淋浴冷却，入冷室放置 6h 以上。

4）蒸煮后兔肉脱模，切肉机切为长片，入烤箱 65～70℃烤至半干，冷却后入压片机压平整，再切为所需的肉块或肉条，气调或真空包装，即为成品。

第六节　罐头制品配方与工艺

一、茄汁兔肉罐头

1. 原辅料配方

1）原料：兔肉 100kg，番茄酱（12%）100kg。

2）辅料：精白面粉 6kg，黄酒 10kg，精盐 8kg，味精 2kg，砂糖 11kg，精制花生油 32kg，洋葱末 24kg，肉汤 72kg，洋葱 2.4kg，姜片 500g，月桂叶 150g，丁香 63g，胡椒 100g。

2. 工艺流程

原料处理→预煮→切块→配汤汁→装罐→封口→杀菌及冷却→包装及储存→成品。

3. 加工技术要点

1）选择经验收合格的兔肉，劈半并剔除骨骼，因为骨内空气较多，不仅影响杀菌效果，而且骨头坚硬，容易造成复合薄膜袋的破裂。

2）首先配制香料，每 100kg 兔肉加洋葱 2.4kg、姜片 500g、月桂叶 150g、丁香 63g、胡椒 100g。把上述香料包于纱布袋中，放水中煮沸 10min，然后投入兔肉，预煮 10～12min。

3）预煮后把腹部肉、背部肉、腿肉均切成 3～4cm 的小块，并分别放置，以便搭配装袋。

4）花生油加热至 180℃左右。加入洋葱末炸至淡黄色，然后趁热加入精白面粉、肉汤、砂糖、精盐、番茄酱等不断搅拌，最后加入味精和黄酒，搅拌均匀后，按兔肉：茄汁=1.56：1 的质量比配用。

5）空罐清洗消毒，将调制肉块装罐，然后真空封罐机抽气密封。密封后进行封口的质量检查，封口边缘外观应整齐平服，封口边的宽度要求为（10±3）mm。

6）密封后尽快杀菌，杀菌式15′—65′—15′/121℃，反压冷却时先开阀使杀菌器内保持0.147～0.176MPa的压力，然后关闭蒸汽。

7）冷却后的罐头须擦干罐外水分，放入（37±2）℃保温库中，保温5d。经检查合格后，贴商标，装箱储藏。

二、咖喱兔肉罐头

1. 原辅料配方

1）原料：兔肉100kg。

2）辅料：黄酒1.5L，精盐2kg，面粉4kg，精制植物油20L，洋葱末4kg，蒜末3kg，生姜末2kg，炒面粉7kg，砂糖2.5kg，姜黄粉500g，红辣椒粉500g，咖喱粉500g，味精600g。

2. 工艺流程

原料处理→拌料→油炸→卤制→装罐→成品。

3. 加工技术要点

1）将洗净、剔骨后的兔肉切成2～3cm的小块，加黄酒、适量精盐和面粉拌匀。

2）用精制植物油180℃左右油炸45～90s，至兔肉表面呈淡黄色为止。另用精制植物油2L加热至180℃左右，加入洋葱末、蒜末、生姜末，油炸至出现香味。

3）将炒面粉，剩余的精盐及砂糖加适量水调成面浆与油炸洋葱末、蒜头末、生姜末混合，加水8.5L。再加入姜黄粉、红辣椒粉、咖喱粉、味精，搅拌均匀，煮沸后得咖喱酱。

4）按兔肉与咖喱浆比例搭配装罐、密封后尽快杀菌，杀菌式10′—70′—15′/120℃，反压冷却，擦干水汽，放入（37±2）℃保温库中，保温5d。经检查合格后，贴商标，装箱储藏。

三、清汤兔肉罐头

1. 原辅料配方

1）原料：兔肉100kg。

2）辅料：食盐2kg，洋葱碎块1.7kg，胡椒粉250g。

2. 工艺流程

原料处理→预煮→切块→配汤汁→装罐→封口→杀菌及冷却→包装及储存→成品。

3. 加工技术要点

1）将洗净的鲜兔肉切成 5～6cm 的小方块，加水煮 10～15min，不断捞取汤上浮沫，至肉块中心无血水为止。

2）兔肉加食盐、洋葱碎块、胡椒粉混合，炖煮 10～15min。

3）装罐、密封后尽快杀菌，杀菌式 15′—70′—15′/120℃，反压冷却，擦干水汽，放入（37±2）℃保温库中，保温 5～7d。经检查合格后，贴商标，装箱储藏。

四、红烧兔肉罐头

1. 原辅料配方

1）原料：鲜兔肉 100kg。

2）辅料：酱油 7kg，黄酒 2L，砂糖 2.1kg，食盐 0.85kg，青葱 0.4kg，生姜 0.4kg，味精 120g，胡椒粉 0.04kg，香料水 2L（香料水可用桂皮 1.2kg、八角 0.2kg 和 20L 水煮制）。

2. 工艺流程

原料处理→预煮→切块→配汤汁→装罐→封口→杀菌及冷却→包装及储存→成品。

3. 加工技术要点

1）将洗净处理后的兔肉切成 2～3cm 的小方块。

2）桂皮、八角等香料熬煮 2h，过滤制成香料水，放入兔肉调味炖煮 15～20min 后即可搭配装罐。

3）装罐、密封后尽快杀菌，杀菌式 15′—70′—15′/120℃，反压冷却，擦干水汽，放入（37±2）℃保温库中，保温 5d。经检查合格后，贴商标，装箱储藏。

五、酱汁兔肉软罐头

1. 原辅料配方

1）原料：兔肉 100kg。

2）辅料：洋葱末 18kg，蒜末 2.4kg，食盐 5～6kg，白糖 4kg，味精 1kg，黄酒 4～5kg，酱油 4～5kg，老抽 1kg，花生油 20kg，精白面粉 5～6kg，肉骨汤 100kg，生姜、胡椒、月桂叶适量。

2. 工艺流程

原料处理→预煮→煮制→油炸→制酱→装罐→成品。

3. 加工技术要点

1）将水烧开，把劈半的兔体放于开水中煮 10min 左右，然后入冷水中冷却，再将兔肉切成 3～4cm 大小的块状。

2）将洋葱、生姜、胡椒、月桂叶等放入锅中煮 30min，熬煮为香料水，然后把兔肉块放入，煮沸 15min 左右。

3）将锅内油烧到 160～180℃，兔肉块入油锅炸 2～3min，呈黄色或棕红色即可。

4）把切碎或绞碎的洋葱、蒜末倒入已加热到 160℃左右的油锅里，不断炒拌至淡黄色。用骨汤溶化糖、盐，充分溶解搅拌均匀，倒入锅中，用骨汤调拌面粉，用纱布过滤到锅中，加入酱油、老抽充分炒拌，加热到沸腾，出锅前将黄酒、味精放入锅中，充分拌均匀，最后把煮好的兔肉块放入锅中混匀。

5）装罐、密封后杀菌，杀菌式 15′—70′—15′/120℃，反压冷却，擦干水汽，放入(37±2)℃保温库中，保温 5d。经检查合格后，贴商标，装箱储藏。

六、兔肝酱

1. 原辅料配方

1）原料：兔肝、心、肾（自然比例）100kg。

2）辅料配方如下。

腌制料：食盐 6kg，白砂糖 3kg，硝酸钠 25g，异抗坏血酸钠 500g。

香辛料：胡椒粉 0.3kg，鲜姜 1.0kg，葱 2.0kg，五香粉 0.6kg，辣椒粉 0.26kg，油炸面酱 20kg，味精 0.6kg，淀粉 5.0kg。

2. 工艺流程

原料选取→洗涤浸渍→腌制→预煮→斩拌→装罐→保温检查。

3. 加工技术要点

1）兔肉内脏经解冻后，选用检查合格的肝、心及肾脏，去胆和可见脂肪，仔细检查有无兔毛、草屑以及其他污物，不符合要求的原料必须剔除。挤出兔心脏中的淤血块。内脏用水冲洗干净。选用的香辛料无杂质，干燥，无霉变。葱姜无霉烂，组织嫩脆。面酱酱香浓郁，呈褐红色。

2）将兔肝、心、肾用刀切半，放入 1%的食盐水中，盐水温度 0～1℃，水面刚好超过内脏，浸渍 5～7h。

3）将浸渍后的原料沥干水分，添加腌制剂，在搅拌机中搅拌 2～3min。然后在 0～5℃下腌制 12～24h。

4）把腌制好的原料放入夹层锅中，加水 30%，进行预煮 20～30min。预煮期间。加入丁香粉、肉桂粉等，不断翻动，煮至内脏色泽红亮为止。控制出品率在 110%～120%。

5）将原料及汤汁冷却后，在斩拌机中斩拌 2～3min。然后添加各种配料，继续斩拌 2～3min，使混合物呈糜状。斩拌过程中可按原料与水之比为 5∶3 的比例适量加水。

6）将斩拌后的混合物加热至 80～85℃，趁热装入玻璃罐中，密封，进行常压沸水杀菌。若采用铁罐时，要进行排气密封，真空度 32～40kPa，杀菌式为 10′—60′—10′/118℃，反压冷却。

7）将罐头放入（37±2）℃保温库中，保温 5d。经检查合格后，贴商标，装箱。该产品气味芳香，风味独特，无兔腥味和异味，色泽呈浅酱红色，无脂肪层出现。

七、麻辣兔肉罐头

1. 原辅料配方

1）原料：肉兔 100 只。

2）辅料配方如下。

预煮液配方：水 180kg，葱头 23kg，生姜 0.5kg，月桂叶 0.25kg，胡椒 0.25kg。

调味液配方：原肉汤（2%）90kg，砂糖 0.75kg，食盐 1.85kg。

麻辣酱配方：葱头末 18kg，精炼花生油 20kg，蒜末 1.6kg，精面粉 4.2kg，食盐 2kg，花椒粉 1.2kg，白胡椒粉 0.35kg，麻辣酱 2.0～5.0kg，砂糖 1.0kg，黄酒 3.6kg，调味液 90kg，味精 0.7kg。

2. 工艺流程

冷冻兔肉解冻→刷洗→去除脊椎骨→预煮→修割→切分小肉块→漂洗→调味料→装罐→排气、密封→检查→杀菌→冷却。

3. 加工技术要点

1）选用健康肉兔，每只质量不低于 0.75kg。兔肉原料必须经冷冻排酸处理才可使用，不允许使用热鲜兔肉以及放血不净、冷冻两次或质量不好的兔肉，允许兔肉表面有少量伤疤，但每只不超过 5 处。

2）将冷冻兔肉放入流动的自来水解冻池解冻，冻肉不要露出水面，解冻水温不超过 20℃，时间为 4～5h。解冻后的兔肉肉色鲜艳、富有弹性、无肉汁析出、无冰晶、气味正常、无异味。

3）将解冻后的兔肉捞出，放入流动水中，用刷子把黏附于兔肉表面上的毛污及夹杂物清洗干净，并除去兔肉腹部的油层。将刷洗干净的兔肉沥水后，用劈刀沿肋骨与脊椎骨处把脊椎骨除去。

4）按预煮液配方称量好调味料。葱头和生姜切片，胡椒粒破碎，月桂叶洗净，包于布袋中，包扎袋口，入锅煮沸 5～7min，再将兔肉片投入锅中，加热至沸后再煮 8～12min。以腿肉中心稍带血水为准。在预煮过程中要保持预煮液的清洁，随时撇去浮沫及不洁物。预煮用剩的肉汤经 4 层脱脂纱布过滤后，用于配制调味液和咖喱酱。预煮所用香料、葱头、生姜每隔 2h 更换一次，月桂叶和胡椒每隔 4h 更换一次。

5）将预煮好的兔肉捞出，割除淤血及伤疤等。将修割后的兔肉切分成约 4.5cm

见方的小块，允许有少量的三角形肉块存在。然后用热水将小肉块漂洗一次，洗除黏在肉块上的骨屑及杂物。

6）按照调味液配方中的用料量，先将原肉汤倒入夹层锅中，再将砂糖、食盐放入锅中，加热至沸后撇去浮沫，最后加入咖喱粉和小肉块，料液沸腾后计时调味 15min 左右，待兔肉呈金黄色，不发暗为宜。脱水率控制在 25%～30%；调味过程中蒸气不要开得太大，以微沸为准；为使肉块调味均匀，每隔 4～5min 搅拌一次。经调味后的剩余调味液，经过滤后可供配制咖喱酱用，其余部分供下一锅调味用，不够时加入原肉汤，根据加入原肉汤的多少，再按比例加入其他调味料。

7）配制麻辣酱：按照麻辣咖喱酱配方进行配制。先将精炼花生油倒入锅中，加热至 160～180℃，将葱头及蒜瓣分别用孔径 2～3mm 绞板的绞肉机绞碎，加入油锅进行油炸至淡黄色，然后趁热（80～100℃）放入面粉，炒至淡黄色用筛子过筛，再用原肉汤调匀，待搅拌均匀后再加入调味液、砂糖、食盐、胡椒粉，边加边搅拌。不得出现块状，搅拌均匀后加热至沸，出锅前加入味精和黄酒，搅拌均匀即成。

8）将涂料铁罐与罐盖洗刷干净，置沸水中杀菌 2～3min，取出倒置备用。然后装罐，按腹部肉、胸部肉、背部肉及前后腿肉块分选搭配均匀，块形大小一致，允许每罐添加小块肉，但不超过两块。把肉块排倒于罐内，不得外露，加咖喱酱时咖喱酱温度不小于 75℃。

9）然后抽气密封，要求罐中心温度在 85℃以上抽气，在 60kPa 下密封。

10）15′—75′—10′/120℃杀菌，密封后到杀菌的时间不要超过 30min，杀菌结束时，进行反压冷却，先开阀使杀菌器内保持 0.147～0.176MPa 的压力，然后关闭蒸汽。冷却、擦干后放入保温库保温 5d，经检查合格后，贴商标，装箱。

八、香辣兔丁

1. 原辅料配方

1）原料：兔肉 100kg。

2）辅料：料酒 100mL，食盐 150g，五香卤水适量，精制植物油适量，油酥郫县豆瓣 5～6kg，油酥豆豉 3～4kg，蒜末 350g，生姜末 300g，砂糖 500g，红油辣椒粉 5～6kg，味精 50～60g。

2. 工艺流程

原料处理→腌制→卤煮→油炸→拌料→装罐或装袋密封→杀菌冷却→成品。

3. 加工技术要点

1）将洗净、剔骨后的兔肉切后加入食盐、料酒 2～4℃腌制 12～24h。腌制后兔肉入五香卤水卤熟，冷却后切成 1～1.5cm 的方丁。

2）用精制植物油 180℃左右油炸 45～90s，至兔肉表面金黄，捞出冷却。将油炸兔丁与调制好的辅料混合，装入玻璃瓶或高温蒸煮袋中，瓶装 100～200g，袋装 50～100g，真空密封。

3）置于杀菌釜内杀菌，瓶装产品杀菌式为 15′—20′—10′/121℃，反压冷却；袋装产品杀菌式为 10′—15′—10′/121℃，反压冷却。然后擦干，放入保温库保温 5d，经检查合格后，贴商标，装箱。

九、百膳香酥兔

1. 原辅料配方

1）原料：鲜兔肉（净膛全兔）100kg。

2）辅料：食盐 2kg，白砂糖 0.8kg，料酒 1kg，生姜 500g，大葱 500g，胡椒 50g，抗坏血酸 50g，烟酰胺 50g，当归 40g，枸杞 60g，香菇 200g，清水 10kg，植物油适量。

2. 工艺流程

原辅料选择→冷却嫩化→腌制→整形→装模→蒸煮→油炸→烘烤→包装封合→杀菌冷却→产品检验→外包装。

3. 加工技术要点

1）以健康优质肉兔为原料，活重 2.3～2.5kg，宰杀、净膛、清洗后置于 2℃冷室内 4d。

2）将辅料用萃取法制备为注射用香料水，采用盐水注射机将香料水均匀注入兔肉内，2℃腌制 24h。

3）沥去香料水，经特殊整形后装入特制圆形模具内，入蒸煮锅 90℃保温 120min。蒸煮后金属模流动冷水中迅速冷却，开盖取出全兔，沥干汤汁。

4）植物油加热至 180℃，下全兔炸至表面金黄。然后整齐排放在烤盘上，入烤箱 80℃，烘烤约 2h，使之继续干燥酥脆。

5）取大号蒸煮袋，装入全兔一只，真空机抽气密封，置于杀菌釜内杀菌，杀菌式 30′—50′—30′/121℃，反压冷却。然后擦干、保温、检验、商标，装箱。

十、十全玉兔

1. 原辅料配方

1）原料：肉兔 100kg（1.50～1.8kg/只，屠宰后净膛重 0.7～0.9kg）。

2）辅料配方如下。

腌制料：食盐 3kg，白砂糖 5kg，腌制助剂 400g。

调香调味等辅料：五香料熬制的香料汁 20kg，鸡精、香菇、大枣、枸杞、当归、砂仁、党参等适量。

2. 工艺流程

原理处理→湿腌→预煮→脱水→杀菌→检验→成品。

3. 加工技术要点

1）将腌制料涂抹于兔内外表面，以低于 8℃腌制 48h 为宜。

2）用香料汁卤煮 15min。将腌汁稀释，升温至 100℃后去浮沫、杂质。调味后下肉，保持 98～100℃、10～15min 即可。

3）采用油炸脱水法，油温升至 180℃后下兔，炸 6min 后翻面再炸 4min 即可；采用烘烤脱水法，90～95℃，热风循环烘烤 30min。

4）选用大号高温蒸煮袋，每袋装入一只油炸的肉兔，根据销售要求加入一定的鸡精、香菇、大枣、枸杞、当归、砂仁、党参等辅料，以及 15%～20%的卤煮汁，真空包装。

5）水浴杀菌，杀菌式 20′—60′—30′/121℃，反压冷却。然后擦干、保温、检验、商标，装箱。

十一、香辣兔肉丁

1. 原辅料配方

1）原料：剔骨兔肉 100kg。

2）辅料：食盐 2.5kg，料酒 2.0kg，葡萄糖 250g，白砂糖 2.0kg，豆豉 4kg，芝麻 500g，四川香辣酱 4kg，五香卤汁适量。

2. 工艺流程

原料选择→整理清洗→腌制→卤煮→成型→脱水→香料调制→拌料→罐装→封口→杀菌→冷却→检验→成品。

3. 加工技术要点

1）选用鲜肉或储藏期不超过 3 个月的速冻肉，肉剔骨时尽可能保证肉块完整，添加的可食内脏必须是鲜料。

2）去除脂肪、淋巴、血污块，将剔骨肉整理分割为长块条，将食盐、葡萄糖、料酒等加入肉料中混合均匀，2～4℃腌制 24h，沥除腌出的血水。

3）其余辅料与五香卤汁煮沸后调味，加入腌制后肉料，沸煮数分钟，90℃保温约 1h。卤制后兔肉沥干卤汁，冷却至室温，切为 1cm 见方肉粒。

4）采用烘烤或油炸脱水。烘烤法约 70℃烘烤 2h。油炸法油温 160～170℃炸制 2～3min。脱水至 A_w0.86～0.87（含水量约为 30%）。

5）按四川传统方法调制香辣酱，豆豉用植物油酥香，芝麻炒香。将调制的各辅料与脱水后肉丁拌和均匀。

6）采用铝箔高温蒸煮袋灌装，抽真空封口后入杀菌釜杀菌，杀菌式 10′—10′—15′/110℃，反压冷却。然后保温检验、贴标、腹膜、入库储藏。

十二、香辣兔杂

1. 原辅料配方

1）原料：兔心、肝、肾、耳等可食部分 40kg，净兔肉 10kg。

2）辅料：食盐 1.0kg，料酒 1.0kg，白砂糖 500g，豆豉 2kg，四川郫县豆瓣 1.0kg，豆腐乳 1.0kg，辣椒粉 500g，五香粉 250g，植物油适量。

2. 工艺流程

原料选择→整理→预煮→清洗→成型→香料调理→炒制→拌料→罐装→封口→杀菌→冷却→检验→成品。

3. 加工技术要点

1）选用屠宰、净膛所得的新鲜心、肝、肾、耳等可食部分，以及分割加工后的碎肉原料，分别清洗整理，入沸水预煮数分钟，捞出清洗除尽血水，沥干后切为小方丁。

2）豆豉用植物油炒香后切为小颗粒，郫县豆瓣剁细后用植物油酥香，与豆腐乳、辣椒粉、五香粉等混合。

3）混合辅料入炒锅，加入心、肝、肾、耳和肉丁，翻炒数分钟，热灌装入马口铁罐或高温蒸煮袋中，真空封口。

4）入杀菌釜杀菌，杀菌式根据装入产品多少而定，如 100g 装软罐为 10′—20′—15′/121℃，反压冷却。然后保温检验、贴标、腹膜、入库储藏。

第七节 预调理及其他兔肉制品配方与工艺

一、预调理火锅兔

1. 原辅料配方

1）原料：新鲜带骨兔肉 2kg。

2）辅料：油煎豆腐 300g，黄豆芽 200g，空心菜 200g，大葱白 200g，血旺 250g，冬瓜 300g，老姜 40g，混合油 200g，黄酒 75g，鲜汤 2kg，郫县豆瓣酱 100g，干辣椒节 50g，辣椒粉 15g，泡红辣椒末 50g，红辣椒油 60g，花椒 25g，味精 6g，胡椒粉 5g，大蒜瓣 50g，盐、白糖适量。

2. 工艺流程

原料处理→过油→调味→成品。

3. 加工技术要点

1）肉兔屠宰、分割后清洗沥干，剁成 3cm 见方的块，入冷库冷透，取出用沸水烫淋后沥去余水。

2）黄豆芽去脚；空心菜去枯茎败叶，掐成长节；冬瓜削皮去瓤，切成厚约0.5cm 的块；大葱白切长段，血旺打成厚块。以上各料洗后整理装盘。老姜洗净切碎末，郫县豆瓣剁碎，大蒜瓣拍松，花椒碾成碎粒。

3）锅内下油烧热，投入蒜瓣爆出香味后，速下豆瓣酱、泡红辣椒末、辣椒粉翻炒；炒至香辣味出、色红油亮时，再下辣椒节、花椒碎粒、老姜碎粒稍炒一会，掺入鲜汤，并投入盐、糖、味精、胡椒粉等料调好味；最后下兔肉块、黄酒同烧，至兔肉刚熟出锅，倒入大砂锅内，泼上红辣椒油。

4）将调理好的火锅兔分装入包装盒内，调制的荤素菜入简装袋，一并冷链储运，快速配送销售。

5）食用时吃时将火锅兔，砂锅置餐桌的炉灶上，并将配制好的荤素菜品与蒜泥、麻油味碟一同上桌，随意蘸食。

二、预调理酱风兔

1. 原辅料配方

1）原料：带骨兔肉 10kg。

2）辅料：亚硝酸钠 1g，异抗坏血酸钠 5g，葡萄糖 50g，精盐 300g，醪糟 200g，鸡精 10g，甜面酱 800g，红糖 300g，姜（切细末）50g，五香粉 10g，花椒粉 5g，酱肉调料和酵母精各 2g。

2. 工艺流程

原料选择→腌渍→晾干→真空包装→成品。

3. 加工技术要点

1）精选冷鲜兔，清洗后挂晾沥干。

2）辅料混合后均匀涂抹于兔体内外，兔腿内侧可用尖刀划破，利于香料味腌入。

3）挂晾约 10d，吹至半干（气温高于 15℃后需在空调室内吹干）。

4）真空袋真空包装后速冻储藏，也可将兔肉切小块，装入硬塑盒（防止骨刺破袋），真空袋真空包装后速冻储藏。食用前将肉自然缓慢解冻，锅内加清水 2kg 左右，下全兔或肉块，煮熟即可食用。

三、预调理啤酒兔火锅

1. 原辅料配方

1）肉料：肉兔 1 只（质量约为 1500g），牛毛肚、猪瘦肉片、火腿肉各 250g，牛肾、猪肚各 150g。

2）素菜肴：青菜 250g，豆腐干 200g，水发粉丝、莴笋、藕各 150g，葱 100g。

3）调料：啤酒 500g，菜油 150g，猪油 100g，豆瓣酱 50g，泡生姜 50g，泡

辣椒 25g，蒜瓣 25g，老姜 45g，花椒 10g，白糖 25g，精盐 10g，味精 3g，胡椒粉 2g。

2. 工艺流程

原料选择→原料处理→菜肴整理→调料调制→分装→冷链配送。

3. 加工技术要点

1）选用优质肉兔，屠宰分割后冷却，剁去兔头不用，放入水锅中烧开，改用小火煮至八成熟，捞出沥干水，砍成 5cm 见方的块。

2）牛毛肚水发，洗净，撕开，片成小块。牛肾去臊，片成片，泡去血水，捞出沥水。猪肚切去肚头，剔去肚皮，修去油筋，用清水洗净，剞十字花刀，切成宽 1.5cm、长 6cm 左右的条。火腿切成片。

3）豆腐干洗净，沥干水切条。水发粉丝切节。青菜心洗净，去老叶。莴笋去皮、筋络，切成片。藕洗净去皮切片。葱洗净，拍破，切节。以上备料除兔子肉外，均各分成两份，装盘上桌，围在火锅四周。

4）炒锅置火上，放菜油烧至五成热，下泡姜片、泡辣椒节、豆瓣酱末、老姜（拍破），炒几下，滗去余油。锅中另下猪油、蒜瓣、花椒，再炒几下，倒入煮兔子的汤，煮 10min，下兔块、啤酒、白糖、盐、味精、胡椒粉，烧开，撇去浮沫，将兔肉及汤汁舀入火锅中，分装后冷链快速配送。

5）上桌点火，倒入锅中，边烫边吃。味碟用麻油、盐、味精、蒜泥拌制，每人一碟。食用过程中随时加汤、啤酒、盐等调味。

四、预调理炖兔肉

1. 原辅料配方

1）原料：肉兔 1 只（质量约为 1500g），猪肉 250g。

2）辅料配方如下。

清炖兔肉：食盐、葱、蒜、姜片、花椒、桂皮、大料、酱油、醋、植物油等适量。

混炖兔肉：食盐、酱油、大葱、生姜、桂皮、大料、花椒、植物油等适量。

2. 工艺流程

原料选择→原料处理→辅料调制→炖煮→分装→冷链配送。

3. 加工技术要点

（1）清炖兔肉

1）以鲜兔肉为原料，清洗整理后切块。

2）肉块放在锅中，加水适量，以浸没兔肉即可，然后加火煮开，再放入食盐、葱、蒜、姜片、花椒、桂皮、大料，少量酱油、醋等，分装后冷链快速配送。

3）食用时用慢火清煮 1.5～2h 即可，味道清香、适口。

（2）混炖兔肉

1）将整形的胴体兔肉或分割成块的兔肉放在锅中加水煮开，捞出弃去水分备用。

2）将猪肉切成块放在锅中，将植物油烧滚，加入适量的红糖或白糖烧色，将猪肉炸过，取出。

3）将捞出的兔肉放在同一锅中油炸，此时，兔肉已成焦黄色，香气扑鼻。然后将兔肉与猪肉都放在锅中，加入适量的水，以浸没肉为准。再放入适量的食盐、酱油、大葱、生姜、桂皮、大料、花椒等调味料，分装后冷链配送。

4）食用前倒入锅中，慢火煮 1～1.5h，此时清香四溢，即可美餐。兔肉既有猪肉的特殊香味，又保持着鲜嫩适口的特点，凉吃、热吃均可。

五、预调理油爆兔肉

1. 原辅料配方

1）原料：兔肉 5kg，猪油 5kg。

2）辅料：淀粉 105g，黄瓜 150g，鸡蛋 10 个，精盐 10g，味精 10g，料酒 100g，香油 100g，鲜姜 100g，大葱 100g，大蒜 100g，白醋 100g，鲜汤少许。

2. 工艺流程

原料选择→原料处理→辅料调制→兔肉调理→分装→冷链配送。

3. 加工技术要点

1）选用优质肉兔，屠宰后分割剔骨，取出净肉切成 1cm 方丁。

2）肉丁加盐、味精、料酒后混匀，再放蛋清、淀粉上浆腌制。鲜黄瓜切成比主料小的方丁，葱切成豆瓣状，姜切末，蒜切片待用。

3）锅烧，加入猪油。另用碗加少许鲜汤，放入盐、味精、料酒、淀粉、醋少许，兑汁待用。待油烧至六成热时，把上好浆的兔肉投入油里，速用铁筷子爆滑，肉变白色时倒入漏勺，沥尽余油。

4）原勺留少许底油，加葱、姜、蒜炝锅，倒入爆好的兔肉丁，再烹上汤汁，翻勺后滴香油出锅，分装后立即配送。

六、预调理生爆兔片

1. 原辅料配方

1）原料：兔肉 2kg。

2）辅料：鸡蛋 10 个，湿淀粉 200g，冬笋 250g，水发木耳 100g，葱白 100g，蒜瓣 100g，味精 20g，绍酒 100g，肉汤约 200g，胡椒粉、精盐和花生油适量。

2. 工艺流程

原料选择→切片→辅料调制→兔肉调理→分装→冷链配送。

3. 加工技术要点

1）兔肉片切为长 4cm、宽 2cm、厚 0.15cm 的薄片，放在清水中淘洗一下捞出，揌净水分，加入少许精盐、绍酒拌匀。

2）鸡蛋清和湿淀粉调搅成糊浆。把兔肉片放入，上浆块。冬笋切作片，水发木耳去根掐成块，葱白斜刀切作马蹄形。蒜瓣切片。取碗 1 只，放入味精、绍酒、胡椒粉和精盐，加湿淀粉和肉汤，搅匀成调味汁。

3）锅置火上，倒入适量花生油，烧到五六成热时，下入上浆的兔肉片，过油划散至熟透，倒入笊篱内，沥净油。锅内留少许油，重新置火上，放入蒜片、马蹄葱煸生香味。再下入笋片、木耳，随即放入滑油的兔肉片，再倒入调味汁，迅速翻炒均匀。

4）产品迅速分装，立即配送。

七、预调理爆炒兔肉丝

1. 原辅料配方

1）原料：兔脊背净肉 2kg。

2）辅料：鸡蛋 10 个，苏打粉适量，湿淀粉 100g，熟火腿 250g，冬笋 1kg，水发香菇 250g，青辣椒 250g，红辣椒 250g，蒜瓣 10 个，韭黄 500g，白糖 10g，酱油 500g，绍酒 100g，胡椒粉 10g，肉汤 250g，猪油 50kg。

2. 工艺流程

原料选择→切丝→腌制→辅料调制→兔肉调理→分装→冷链配送。

3. 加工技术要点

1）最好选刚宰杀的兔脊背肉，切为肉丝，加入苏打粉，待苏打粉在绍酒中溶解后，将兔肉丝放入搅匀，腌约 10min。

2）放入鸡蛋液和湿淀粉，搅匀上浆。熟火腿、冬笋、水发香菇、青辣椒、红辣椒均切成丝。蒜瓣拍碎剁成末。韭黄切成 3cm 长的段。取容器 1 个，放入白糖、酱油、绍酒、胡椒粉、湿淀粉和肉汤，搅匀成调味汁。

3）锅放旺火上，下入猪油烧到四五成熟时，放入上浆的兔肉丝过油划散，至刚熟即倒入笊篱，沥去油。

4）锅内留少许油，重置火上，放入蒜末爆香后，加入笋丝、香菇丝、青红辣椒丝，炒匀，放入兔肉丝、韭黄段，倒入调味汁，淋入适量猪油，翻炒均匀。

5）出锅迅速分装，每份撒上火腿丝，立即配送。

八、预调理烧兔肉

1. 原辅料配方

1）原料：兔肉 5kg。

2）辅料：植物油、鲜汤适量，白酒 200g，白糖 100g，酱油 500g，精盐 25g，味精 50g，胡椒粉 15g，香油 50g，葱 10 段，鲜姜 50g，淀粉 250g，大料 30 瓣，花椒水 500g。

2. 工艺流程

原料选择→切块→油炸→辅料调制→兔肉调理→分装→冷链配送。

3. 加工技术要点

1）肉兔屠宰，分割剔骨，把兔肉切成 2.5cm 见方方块。

2）锅中加适量植物油，烧成七八成热时，下兔肉块炸透倒出。

3）锅中留少量底油，下葱、姜、兔肉、白酒、酱油煸炒几下，依次下白糖、大料、花椒水、精盐，再加一碗鲜汤，放入油炸肉块。

4）开锅后慢火烧至酥烂，加味精，用水淀粉勾芡，淋入香油，分装入包装盒，冷却或冻结储藏销售，加热食用。

九、预调理风味兔肉

1. 原辅料配方

1）原料：兔肉 10kg。

2）辅料：不同产品配方如下。

麻辣兔丁：炸花生米 350g，花椒 500g，干辣椒 400g，辣椒面 100g，盐 100g，料酒 1.2kg，味精 600g，湿淀粉 1kg，酱油、葱各 1kg，姜、蒜、糖各 600g，醋 200g。

香酥兔肉片：食盐 250g，白糖 1.5kg，味精 100g，曲酒 500g，鲜姜 700g，大葱 100g，复合香辛料 100g。

川味香豉兔肉：食盐 250g，白糖 200g，豆豉 400g，芝麻 500g，料酒 200g，葱、姜各 350g，四川香辣酱 400g。

麻辣风味兔：泡椒 700g，泡姜 300g，精盐 200g，酱油 500g，白酒 100g，琼脂 300g，味精 200g，白糖 150g，桂皮 50g，花椒 30g，大葱 100g，孜然 50g，骨汤（猪筒子骨为佳）适量。

酸辣兔肉：料酒 500g，豆油 500g，淀粉 800g，酱油 1kg，鸡蛋 5kg，香醋 250g，精盐 250g，大葱 100g，生姜 100g，花椒粒 100 颗，味精 100g，胡椒面 150g，芝麻 150g（焙好），青椒 2.5kg，鸡汤适量。

2. 工艺流程

肉兔选择→屠宰→冷却→分割、剔骨→分切（肉丝、肉丁、肉片）→调味、调质处理→包装→冷藏。

3. 加工技术要点

1）以新鲜兔肉为原料，肉用兔、淘汰毛用兔、取皮兔等均可。对原料肉进行清理，除去淋巴、淤血、结缔组织等部分，清洗干净，根据产品种类和级别选择冷却的个部位的新鲜肉作为原料肉。

2）根据不同产品类别进行注射、滚揉、腌制、加工、分切、调味、调质、分装、冷却等调理加工。

麻辣兔丁：兔肉切为丁块，油炸后加入调味料及调香料调制，再加入其他辅料。

香酥兔肉片：兔肉切为肉片，加食盐腌制，过油后与辅料混合。

川味香豉兔肉：兔肉切为丁块，加食盐等腌制，再油炸后加入其他辅料，适时焖煮即可。

麻辣风味兔：兔肉切为丁块或片状，加食盐等腌制后过油，辅料调制为香汁，放入兔肉适时焖煮即可。

酸辣兔肉：兔肉切为丁块或片状，加食盐等腌制，辅料调制为香汁，放入兔肉适时焖煮即可。

3）PE 料托盘包装或真空、气调包装均可，冷却或冻结储藏销售，加热食用。

十、预调理兔肉开胃汤

1. 原辅料配方

1）原料：兔肉 25kg，鸡肉 5kg。

2）配料：香菇 10kg，土豆 5kg，胡萝卜 5kg，洋葱 2kg，鸡骨适量。

3）调料：食盐 1.5kg，亚硝酸钠 5g，鸡精 50g，生姜 500g，胡椒粉 150g，本色酱油适量。

2. 工艺流程

原料处理→肉料腌制→预煮→切丁→配料调制→混合调味→热灌装→杀菌→冷却→成品。

3. 加工技术要点

1）以新鲜去骨兔肉和鸡肉为原料，切为长块，添加食盐和亚硝酸钠混合，2℃腌制 24h，入沸水预煮 10min，捞出清洗后沥干冷却，切肉机切为小丁块。

2）鸡骨敲破，入锅加清水，生姜拍破加入，熬煮 2h 左右，捞出鸡骨，加入肉丁和其他辅料。

3）香菇、洋葱洗净，入沸水预煮 1～2min，捞出冷却备用。去皮土豆和胡萝卜洗净，切为小丁块，入沸水预煮 5～6min，捞出冷却备用。

4）将鸡汤、肉丁和配料分放入煮锅中，边煮制边添加辅料，煮沸数分钟，冷却至 45～50℃时热灌装入耐高温人工肠衣中，打扣结扎为粗香肠状。

5）将香肠状兔肉肠入蒸煮锅，80～85℃保温至肠体中心温度 70～72℃，保温数分钟，取出冷水冲淋，迅速冷却至低于 15℃，入冷库 2℃储藏，冷链储运销售。食用前剪开肠衣，倒入容器中加热，即可分份作为餐前汤或配菜汤食用。

十一、预调理风味兔肉

1. 原辅料配方

1）原料：兔肉50kg。

2）辅料：食盐1.5kg，复合磷酸盐50g，异抗坏血酸钠30g，红曲色素适量，混合五香料、淀粉、鸡蛋清及细米粉适量。

2. 工艺流程

原料处理→切片→盐水调制及注射→腌制→上浆→裹粉→冷却→冻结→包装→冻结储藏→成品。

3. 加工技术要点

1）以新鲜剔骨兔后腿为原料，清洁整理，沿中线分割开使腿肉成一大片。

2）混合五香料加清水熬煮为香料汁，去除不溶料，冷却后添加食盐、复合磷酸盐、异抗坏血酸钠和红曲色素，充分搅拌溶解为注射液。

3）将注射液用盐水注射机注射入兔肉中，注射2次，未进入肉块的注射液和肉块一并入容器，2℃腌制24h。

4）将鸡蛋清和淀粉调制为蛋清浆糊，用上浆机和上粉机将腌制后的肉块逐一上浆挂糊和上细米粉，入冷室 2℃冷透，即可包装作为冷保鲜调理产品，冷链储藏销售，20d内保鲜保质。

5）需长期储藏的产品，在冷却后入急冻室-38℃以下快速冻结，包装后-18℃以下冻结储藏，冷链冻藏销售，12个月内保鲜保质。

6）预调理风味兔肉作为方便快捷、新鲜营养的预调理产品，可根据需求，解冻或不解冻烧烤、油炸等熟制后食用。

十二、兔肉香辣酱

1. 原辅料配方

1）原料：净兔肉10kg。

2）辅料：特级郫县豆瓣15kg，江津豆豉5kg，榨菜5kg，花生700g，精盐2kg，黄酒1kg，酱油2kg，饴糖2kg，白糖2kg，鸡精200g，卡拉胶100g，酵母精1kg，香油2kg，色拉油10kg，羧甲基纤维素100g，大蒜泥500g，五香粉100g，花椒粉200g，辣椒红色素或红曲色素50g，山梨酸钾50g。

2. 工艺流程

原辅料选择→肉松制作→辅料调制→调味→磨细→加热→装罐→成品。

3. 加工技术要点

1）将检查合格的活兔按程序宰杀放血，去脏、去杂、洗净，剔骨取精肉，经预煮、卤煮、打松、油酥等工艺制作为油酥肉松。

2）豆瓣剁细后用油酥香，江津豆豉剁细后用油酥香，榨菜剁细，花生炒香后磨酱，色拉油烧热。各种调料处理预加工后混合。

3）混合料入胶体磨磨细，入夹层锅搅拌加热至 80～85℃保温 10min。将香辣酱热灌装入小瓶中，上面加少量调制的红油后旋盖密封。

十三、强化钙与不饱和脂肪酸营养奶

1. 原辅料配方

1）原料：兔肉 100kg。

2）辅料：还原奶（奶粉与水等混合并标准化）70kg，复合蛋白酶适量，卡拉胶 0.3kg，乙基麦芽酚 0.12kg，牛磺酸 0.05kg，抗坏血酸 0.01kg，白砂糖 6kg。

3）营养强化料：葡萄糖酸钙 100g，深海鱼油 50mL，β-环糊精 400g。

2. 工艺流程

肉兔选择→屠宰分割→剔骨切丁→斩拌→蒸煮→加酶发酵→辅料→杀菌→成品包装。

3. 加工技术要点

1）选用健康优质兔，经宰杀、脱毛、净膛、清洗后置于冷室内至少 12h，至肉中心温度 2℃。剔骨肉，去除油脂、筋腱，绞切为约 0.5cm^3 的肉丁。

2）绞切后肉丁入蒸煮锅，80℃保温 90min 熟化。

3）煮熟后的肉丁加入发酵罐中，添加量为肉量 2 倍的煮肉肉汤，调节 pH 值至 7.0，添加 $Ca(OH)_2$ 调节，加热至 60℃，添加蛋白酶酶解，46℃保温酶解 9h，过滤冷却。

4）取还原奶，加入调香后酶解提取液，不同营养强化和味型产品同时添加其他相应的辅料，搅拌混合均匀。

5）混合奶液放入均质机高压均质（压力 15～25MPa），高温瞬时杀菌（137℃，4s）后无菌包装。产品常温下保质期为 12 个月，开启即可饮用，也可加热后饮用。

十四、果汁兔肉蛋白多肽营养奶

1. 原辅料配方

1）原料：兔肉 100kg。

2）辅料：还原奶（奶粉与水等混合并标准化）74kg，复合蛋白酶适量，β-环糊精 0.3kg，卡拉胶 0.35kg，乙基麦芽酚 0.1kg，橘汁 15kg，橘子香精 0.2kg，白砂糖 12kg。

2. 工艺流程

整只冷冻兔肉→解冻→刷洗→去除脊椎骨→斩拌→蒸煮→加酶发酵→辅料→杀菌→成品包装。

3. 加工技术要点

1）原辅料选择：以符合卫生标准之剔骨兔肉为原料。选用健康优质兔，经宰杀、脱毛、净膛、清洗后置于冷室内至少 12h，至肉中心温度 2℃。剔骨后去除油脂、筋腱，绞切为约 $0.5cm^3$ 肉丁。

2）蒸煮：绞切后肉丁入蒸煮锅，78℃保温 80min 熟化。

3）加酶发酵：煮熟后肉丁入发酵罐，添加为肉量 2 倍的煮肉的肉汤，调节 pH 值至 7.0[添加 $Ca(OH)_2$ 调节]加热至 60℃，添加蛋白酶酶解，48℃保温酶解 8h，过滤冷却。

4）辅料添加：取还原奶 74kg，加入调香后酶解提取液 25kg，同时添加 β-环糊精 300g、卡拉胶 350g、乙基麦芽酚 100g，搅拌混合均匀。再添加橘汁 15kg，橘子香精 200g，白砂糖 12kg，搅拌混合均匀即为果汁兔肉蛋白多肽奶。

5）杀菌包装：混合奶液放入均质机高压均质（压力 15～25MPa），高温瞬时杀菌（137℃，4s）后无菌包装。产品常温下保质期为 12 个月，开启即可饮用，也可加热后饮用。

第五章　加工卫生管理与质量控制

第一节　兔肉制品加工卫生管理

随着生活水平的提高，日常饮食结构的变化，人们对肉制品的需求逐步增加。品种多样、富有风味、营养丰富、食用方便的肉制品已成为人们日常生活中经常食用的食品之一。俗话说“病从口入”。肉制品的卫生情况，将直接影响人体的健康。认真贯彻“预防为主”的方针和执行《中华人民共和国食品安全法》（以下简称《食品安全法》）的规定，加强肉制品的卫生管理，对提高肉制品质量，防止肉制品污染和其他有害因素对人体的危害，防止肠道传染病等疾病的传染，增进人们身体健康等方面具有重要意义和作用。

一、兔肉制品卫生的基本要求

（一）原料、辅料的卫生要求

1）兔肉制品加工用的原料肉必须经过兽医卫生检验，并有检验检疫合格证明，必须符合国家卫生、质量标准。不得使用已经腐败变质或不符合卫生要求的原料。

2）建立加工前剔骨修割的检查制度。原料整理必须修净甲状腺、肾上腺、病变淋巴结及病变组织，去除毛、血、污，并清洗干净；原料不得直接着地存放，落地污染的原料应清洗干净后方能使用。

3）严禁使用不符合食品卫生要求的辅料及食品添加剂。盛装辅料及添加剂的容器不得直接着地摆放。

（二）加工及包装的卫生要求

1. 对加工的卫生要求

1）加工用的各种工具、容器、台板、机器设备等，使用前应严格清洗消毒。盛装待熟制原料的容器不得接触地面，不得使用不符合卫生要求的容器盛装熟制品。凡接触或盛放熟制品的容器，要求每使用一次，清洗消毒一次。

2）做到原料与半成品、成品分开；食品与药品、杂物分开；生制品与熟制品分开，防止交叉污染。

3）加工中要根据制品的不同熟制要求，做到烧熟煮透，以达到无害处理的标准。同时，还要保证制品的质量和特色，减少营养成分的损失，避免营养成分的破坏。肉制品熟制后要注意通风冷却，并防止污染。使用一次性可食外包装材料的制品熟制后不得用自来水冷却。

4）肉制品加工生产应以销定产，对超过保质期的制品，要有相应的销毁处理制度。

5）肉制品加工过程中，加工人员应按照规定的配方和工序进行加工，不得擅自更改，不得滥用或超标准使用食品添加剂，要严格遵守各种食品卫生操作规程，保证产品符合卫生要求。

2. 对包装的卫生要求

1）包装间要有缓冲室、空调设施、自动洗手设施及消毒设备。配备专职卫检人员，对车间温度、环境、设备、用具及包装入员进行卫生检查，负责消毒药液配制及做好产品质量记录和统计报表工作。

2）包装材料必须符合食品包装材料卫生标准相关国家标准，并有专人保管。

3）包装好的产品必须有产品说明书和商品标志，注明产品品名、产品标准号、生产许可证号、产地、厂名、生产日期、批号、规格、配方和主要成分、储存条件、保质期等。

（三）兔肉制品加工企业的卫生工作

兔肉制品的加工生产，卫生是第一生命，没有好的卫生条件很难做出高质量的产品。所以，肉制品加工企业应将卫生工作放在首位，并重点抓好以下几项工作。

1. 定期组织培训

新进厂职工、干部，要组织专门人员对其进行卫生知识培训，贯彻《食品安全法》，树立卫生意识，坚持先培训后上岗。对在岗职工、干部，也要定期组织卫生培训。培训教育要有计划、有考核标准，做到制度化和规范化。

2. 工厂的卫生管理

1）健全制。制订卫生管理制度和实施细则；配备经培训合格的专职卫生管理人员，按规定的权限和责任负责监督全体职工执行卫生规章制度。

2）清洗消毒。生产车间的设备、工器具、操作台，应经常清洗和进行必要的消毒；使用消毒剂消毒后，必须再用饮用水彻底冲洗干净，除去残留物后方可接触肉品。每班工作结束后或在一定时间内，必须彻底清洗加工场地的地面、墙壁、排水沟，并进行消毒。对更衣室、淋浴室、厕所、工间休息室等场所，应经常清扫、清洗、消毒，保持清洁。

3）废弃物处理。厂房通道及周围场地不得堆放杂物。生产车间和其他工作场地的废弃物必须随时清除，并及时用不渗水的专用车辆、容器运到指定地点加以处理。废弃物专用容器、车辆和临时存放场地应及时清洗、消毒。

4）除虫灭害。厂内应定期或在一定时间内进行除虫灭害，防止害虫滋生。车间内外应随时灭鼠。车间内使用杀虫剂时，应按卫生部门的规定采取妥善措施，不得污染原辅材料与肉制品。使用杀虫剂后，应及时将受污染的设备、工器具和容器彻底清洗，除去残留药物。

5）危险品管理。必须设置专门的危险品库房和储存柜，存放杀虫剂和一切有毒、有害药品。这些物品必须贴有醒目“有毒”标记。工厂应制订各种危险品的使用规则。使用危险品须经专门管理部门批准，并在指定的专门人员的严格监督下使用，不得污染肉品。

6）厂区禁止饲养非屠宰动物（科研和动物检测用的试验动物除外）。

3. 个人卫生和健康

1）健康检查。生产人员及有关人员每年至少进行一次健康检查，取得健康合格证方可上岗工作。

2）健康要求。凡患有下列病症之一者，不得从事屠宰和接触肉品的工作：痢疾、伤寒、病毒性肝炎等消化道传染病（包括病原携带者）；活动性肺结核；化脓性或渗出性皮肤病；其他有碍食品卫生的疾病。

3）受伤处理。凡受刀伤或有其他外伤的生产人员，应立即采取妥善措施，包扎防护，否则不得从事屠宰或接触肉品的工作。

4）洗手要求。生产人员遇有下述情况之一时必须洗手、消毒，工厂应有监督措施：开始工作前；上厕所之后；处理被污染的原材料之后；从事与生产无关的其他活动之后；分割肉和熟肉制品加工人员离开加工场所再次返回前应洗手、消毒。

5）个人卫生。生产人员应保持良好的个人卫生习惯，勤洗澡、勤换衣、勤理发，不得留长指甲和涂指甲油。

此外，生产人员不得将与生产无关的个人用品和饰物带入车间；进车间必须穿工作服（暗扣或无纽扣、无口袋）和工作鞋、戴工作帽，头发不得外露；工作服和工作帽必须每天更换。接触直接入口食品的加工人员必须戴口罩；生产人员离开车间时，必须脱掉工作服、鞋、帽；非生产人员经获准进入生产车间时，必须遵守有关的规定。

4. 加工过程的卫生

1）原料、辅料。用于加工肉制品的原料肉，须经兽医检验合格，符合国家有关标准的规定。必须使用国家允许使用的食品添加剂，使用量必须符合国家食品添加剂卫生标准的规定。投产前的原料和辅料必须经过卫生、质量检验，不合格的原料和辅料不得投入生产。

2）分割冷冻。畜禽躯体剔骨、分割应在较低温度下进行，并应有散热和防止积压的措施，避免分割肉变质。卫生检验人员应对原料和成品的卫生质量、车间温度、卫生设施等进行监督检查。冷藏库内应经常保持清洁、卫生。冻肉在冷库内应在垫板上分类存放，并应与墙壁、顶棚、排管等保持一定间距。入库冻肉必须有兽医检验证书。储藏过程中应随时检查，防止风干、氧化和变质。

3）肉制品加工。工厂应根据产品要求制定加工工艺、卫生规程和消毒制度，严格控制可能造成成品污染的各个关键因素，并应严格控制各种肉制品的加工温度，避免因加工温度不当而造成食物腐败变质。原料肉腌制间的室温应控制在2～4℃，以防止腌制过程中半成品腐败变质。用于灌肠产品的动物肠衣应搓洗干净，消除异味。使用非动物肠衣须经食品卫生监督部门批准。熏制各类产品必须使用低油脂的硬木（木屑）。采用高温或冷冻处理可食肉时，应选择合适的温度和时间，达到使寄生虫和有害微生物致死的目的，保证人食无害。

4）包装。包装熟肉制品前，必须对操作间进行消毒。各种包装材料必须符合国家卫生标准和卫生管理办法的规定。包装材料应存放在通风、干燥、无尘、无污染源的仓库内，使用前应按有关卫生标准检验、化验。成品的外包装必须贴有符合国家相关规定的标签。

5. 成品的卫生

无外包装的熟肉制品应限时存放在专用成品库中，超过规定时间必须回锅复煮。如需冷藏储存，应严密包装，不得与生肉混存。

各种腌、腊、熏制品应按品种采取相应的储存方法。一般应吊挂在通风、干燥的库房中。咸肉应堆放在专用的垫架上。如夏季储存或需延长储存期，可在低温下储存。

鲜肉应吊挂在通风好、无污染源，室温在0～4℃的专用库内。

鲜、冻肉不得敞运，没有外包装的剥皮冻猪肉不得长途运输。运送熟肉制品应使用防尘保温车，或将制品装入专用容器（加盖）用其他车辆运送。头蹄、内脏、油脂等应使用不渗水的容器装运。胃、肠和心、肝、肺、肾不得盛装在同一容器内，并不得与肉品直接接触。装卸鲜、冻肉时，严禁脚踩、触地。所有运输车辆和容器应随时或定期清洗、消毒，不得使用未经清洗、消毒的车辆和容器。

6. 卫生与质量检验

工厂必须设有与生产能力相适应的兽医卫生检验和质量检验机构，配备经专业培训并经主管部门考核合格的各级兽医卫生检验站（室）及检验人员。工厂检验机构在厂长直接领导下，统一管理全厂兽医（食品）卫生和兽医（食品）检验、质量检验人员；同时接受上级主管部门的监督和指导。检验机构有权直接向上级有关主管部门反映问题。检验机构应具备检验工作所需要的检验室、化验室、仪器设备，并有健全的检验制度。检验机构必须按照国家或有关部门规定的检验或化验标准，对原料、辅料、半成品、成品等各个关键工序进行细菌、物理、化学检验和化验，以及病原试验诊断。经兽医检验细菌超标不合格的产品，一律不得出厂。外调产品必须附有兽医检验证书。计量器具、检验、化验仪器、设备必须定期检测、维修，确保精度。各项检验、化验记录保持三年备查。

（四）发货、运输、储存的卫生要求

1. 对发货的卫生要求

成品卫生质量应有专人检验，定期抽样化验，对不符合国家卫生标准和质量有问题的制品不能出厂。盛装货物的容器必须符合食品卫生要求。成品发货时要有卫检人员和质检人员严格把关。

2. 对运输的卫生要求

1）运输肉制品的工具必须专用，每次用后必须清洗、消毒，保持干净，并做到防雨、防尘、防晒、防污染，符合卫生要求。严禁使用装载过农药、化肥或其他有毒物品的运输工具装运食品。

2）肉制品应根据性质、种类分别运输，生熟分开，防止交叉污染，易腐制品应在低温或冷藏条件下运输。

3）装运人员要注意个人卫生及操作卫生，防止污染。

4）尽量缩短肉制品运输时间，并按不同季节做好防污染工作，保证肉制品卫生质量。

3. 对储存的卫生要求

1）原料、辅料及肉制品储存应有专用存放场所，要有专人负责管理，并做好存放场所的定期消毒、防霉、防虫、防蝇、防鼠工作，要设有测温、湿度的记录装置。

2）库房应按原料、辅料、半成品及成品的性质分类设置，防止交叉污染。库房内存放的食品之间要有一定间隔，与地面、墙壁要保持一定距离，不得直接放在地上，不得存放腐败变质、被污染、有异味的货物。存放的食品要坚持先进先出的原则。

3）库内存放食品要有登记及食品卫生质量检查、验收制度。对贵重及有毒性的原、辅料要专人负责，妥善保管，防止丢失和错发。

（五）零售、个人及环境的卫生要求

1. 对零售经营的卫生要求

1）零售经营部门要有防尘、防蝇、消毒及防腐设备。在销售过程中，尽量做到密闭化，所使用的工具及设备要符合食品卫生要求。

2）零售单位或个人出售的肉制品应新鲜清洁，不得调进和出售腐败变质或含有毒物质的制品。

3）售货人员要穿戴干净清洁的工作衣帽，销售熟肉制品应用专门工具夹持，做到钱、货分开，要养成良好的卫生习惯，做好食品卫生质量检查，把好质量关。

2. 对个人的卫生要求

1）肉制品生产加工和销售人员，每年要定期进行健康检查。凡患有痢疾、伤寒、病毒性肝炎（包括带菌者）、活动性肺结核、化脓性或渗出性皮肤病的人员，不得从事接触食品的工作。

2）从事肉制品生产加工和销售的人员必须接受卫生知识和食品安全法的培训，考核合格后方可从事食品生产和销售。

3）肉制品生产加工和销售人员应穿戴工作服和工作帽，并经常保持清洁。工作时不准戴戒指、项链、耳环等饰物和手表，以免操作时落入食品中，造成污染。

4）个人要养成良好的卫生习惯，勤洗澡，勤理发，勤剪指甲，勤洗手，勤换洗衣服（包括工作服），不向食品打喷嚏、擤鼻涕，操作时禁止吸烟等。

3. 对环境的卫生要求

1）肉制品生产企业的厂址区或车间应选择在地势较高、干燥、通风、采光良好并远离污染源的地方，以防食品污染。厂房建筑物结构与设备安装要坚固，建筑物与设备、设备与设备间要保持适当空间，根据工艺流程要求保持生产的连续性，便于生产、储存、运输、维修与洗刷。

2）车间地面、墙壁要用不透水、不吸水的材料制成，便于清洗、消毒。车间门口设有洗靴机、消毒池、风淋室和自动洗手消毒设施，地面平坦不打滑、不积水，清洁整齐，排水管道畅通。加工车间应有防蝇、防尘、防鼠设施，设置相应的通风、排烟装置。

3）生活区、厕所和饲养动物的区域不得位于加工区的上风向，并应与加工区保持一定距离。

4）环境卫生采取定人、定物、定时间、定质量的“四定”办法，划片分工，包干负责，定期检查。

二、兔肉制品生产消毒方法

兔肉制品在加工生产过程中被细菌污染的途径很多，主要有以下几种原因：

1）通过水而污染。在肉制品加工中，原料肉的洗涤加工和冷却、机器设备的清洗及墙壁地面的保洁，都需要大量的水，如水被污染，将直接污染肉制品。

2）通过空气与地面而污染。地面上有大量细菌，空气中的细菌主要来自地面，如制品在加工过程中不慎落地或长时间暴露在空气中，污染是不可避免的。

3）通过人及动物而污染。直接从事肉制品加工的人员，如不养成良好的卫生习惯，手和工作衣帽等不洁，就会污染肉制品。同时，肉制品生产场所中的蚊、蝇、鼠等小动物都是细菌的传播者。

4）通过工具或用具而污染。肉制品加工过程中，从运输到成品各环节使用的工具、用具、设备、容器及包装材料等未经消毒，就会直接污染肉制品。

5）还包括原料肉采购前已受污染，辅料及添加剂对肉制品的污染等多种因素。

以上情况说明，肉制品的污染来源是复杂的，涉及加工过程中每一个环节。由此可以看出，在肉制品生产过程中，消毒工作是非常重要的，是贯彻“预防为主”方针的一项重要措施，是杀灭细菌、防止病原体扩散、防止污染、保证肉制品卫生质量的一种重要手段。

消毒的方法很多，在选择消毒方法时应注意选择消毒效果好，并对人和食品危害小的方法。目前，肉制品加工生产中的消毒方法主要有蒸汽消毒、煮沸消毒和药液消毒。

1. 蒸汽消毒

蒸汽具有很大的渗透力，杀菌作用很强，高温的蒸汽透入菌体，使菌体蛋白质变性、凝固，直至死亡。饱和蒸汽在100℃时只需经过15～20min，就可杀死一般细菌。对芽孢型细菌，可采用高温高压蒸汽杀菌法，在高压蒸汽杀菌器中进行。当蒸汽压力为0.1MPa时，相应的温度可达121.6℃，各种细菌包括芽孢型细菌在内，经过15～20min，都会被杀灭，达到杀菌目的。

蒸汽消毒的方法应用极广，一切耐湿的物品，如各种工具、容器、用具等都可采用此法消毒。

2. 煮沸消毒

煮沸消毒是一种方法简单、应用广泛、效果较好的消毒方法。采用煮沸法消毒需先将水煮沸，再放入需要消毒的刀具、容器、工作衣帽等物品，水要淹过物体，持续煮沸10min，就能达到消毒目的。一般细菌在100℃沸水中经过4～5min即可死亡。但芽孢型细菌需要煮沸1～2h才能被杀死。若在水中添加1%～2%碳酸钠，可以加速杀死芽孢型细菌。

3. 药液消毒

药液消毒法是用化学药品配制的溶液对物品进行消毒的一种方法。其消毒作用比一般的消毒方法速度快、效力强，所以药液消毒法应用最广。

药液消毒的效果取决于药液的种类、性质、浓度、温度、作用时间及细菌的种类与各类细菌对化学药液的敏感性等。肉制品生产中理想的消毒药液应符合的条件是：杀菌效果好、作用快；不损害被消毒的物品；用后不留残余毒性或易除去；性价比高；对人及畜禽都较安全；配制与使用简便；易于推广。

下面介绍几种肉制品加工厂常用的药液消毒剂。

（1）碱类

碱类能水解蛋白质和核酸，能破坏细菌的结构和酶系统，造成细菌死亡。碱溶液的浓度越高，其杀菌作用越强。此外，碱类还具有去油污作用，以致肉制品加工厂常用不同浓度的碱溶液作为环境、工具、用具、台板等的去污消毒剂。

（2）漂白粉（次亚氯酸的钙盐）

它为白色或灰白色粉末。其水溶液释放出有效氯成分，有很强的氧化、杀菌与漂白作用，0.25%～0.3%的水溶液能在5min内，0.5%～1%的水溶液能在3min内杀死大多数细菌。肉制品加工厂常用漂白粉澄清水来消毒工具、用具和包装品等。

（3）次氯酸钠溶液

次氯酸钠是强氧化剂，也是一种高效的化学消毒剂。它能渗进有机污物，具有分解有机物的能力并能杀死细菌。因此，对容器、设备、刀具、台板等具有较好的消毒效果。

（4）表面活性剂（又称去污剂）

表面活性剂为人工合成的洗净剂，能吸附于细菌表面，使细菌细胞通透性改变，细胞内的酶逸出，细菌因代谢障碍而死亡。其优点是在碱性和酸性溶液中不发生沉淀和浮渣，具有去垢和杀菌作用，无刺激性与腐蚀性，使用浓度无毒性。常见产品有新洁尔灭、度米芬等，被广泛应用于餐具、衣服和肉制品工厂工具、机器设备、容器等的清洗与消毒。

总之，在熟肉制品加工生产中，除上述几种消毒方法外，还包括干热杀菌法、紫外线杀菌消毒、臭氧杀菌消毒等多种方法。熟肉制品加工厂应十分注意日常的清洁卫生工作。至于定期消毒，国外多采用高压热水冲洗地面、墙壁、台板、容器等，除特殊情况外，不使用化学药液消毒，值得我们借鉴。

三、兔肉制品的防腐保质

（一）基本原理

兔肉制品的品质是由颜色、香气、口味、新鲜程度、组织状态等诸多因素构成的。这些品质特性会随时间的延长，光、热、空气等保存条件的影响产生变化。这种变化是不可逆转的，到一定程度，就不可食用。产生变化因素是多方面的，主要有：微生物的作用，包括细菌、致病菌等侵入、繁殖，制品产生腐败；物理化学变化，如光、热等，即使在常温下也会使制品中许多物质产生变化而改变色、香、味、状态；氧化作用，空气中的氧是很活泼的，可以与肉制品中的许多物质产生氧化作用，产生令人不愉快的气味、颜色、口味等，有些物质甚至对人体有害。这些因素中，在短时间内发生危害影响的主要是微生物的作用。

兔肉制品防腐保鲜的基本原理主要是在严格的加工卫生条件中，尽可能减少肉品微生物的初始菌量并避免污染，抑制肉品中微生物的生长代谢和酶的活性，阻止或抑制残存的微生物在肉品处理、加工和储存阶段的生长繁殖，保证产品的安全性和可储性。首选方法是通过冷藏、干燥脱水、酸化等方法改变利于微生物生长和酶代谢的温度、湿度、pH 等条件，也可辅以添加剂增强其抑制效能。防腐方法包括腌制、干燥、热处理、烟熏或添加防腐剂等，它们导致肉品内发生理化变化实现防腐；而保鲜常用方法是冷却、常规冻结和低温速冻，这些方法可不改变肉品内理化状态而延长产品储存期。

（二）常用方法

1. 控制初始菌量

新鲜兔肉基于自身防御体系基本上是无菌的，只有在病态或屠宰时应激状态，可产生内源性微生物对兔肉的污染，但原料肉卫生质量（污染菌量）主要取决于屠宰、加工过程的卫生条件。在常规所要求的卫生条件下，鲜肉表面污染菌量很低，一般低于 1×10^3CFU/cm^2；加工处理时间越长，污染菌量越高，至分割肉出售时，表面污染菌已相当高，可容忍的量为 5×10^6CFU/cm^2；污染菌量达（5×10^6）～（5×10^7）CFU/cm^2 时，肉已是次鲜或接近腐败；至 5×10^7CFU/cm^2 以上则呈现明显的变色、发黏、出现异味等现象。

尽可能低的初始菌量是加工储性佳的制品的首要条件。除严格原料肉屠宰、分割加工中的卫生条件外，有效的、不中断的冷链是防止污染菌生长的最佳方法。此外，可适当采用一些减少屠体表面污染菌的方法，如热水冲淋、蒸汽喷淋、有机酸处理等，但这些方法对于鲜态或生鲜调理产品不宜采用。

在严格加工处理卫生条件中，与肉料接触的加工设备、器具表面的消毒和杀菌尤为重要，为此可应用符合卫生标准的清洁剂、消毒剂，并结合物理法。其他基本要求是随时保持加工设备、器具、加工场地表面的干燥和冷却。

严格原料获取（肉畜屠宰、分割初加工）及产品加工各个环节的卫生条件，是保证肉品可储性的先决条件。对肉类的早期研究就已表明，初始菌量低的肉品保质期可比初始菌量高的产品长 1～2 倍，肉品中污染的微生物越多，生长繁殖活性以及对加工中采用的各种杀菌抑菌方法的抵抗力就越强，肉品也就越容易变质腐败。在现代肉制品加工管理中，原料质量和加工卫生条件对产品的影响更为重要。一些符合卫生标准的原辅料中杆菌和梭菌含量如表 5-1 所示。

表 5-1　肉制品加工原辅料杆菌和梭菌常规含量　（单位：CFU/g）

原辅料	杆菌	梭菌
瘦肉	10^2	1
畜皮	10^2	1
头肉	10^3	10
全血	10^2	10
大豆蛋白粉	10^3	10
天然香辛料	10^5	10^2
香辛料提取香精	10^2	1

根据肉品中微生物状况，一般可对其卫生安全性和可储性做出初步判断，从而对其进行“绿灯”、“黄灯”或“红灯”的“管制”。以鲜肉为例，菌落总数$<5\times10^6$ CFU/cm^2，可安全出售食用或用于加工（绿灯）；菌落总数为（5×10^6）～（5×10^7）CFU/cm^2，为次鲜肉，应谨慎食用，用于加工需特别处理或限定于加工某些产品（黄灯）；菌落总数$>5\times10^7 CFU/cm^2$，为腐败肉，不许出售食用或用于加工产品（红灯）。不同肉类产品菌落总数限定指标见表 5-2。

表 5-2　肉品中菌落总数限定指标

肉品	菌落总数
白条肉	$<10^6$ CFU/cm^2
分割肉或绞肉	$<10^6$ CFU/g
整节或块状熟肉制品	10^2～10^3 CFU/g
切片熟肉制品	10^3～10^4 CFU/g
肉干类制品	$<10^4$ CFU/g
腌腊生肉制品	10^5 CFU/g
发酵制品	10^7～10^8 CFU/g（主要为乳酸菌等益生菌）
软罐头、高温火腿肠	$<10^2$ CFU/g
硬罐头	商业无菌

2. 低温抑菌

每种微生物都有一个最适生存温度，过高或过低的温度都会影响其生长、繁殖。人们可以用高温来杀死微生物，也可用低温来控制微生物，一般微生物的生长、繁殖随温度的下降而减慢，并且随温度的下降，可繁殖的微生物的种类也在减少。

一般微生物生长繁殖温度范围是 5～45℃，较适温度是 20～40℃，嗜冷菌 –1～5℃，特耐冷菌–18～–1℃，45℃以上及–18℃以下一般微生物不再具有生长势能。有效控制温度，采用低温冷藏或冻结，可有效抑制肉品中残存微生物的生长繁殖，而在防腐保鲜的意义上讲，低温法是肉品保鲜最重要，也是最主要的方法，其他方法则是防腐法。这也是先进工业国在保证肉品可储性和卫生安全性上主要采用低温法的原因之一。可以说，低温抑菌是工业国肉品防腐保鲜的主要方法。

低温储藏环境温度是控制肉类制品腐败变质的有效措施之一。低温可以抑制微生物生长繁殖的代谢活动，降低酶的活性和肉制品内化学反应的速度，延长肉制品的储藏期。但温度过低，会破坏一些肉制品的组织或引起其他损伤，而且耗能较多。因此在选择低温储藏温度时，应从肉制品的种类和经济两方面来考虑。

肉制品的低温储藏包括冷藏和冻藏。冷藏就是将新鲜肉品保存在其冰点以上，但接近冰点的温度，通常为–1～7℃。在此温度下可最大限度地保持肉品的新鲜度，但由于部分微生物仍可以生长繁殖，因此冷藏的肉品只能短期保存。另外，由于温度对嗜温菌和嗜冷菌的延滞生长期和世代时间影响不同，故在这两类微生物的混合群体中，低温可以起很重要的选择作用，引起肉品在加工和储藏中微生物群体构成改变，使嗜温菌的比例下降。

肉品生产中的低温控制，还包括处理、加工、运输、储藏和销售的场地和空间的温度控制。温度越高，微生物繁殖越快；温度越低，对微生物和酶的抑制作用越强，肉品的可储性越佳（表 5-3）。

表 5-3　几种肉制品不同温度下的保质期试验结果

肉制品	储藏温度/℃	保质期
西式蒸煮香肠	1～2	31d
	8	22d
	20	7d
高温火腿肠	4	14 个月
	15	8 个月
	30	3 个月
酱卤肉制品（非包装）	2～4	15d
	15	6d
	25	2d

3. 高温杀菌

热加工是熟肉制品防腐必不可少的工艺环节。蒸煮加热的目的之一，是杀灭或减少肉制品中存在的微生物，使制品具有可储性，同时消除食物中毒隐患。以蒸煮香肠加工各工序微生物的变化为例，即可反映出热加工在减少肉制品中存在的微生物方面的重要作用（表 5-4），蒸煮后产品中菌落总数已降至符合卫生质量要求。不同级别的高温可起到不同的抑菌或杀菌作用。

表 5-4　兔肉蒸煮香肠加工各工序微生物状况

加工工序	香肠中心温度/℃	菌落总数/（CFU/g）
充填时的肠馅	18	2.6×10^7
预干燥结束时	29	3×10^7
烟熏结束时	41	2.6×10^7
蒸煮初期	56	10^7
60min 蒸煮结束时	70	2.2×10^4
75min 蒸煮后	71.5	1.5×10^4
90min 蒸煮后	72	10^4
水中急冷后	54	4.4×10^3

肉制品的中心温度加热到 65～75℃时，肉制品内几乎全部酶类和微生物均被灭活或杀死，但细菌的芽孢仍然存活，只能受到一定抑制作用。因此，杀菌处理应与产后的冷藏相结合，同时要避免肉制品的二次污染。

杀菌指肉制品的中心温度超过 100℃的热处理操作。其目的在于杀死细菌的芽孢，以确保产品在流通温度下有较长的保质期。但经杀菌处理的肉制品中，仍存有一些耐高温的芽孢，只是量少并处于抑制状态。在偶然的情况下，经一定时间，仍有芽孢增殖导致肉制品腐败变质的可能。因此，应对杀菌之后的保存条件予以重视。杀菌的时间和温度应视肉制品的种类及其微生物的抗热性和污染程度而定。

一般肉制品的加热温度设定为 72℃以上，如果提高温度，可以缩短加热时间，但是，细菌死亡与加热前的菌落总数、添加剂和其他各种条件都有关系。如果热加工至肉制品中心温度达 70℃，尽管耐热性芽孢菌仍能残存，但致病菌已基本完全死亡。此时产品外观、气味和味道等感官质量保持在最佳状态。这时结合以适当的干燥脱水、烟熏、真空包装、冷却储藏等措施，则产品已具备可储性。对于高温高压加工的罐头肉制品，高温杀菌成为防腐的唯一作用因素。热加工至中心温度 120℃以上，仅数分钟即可杀灭包括耐热性芽孢杆菌在内的所有微生物，产品室温保质期 1 年以上。与此同时，肉品的感官质量和营养特性或多或少要受到损失。尽管如此，加工温度越高，产品可储性越佳（表 5-5），充分的热加工温度对于保证肉制品安全性和可储性是极为重要的。

表 5-5　肉制品加工温度与产品可储性

肉制品	加工温度（中心温度）	可储性
西式蒸煮香肠	70～75℃	冷藏可储，2～4℃，≤20d
中式灌肠	75～80℃	冷藏可储，4～8℃，≤25d
高温火腿肠	115～120℃	常温可储，≤6 个月
罐头（软罐、硬罐）	80～95℃	常温可储，5℃，≤6 个月
	100～110℃	常温可储，15℃，≤1 年
	121℃，5min	常温可储，25℃，≤1 年
	121℃，15min	常温可储，40℃，≤4 年

热加工对肉制品的影响不仅取决于温度，也取决于温度作用时间。高温抑菌和杀菌强度是温度与时间的结合。这一强度可用 F 值表达。根据 F 值的定义，制品中心温度在 121℃下作用 1min，F 值为 1。与此等同的是 111℃作用 10min 或 101℃作用 100min，温度越低，达到同等 F 值所需时间越长。不同类型产品需不同的热加工 F 值，以保证其可储性和卫生安全性。

4. 调节水分活度（A_w 值）

在微生物和酶类导致的食品腐败过程中，水的存在是必要因素。水分多的食品容易腐败，水分少的食品不易腐败。食品的储藏性与水分多少有直接关系。食品中水分由结合水和游离水构成，与食品的储藏性有密切关系的是游离水。游离水可自由进行分子热运动，并具有溶剂机能，因此，必须减少游离水含量才可以提高食品的储藏性。减少游离水含量，就是要提高溶质的相对浓度。食品中游离水状况可由 A_w 值反映，游离水含量越多，A_w 值越高。肉品中的大多数微生物只有在较高的 A_w 值情况下才能迅速生长，当 A_w 值低于 0.95 时，大多数导致肉品变质腐败的微生物的生长可受阻。微生物对 A_w 值耐受性的强弱次序是：霉菌>酵母菌>细菌。因此，即使是 A_w 值较低的肉制品，如肉干和腊肉，仍然容易霉变。

一般来说，食品水分含量越高越易腐败。但微生物的生长繁殖并不取决于食品的水分总含量，而取决于微生物能利用的有效水分，即 A_w 值的大小。A_w 值是指食品的密闭容器内的水蒸气压力与同温度下纯水的蒸汽压力之比。纯水的 A_w 值是 1.0，3.5% NaCl 的 A_w 值为 0.98，16% NaCl 的 A_w 值为 0.90。细菌比霉菌和

酵母菌所需的 A_w 值高；大多数腐败细菌的 A_w 值高，此 A_w 值下限为 0.94；致腐酵母菌为 0.88；致腐霉菌为 0.8。但有些微生物生长所需的 A_w 值较低（表 5-6）。降低食品的 A_w 值可延长其货架期。

表 5-6 食物中主要致病菌等微生物生长所需的最低 A_w 值

微生物	A_w	微生物	A_w	微生物	A_w
肉毒梭状芽孢杆菌 E 型	0.97	肉毒梭状芽孢杆菌 A 型和 B 型	0.94	棒状青霉菌	0.81
假单胞杆菌	0.97	副溶血性弧菌	0.94	灰绿曲霉	0.70
埃希氏大肠杆菌	0.96	乳酸链球菌	0.93	鲁氏酵母	0.62
产气肠杆菌	0.95	灰葡萄孢霉	0.93	双孢红曲霉	0.61
枯草杆菌	0.95	金黄色葡萄球菌	0.86		

A_w 值大于 0.96 的肉品易腐败，储存的必要条件是低温；A_w 值低于 0.96 的肉品较易储存；A_w 值低于 0.90，则即使肉品在常温下也可较长期储存。含水量 72%～75%的肉品是微生物的最佳营养基，湿润的肉 A_w 值较高而易于使沾染的微生物生长，如果储存阶段逐步干燥，则可抑制微生物生长而有助于产品保存。如表 5-7 所示，肉制品的可储性与其 A_w 值紧密相关，一般来讲，A_w 值越低产品越易于储存。当然微生物对 A_w 值的敏感性还取决于诸多因素，如环境温度、有无保湿剂等。

表 5-7 肉品 A_w 与可储性

肉品	A_w 值（变动范围）	储存条件
鲜肉	0.99（0.98～0.99）	冷藏可储（–1～1℃）
西式兔肉蒸煮香肠	0.97（0.97～0.98）	冷藏可储（2～4℃）
中式兔肉灌肠	0.96（0.93～0.97）	冷藏可储（2～4℃）
酱卤兔肉	0.96（0.94～0.98）	冷藏可储（2～8℃）
发酵兔肉香肠	0.91（0.72～0.95）	常温可储（<25℃）
熏兔肉	0.90（0.86～0.94）	常温可储（<25℃）
中式兔肉腊肠	0.84（0.75～0.86）	常温可储
腌腊兔（缠丝兔、板兔等）	0.80（0.72～0.86）	常温可储
干肉制品（兔肉干）	0.68（0.65～0.84）	常温可储
干肉制品（兔肉松）	0.65（0.62～0.76）	常温可储

降低肉制品的 A_w 值是延长其保质期常用的方法。而干燥（风干、日晒、烘烤等）是降低肉制品 A_w 值最为快速而有效的方法。中间水分食品多采用此法作

为主要防腐手段。

干燥脱水主要是使兔肉中的水分减少，阻碍微生物的繁殖，一般微生物的繁殖至少需要 40%～50%的水分，而微生物菌体自身通常含有 85%左右的水分。水分在细胞内为结晶质的溶媒，对确保微生物正常生活具有重要作用，如果细胞没有适当的水分，则微生物就不能生长，也不能吸收必需的营养物质和进行新陈代谢活动。干燥储藏也就是利用烘烤等方法去除兔肉中的自由水，以达到降低 A_w 值的目的，使微生物因缺乏水分而不能生存导致其死亡，利用这一原理来抑制微生物的繁殖。

兔肉及其制品在腌制或绞制等过程中添加食盐、砂糖等 A_w 值调节剂（溶质），利用添加溶质降低产品 A_w 值。可应用的 A_w 值调节剂包括食盐、糖、脂肪、磷酸盐、柠檬酸盐、乙酸盐、乳蛋白等，它们均可不同程度地降低肉品 A_w 值，如表 5-8 所示，食盐的作用最强，糖次之，丙三醇最差。只有一个例外，是添加甘油降低 A_w 值以抑制金黄色葡萄球菌的作用比添加食盐更强。由于不同添加剂在肉品中的添加量是有限的，例如，食盐受咸味所限，添加量一般不超过 3%，因此应用于降低产品 A_w 值的作用范围也就不能随心所欲。冻结储存肉品的重要机理也在于降低其 A_w 值；以鲜兔肉为例，在−1℃时，A_w 值为 0.99，而在−10℃、−20℃和−30℃时，A_w 值分别降至 0.907、0.823 和 0.746。传统肉品腌制法的实质也是通过提高产品的渗透压，降低 A_w 值，达到抑制微生物繁殖的目的，与此同时也可改善产品风味。

表 5-8　几种添加剂不同添加量对降低肉品 A_w 值的作用

添加剂	添加量对 A_w 的降低度					
	0.1%	1%	2%	3%	10%	50%
食盐	0.0006	0.0062	0.0124	0.186		
聚磷酸盐	0.0006	0.0061				
柠檬酸钠	0.0005	0.0047				
抗坏血酸	0.0004	0.0041		0.09		
葡萄糖醛酸内酯	0.0004	0.004				
乙酸钠	0.0004	0.0037				
丙三醇	0.0003	0.003	0.006	0.015	0.03	
葡萄糖	0.0002	0.0024				
乳糖	0.0002	0.0022	0.0044	0.066		
蔗糖	0.0002	0.0019	0.0026			
乳蛋白	0.0001	0.0013	0.0012	0.039		
脂肪	0.0001	0.00062		0.019	0.006	0.031

5. 调节 pH 值

pH 值对微生物生命活动影响很大，pH 值或氢离子浓度能影响微生物细胞膜上的电荷性质，从而影响细胞正常物质代谢的进行。每种微生物都有自己的最适 pH 值和一定的 pH 值生存范围。大多数细菌的最适 pH 值为 6.5～7.5。霉菌、酵母菌和少数乳酸菌可在 pH 值 4.0 以下生长（表 5-9）。超出其生长的 pH 值范围，微生物的生长繁殖就受到抑制或停止。当肉制品内 pH 值降至一定酸度，即可比在碱性环境下能更有效地抑制、甚至杀灭不利微生物。表 5-10 是根据 A_w 值和 pH 值对肉制品可储性进行的分类，及肉制品所需的储存温度条件。

表 5-9　食源性微生物生长的 pH 值范围

微生物	最低 pH 值	最高 pH 值	微生物	最低 pH 值	最高 pH 值
霉菌	1.0	11.0	沙门氏菌	4.2	9.0
酵母菌	1.8	8.4	大肠杆菌	4.3	9.4
乳酸菌	3.2	10.5	肉毒梭菌	4.6	8.3
金黄色葡萄球菌	4.0	9.7	产气荚膜梭菌	5.4	8.7
醋酸杆菌	4.0	9.1	蜡样芽孢杆菌	4.7	9.3
副溶血性弧菌	4.7	11.0	弯曲杆菌	5.8	9.1

表 5-10　肉制品根据 A_w 值和 pH 值分类及所需的储藏温度条件

肉制品类型	pH 或（和）A_w 值	所需的储存温度条件
极易腐败类	pH>5.2，A_w>0.95	≤5℃
易腐败类	pH=5.0～5.2，A_w=0.91～0.95	≤10℃
易储存类	pH<5.0，A_w<0.91	常温可储

在肉制品感官特性允许范围内降低其 pH 值是有效的防腐方法。通过加酸（如皮胶咖喱肠或发酵肠等）可降低肉制品的 pH 值而防腐。肉和肉制品中最常使用的酸是乳酸，但乳酸抑菌作用相对较弱。几种常用的酸按其抑菌强度大小依次排列为：苯甲酸>山梨酸>丙酸>乙酸>乳酸。但实际生产中可添加于肉制品中的酸很少，常用的是乳酸、抗坏血酸等。根据食品酸度可将其分为三类，即低酸度食品（pH>4.5）、酸度食品（pH=4.5～4.0）和高酸度食品（pH<4.0）。肉制品均属 pH>4.5 的食品，不容许过酸，大多数 pH 在 5.8～6.2 范围，pH 值的可调度极为有限，如何通过微调其 pH 值而有效地抑制微生物，延长产品保质期就显得尤为重要。如果在降低 pH 值的同时又辅以调节 A_w 值，则可发挥较佳共效作用。

6. 降低 Eh 值和避光

氧化还原反应中电子从一种化合物转移到另一化合物时，两种物质之间产生的电位差称为氧化还原电位（Eh 值），其大小用毫伏表示（mV）。氧化能力强的物质其电位较高，还原能力强的物质其电位较低，两类物质浓度相等时，电位为零。红肉中维持还原状态的物质是—SH。氧化还原电位对微生物的生长繁殖有明显的影响。pH 值、水分活度、Eh 值以及食品内固有的天然抗菌成分（如某些香辛料中的抗菌成分、乳中的过氧化氢酶体系、蛋清中的溶菌酶等）是食品防腐中常用的内在栅栏因子。大多数腐败菌均属好氧菌，生长代谢需要的氧一般从环境大气中吸取，大气中氧含量的多少也就同样影响残存微生物的生长代谢。对此可通过反映其氧化还原能力的 Eh 值判定肉品中氧存在的多少。氧残存越多，Eh 值越高，对肉品的保存越不利。Eh 值越低，微生物生长繁殖的机会也越小。

肉品生产上降低 Eh 值的主要方法是真空法和气调法，此外应用抗氧剂（加工中添加抗坏血酸、维生素 E、硝酸盐或亚硝酸盐以及其他抗氧剂）或脱氧剂（铁系、酶系、亚硫酸盐脱氧剂等），也在一定程度上有助于降低 Eh 值和增强肉品抗氧化能力。

真空法降低 Eh 值，如香肠加工中的真空绞制和斩拌、真空充填灌装、灌肠等制品加工中的真空滚揉、罐头制品的真空封罐等，均是脱氧作用；鲜肉、肉干等产品中常用的气调包装（CO_2、N_2 等单独或混合）则是阻氧作用。真空法和气调法均是肉品加工中简易而有效的保鲜、防腐法。

光照可刺激腐败菌代谢，提高分解脂肪的酶类（解脂酶）的活性，而对肉品储存不利。特别是导致产品外观褪色和脂肪氧化酸败。因此，肉制品储藏中应尽可能避光，并选用深色避光材料包装。尤其是脂肪含量高的产品，避光包装、储藏对防止脂肪氧化酸败极为重要。

7. 添加防腐剂（化学保存法）

添加适量卫生安全的防腐剂有助于改善肉品可储性，提高产品质量，肉制品加工研究与实践对此早已予以了充分肯定。肉制品中最常用的防腐剂是硝盐类和山梨酸盐类。

硝酸钠、硝酸钾和亚硝酸钠是肉制品中应用历史最长而且应用最广的添加剂，除可赋予产品良好的外观色泽外，还具有出色的抑菌防腐功能，也同时具有增香和抗脂肪酸败的作用。尽管近代研究揭示了亚硝酸盐残留可能导致的致畸致癌性，肉品加工业至今仍未找到更为卫生安全而又能发挥硝盐类诸多功能、更为高效的替代物。现代肉制品加工业的原则是严格控制其添加量和使用范围，尽可能少而又能达到必需的发色、防腐、增香等作用。例如，亚硝酸钠添加量为 20～40mg/kg 足以满足发色所需，增香须添加 30～50mg/kg，可发挥防腐功能则需 60～150mg/kg，控制在此范围，肉品的卫生安全性完全可得到保证。

山梨酸、山梨酸钾和山梨酸钠是具有良好抑菌防腐功能而又卫生安全的添加剂，广泛应用于多种食品中。一些国家将其作为通用型防腐剂，最大使用量为0.1%～0.2%。德国等则将其作为干香肠、腌腊生制品的防霉剂，如以5%溶液外浸使用。

对涉及面广、具一定副作用的硝盐类防腐添加剂，严格的加工管理和产品检测体系尤为必要。肉品生产上在严格限制其使用的同时，已在积极开发可起部分替代或协同作用以减少其用量的安全防腐剂。例如，食用酸盐类（乳酸钠）、乳酸菌素类（nisin）等因具有良好的安全性和防腐性而应用日益广泛。此外磷酸盐类、抗坏血酸盐类也可与其他添加剂起到协同防腐效能。

8. 烟熏

肉制品加工中的烟熏，除上色、增香、改善产品感官质量外，其主要作用还在于防腐，烟熏法还是肉品加工中最古老的工艺之一。烟熏防腐的机理是熏烟中含有可发挥抑菌作用的醛、酸、酯类化合物，且加工中烟熏工艺同时伴有表面干燥和热作用，所发挥的防腐效能特别显著。对于中间水分的产品（IMF），如腊肠、火腿、腌腊肉等传统肉制品，烟熏是一种既传统又现代的高效防腐防霉法。

烟熏储藏的原理，是利用烟气中的酚（如木馏酚）、酸、醇、羰基化合物和烃类等物质，对微生物的杀菌作用。熏制时，兔肉表面干燥，能延缓细菌生长，降低细菌数量，达到储藏兔肉的目的。但是霉菌对烟的作用稳定，故烟熏的兔肉制品仍存在长霉问题。同时烟熏工艺的卫生安全性不容忽视，熏烟中含有的3, 4-苯并芘等化合物具致癌性，特别是烟熏物燃烧温度高于400℃时，利于有害物苯并芘及其他环烃的形成。加工中应尽可能将其降低到最低程度，有效方法是实际燃烧温度不高于350℃，并采用间接烟熏法，通过烟发生器生烟，分离过滤后再进入熏制室，同时选择优质烟熏料。

9. 辐照

这种方法是用一定剂量的放射线来照射兔肉及其制品，以杀灭兔肉中的微生物，从而达到储藏的目的。用于处理食品的放射线主要有从放射性同位素发出的β射线、γ射线和由电子射线加速器放射出来的电子线、X射线等。

根据消灭微生物的程度，国际上将辐照处理分为以下三种剂量：

1）高剂量：能够完全消灭产生芽孢的微生物菌群，使肉及其制品达到无菌状态。如果照射无二次污染的食品，该食品在任何条件下都可以长期储存，也不会因此发生腐败或产生毒素。

2）中等剂量：能够完全杀灭无芽孢的微生物。这种剂量主要以消灭污染冷冻兔肉等食品的沙门氏菌为标准，通用剂量为50万～75万rad（$1rad=10^{-2}Gy$）。

3）低剂量：这种剂量能杀死部分腐败微生物，延长肉及其制品的储藏期。但用这种剂量照射食品后仍需在低温环境中储藏，即以照射和冷藏并用。

放射线处理兔肉及其制品的优缺点主要是：①与其他方法相比，可延长储藏期，试验用高剂量的放射线处理包装过的肉，可在室温储藏 7～10 个月，而冷却储藏时间仅为 2 个月。②可以有效地防止二次污染，提高肉及其制品的质量，因为肉及其制品可以在包装以后进行照射，消灭内部的微生物，避免二次污染，保证肉品质量。③与冻肉相比，可以免除冻结和解冻过程，目前大部分肉及其制品都采用冷却冻结的方法进行保存。因此，必须在储藏时进行冷却和冻结，使用前进行解冻。用照射处理可以免除这两个手续，提高了工作效率，也保证了质量，而且应用范围广，不仅仅是肉及其制品，乳、蛋、蔬菜、水果等各种食品都可以应用，如配合冷藏，效果更佳。④国际上经过 20 余年的研究，做了大量试验，肯定了用 10Mrad 以内的线量照射食品，不会诱发放射能和有毒物质，不会致癌，基本保证了食品的营养价值。但用放射线照射食品后因产生游离离子，使食品产生异味，这种异味通常称为“照射味”，损害食品的香味，尤其对肉类等动物食品影响明显；其次是色泽问题，具有鲜明红色的食品，如用大剂量照射就会变成暗红色，人工着色剂一经照射就会完全分解，此外，营养成分也有一定的变化。

10. 罐藏

罐藏法是真空脱氧、密封隔离与高温杀菌方法的结合，其具体工艺包括原料预处理、装罐、排气、密封、杀菌、冷却等，原料预处理、调味配方、杀菌温度和工序等因原料、罐装材料和产品类型不同而异。通过该工艺，产品在杀菌后不再受到微生物污染，始终保持商业无菌状态，加工的产品为罐头食品，包括硬罐（玻璃瓶罐、马口铁罐、陶瓷罐、硬塑罐等）和软罐（高温蒸煮软塑袋）等。罐藏法与其他方法比较，无须添加防腐剂，产品储藏期长，对储藏环境的要求低，便于运输携带，食用方便。罐藏食品的关键要素为通过罐藏容器的密封和充分的高温保证产品的商业无菌。容器密封是为了防止产品杀菌后再次受到污染。商业无菌是指经杀菌处理后，按照所规定的微生物检验方法，食品中无活的微生物检出，或仅能检出极少数的非病原微生物，但它们在食品储藏期间不能生长繁殖。

四、兔肉制品包装与产品达标和卫生

（一）兔肉制品的包装

兔肉制品包装是在产品外面加包装材料，如肠衣、塑料及其他材料。产品包装的意义：有利于保存和运输，保持肉制品的卫生；提高产品质量，减少污染，延长货架期；减少环境因素等引起的物理化学变化。包装是一门艺术，好的包装还可提高企业知名度。肉制品包装的好坏主要取决于包装形式与材料、包装工艺、包装设备等。

1. 包装形式与材料

包装形式：有定量包装和不定量包装两种。不定量包装的产品一般不分割，保持原形，如鸡、猪蹄等。有的肠类制品有包装，但不定量。定量包装产品有袋装、盒装、筒装等。

包装材料：任何包装材料，都必须符合国家卫生标准和卫生管理办法。目前使用的有：①聚乙烯薄膜，无毒无味，透明性好，化学性质稳定，因质量轻、携带方便、价格便宜，又适宜各种形式的加工，所以应用广泛。②聚偏二氯乙烯复合膜，特点是热收缩性好、着色好、氧透过率低、抗拉强度低，故广泛应用于充填火腿肠。③复合膜，由多层塑料膜复合而成，如聚乙烯、聚丙烯、玻璃纸、聚对苯二甲酸乙二酯、铝箔等，既有强度，又有耐高、低温性能。④尼龙膜，由尼龙制成，强度好，透气率大，常用于火腿肠包衣。⑤纤维素膜，是利用天然纤维素经化学处理制成，如纤维素肠衣、玻璃纸肠衣等。

2. 包装工艺

包装工艺是由产品品种和包装材料具体决定。有的产品适宜包装后二次杀菌，但有的产品不适宜。一般产品包装后可以将光、空气隔离或绝大部分隔离。产品内存有的少量细菌和氧气，对产品的保鲜仍有一定的影响。这是由于有些包装材料，在包装和保存过程中仍有二次污染问题，所以为延长保质期，有些产品包装后需二次杀菌。

（1）非透气性肠衣制品

非透气性肠衣主要有聚偏二氯乙烯及类似的复合膜，如铝箔复合膜等，透气性小，微生物也透不过，用这种膜包装杀菌后，可以较长时间维持在缺氧状态，并且隔绝空气。包装后可避免制品由于接触机器、手、容器等造成的二次污染，是提高保质期的简单、有效方法，工艺比较简单。非透气性包装工艺如下：

填充→结扎→水煮（98～100℃）→冷却→成品。

（水煮→）高温（120～124℃）→冷却

（2）透气性肠衣制品

所用包装材料是透气性的，包装后经过蒸煮、烟熏等一系列操作，会产生变化及二次污染问题，如动物肠衣、胶原肠衣等。为防止微生物污染，一是对已繁殖的微生物实行二次杀菌的方法，二是实行无菌卫生的二次包装，不再进行杀菌。二次杀菌工艺为：

已杀菌产品→切片→透气性包装→杀菌→成品。

（3）无菌包装

有些产品是熟制后包装，为了延长保质期，可以包装后杀菌。但有的产品不适宜再杀菌，可以用无菌包装工艺进行包装，包装材料要选用不透气的。包装工艺为：

原料→熟制→净化→无菌包装→成品。

3. 包装设备

熟肉制品的包装设备主要有真空包装、除气密闭包装、充气包装。

（1）真空包装

将熟肉制品装入真空袋中，然后把真空袋放在包装机密封室的加热条上，开机后就会连续排除空气，紧贴制品的封口薄膜被加热，从而热合在一起形成真空包装。有的真空包装制品是在模盒中包装，有的是无模形式包装，适合于块状制品、切片制品、小香肠制品等。

真空贴体包装利用制品代替包装模子，包装外形就是制品的形状。这种包装方式及包装制品，真空度较高，包装时制品上下都有薄膜，当上下薄膜受热熔融时四边就黏合一起。这种包装可以抑制产品中析出的液汁，一般情况下，由于这种包装受使用薄膜制约，不能进行再杀菌。

真空贴体包装机有间歇式和连续式两种，适用于包装培根、香肠及形状不规则的制品。

（2）除气密闭包装

将制品装入袋内，开口处插入真空气嘴，把空气排除，然后打卡结扎（一般用铝卡）。通过抽真空，使肠衣与制品贴紧在一起。这种方法一般要使用不透气的薄膜，包装后进行再杀菌。这种包装机有单机组合法，即一个机器先开口抽真空，另有结扎机结扎。还有一种是连续包装结扎机，产品结扎后通过热收缩，使薄膜紧贴制品。

（3）充气包装

用非透气性薄膜，抽出袋中的空气，充入氮气或二氧化碳，可防止制品氧化和变色，并能抑制好氧性微生物的繁殖。气体的置换有两种方式，一种是先抽真空再灌入所需要的气；另一种是直接灌入氮气或二氧化碳，将空气置换出，但这种方法置换不完全，先抽真空后充气置换彻底，应用较广。

4. 肉制品的标签

凡是包装的熟肉制品，按规定必须有标签，而且标签的设计、内容必须经主管职能部门审核同意后方能使用。可以直接印刷在包装物上，也可以单独贴在产品的包装上。凡是定量包装的产品，必须按照 GB 7718—2011《食品安全国家标准 预包装食品标签通则》规定执行。

非定量包装的产品，按当地主管机关规定条款执行。但必须标注产品名称、配料表、商标、质量等级、厂名、厂址、电话、生产日期、保存条件、保质（存）期、执行标准代号、条形码号、食用方法、净含量等。无论定量包装或非定量包装的产品，都必须标明淀粉含量和该产品的生产许可证编号。

（二）兔肉制品达标与卫生

1. 产品色、香、味、形的达标

产品色、香、味、形的达标，既要求产品的色、香、味、形俱佳，又要求产品符合卫生标准。做到这两点，才能称为好的产品。

产品质量的达标。第一，要有严格的卫生质量检验制度，从原料和辅料的选择、配制、加工、包装、储存、运输、零售等各环节层层把关，严格按质量标准进行验收，做到不合格的原、辅料不投产，不合格的肉制品不转入下道工序，不合格的半成品不使用，不合格的成品不出厂、不销售。第二，要建立健全各项规章制度，严守工艺规程，形成卫生质量检验监督网络，层层把关。第三，要掌握市场信息，了解和征求用户对产品的质量要求，及时调整产品。第四，要提高熟肉制品从业人员的文化、技术素质，树立主人翁责任感和事业心，充分调动他们的积极性和创造性，是保证和提高产品质量的关键。只有做到了这几点，才能使产品的色、香、味、形达标，才能生产出更多的符合社会需求的优质产品。

2. 卫生要求

肉制品加工从业人员要做好机械设备、工具、环境、个人的卫生消毒工作，在各个加工环节把好卫生质量关，严防食品污染、“病从口入”。对机械设备、工具、环境、个人卫生及消毒工作的卫生要求，在前文已有详细论述，从业人员要严格遵守。

肉制品生产企业要根据《食品安全法》要求，提出明确的卫生目标和管理章程，有针对性地建立卫生岗位责任制，建立检查、评比办法和奖惩制度，指定专职人员进行巡回检查监督，抽样化验，并建卡存档。对卫生不合格者进行纠正和惩罚，对严格按规章执行者，给予表扬和奖励。要经常宣传、学习、贯彻《中华人民共和国食品安全法》和各项卫生规定，做到人人重视、严格遵守、各负其责、层层把关，切实搞好卫生管理工作。

五、兔肉制品的卫生检验

（一）原料卫生检验

肉是肉制品最主要的原料，直接关系到肉制品的产品质量，只有好的原料肉才能生产出好的产品。所以，把好原料肉的质量关，是制备卫生好、质量高的肉制品的重要环节之一。原料肉的卫生检验按国家颁布的标准进行，无国标的可按行业标准或地方标准检验。

1. 产地和卫生检疫证

任何原料肉，先要检查来自何地区的屠宰厂家，以及是否有当地卫生检疫部门的检疫证明，还要了解产地有无疫情。如果没有以上检疫证明，原料为不合格，不能收、不能存、不能用。

2. 运输工具和包装

1）运输工具：运输原料肉的车辆、工具等，必须符合卫生法规要求，清洁、封闭，无其他污染物。

2）包装：原料肉的外包装材料应符合国家规定的要求，不会污染肉类及制品。包装上应标明原料肉名称、产地、生产厂址、电话、生产日期、执行标准（或标准号）、卫生许可证号、毛重、净重等。接收原料时应检查包装是否合乎要求、有无损坏等。

3. 感官检查

购进的原料肉是鲜的还是冻的，是整只的还是分割的，应根据不同种类按标准检查。

1）外观：表面有无浮毛、血污、异物、病变及其他污染。

2）色泽：肌肉的色泽是否正常，光泽度如何，脂肪有无氧化，有无风干现象，或其他异常。

3）弹性：用手指压肉的不同部位，好的肉应具有弹性，能很快恢复原状。

4）气味：应有鲜、冻肉的正常气味，不能有酸臭味、哈喇味。

5）水分：检查肉的含水情况，用指压肌肉辨别含水量。或用滤纸贴住肉块表面，稍用压力，正常情况下滤纸不会太湿，如含水多，压后滤纸发湿。如有疑问应做含水对比试验。

如有必要还可进行理化指标检验。

（二）成品卫生检验

肉制品的成品在出厂前及销售中要进行成品卫生检验，检验合格才能出厂或继续销售。检验内容包括产品包装、规格、感官检查、理化检查和微生物检查等。

包装、规格检查：包装应完好，标签齐全，结扎牢固、整齐。对定量包装的还要进行计量检查。

1. 感官检查

首先要看外观是否合乎要求，检查表面有无污染，有无霉变，色泽是否正常，组织状态、质地、切面的紧密情况，气味和滋味的情况，有无霉变味、酸臭味或其他异常味。

2. 理化检验

对成品应定期进行理化检验，包括亚硝酸盐、重金属、苯并芘类、蛋白质、脂肪、淀粉、水的含量，以及农残、药残等。

3. 微生物检验

每批次成品都必须做细菌检验（必检项目），主要包括菌落总数、大肠菌群、致病菌等的检验，有一项不合格者就不能出厂。

第二节　卫生标准操作程序

卫生标准操作程序（sanitation standard operation procedures，SSOP），是肉品企业为满足安全要求，对卫生环境和操作过程的基本具体要求。

20 世纪 90 年代，美国的食源性疾病频繁暴发，造成每年大约 700 万人次感染，70 余人死亡。调查数据显示，其中有大半感染或死亡的原因和肉禽产品有关。这一结果促使美国农业部不得不重视肉、禽生产的状况，决心建立一套包括生产、加工、运输、销售所有环节在内的肉禽产品生产安全措施，从而保障公众的健康。1995 年 2 月颁布的《美国肉、禽类产品 HACCP 法规》中第一次提出了要求建立一种书面的常规可行的程序——SSOP，确保生产出安全、无掺杂的食品。但在这一法规中并未对 SSOP 的内容做出具体规定。同年 12 月，美国食品药品监督管理局（FDA）颁布的《美国水产品 HACCP 法规》中进一步明确了 SSOP 必须包括的八个方面及验证等相关程序，从而建立了 SSOP 的完整体系。此后，SSOP 一直作为保障产品卫生安全的基础，以及作为进一步的质量管理体系良好操作规范（good manufacturing practices，GMP）或危害分析和关键控制点（hazard analysis and critical control point，HACCP）的基础程序加以实施，成为完成 HACCP 体系的重要前提条件。

一、SSOP 的内容

1. 水（冰）的安全

生产用水（冰）的卫生质量是影响肉品卫生的关键因素，肉品加工厂应有充足供应的水源。肉品加工，首先要保证水的安全，并要考虑非生产用水及污水处理的交叉污染问题。

对生产用水必须充分有效地进行监控，经检验合格后方可使用。供水设施要完好，损坏后能立即维修，管道的设计要防止冷凝水集聚下滴污染裸露的加工肉品，防止饮用水管、非饮用水管及污水管间交叉污染。废水排放和污水处理应符合国家环保部门的规定和防疫的要求，处理池地点的选择应远离生产车间。监控时发现加工用水存在问题或管道有交叉连接时应终止使用这种水源和终止加工，直到问题得到解决。水的监控、维护及其他问题处理都要记录、保持。

2. 与肉品接触的表面（包括设备、手套、工作服）的清洁度

与肉品接触的表面包括加工设备、案台和工器具、加工人员的工作服、手套及包装物料等。

在肉品生产过程中应及时对肉品接触面的条件、清洁和消毒、消毒剂类型和浓度、手套和工作服的清洁状况进行监控，监控方法有视觉检查、化学检测（消毒剂浓度）、表面微生物检查等。

肉品设备的材料应采用耐腐蚀、不生锈、表面光滑易清洗的无毒材料，不能使用木制品、纤维制品、含铁金属、镀锌金属、黄铜等材料；设计安装及维护方便，便于卫生处理；制作应精细，无粗糙焊缝、凹陷、破裂等，始终保持完好的维修状态。设备在使用前应首先彻底清洗和消毒，消毒可采用82℃热水、碱性清洁剂、紫外线、臭氧等方法；应设有隔离的工器具洗涤消毒间（不同清洁度的工器具须分开放置）；工作服、手套应集中由洗衣房清洗消毒（专用洗衣房，设施与生产能力相适应），不同清洁区域的工作服分别清洗消毒，清洁的工作服与脏工作服分区域放置，存放工作服的房间设有臭氧、紫外线等设备，且干净、干燥和清洁。

空气消毒可采用紫外线照射法。每10～15m^2安装一支30W紫外线灯，消毒时间不少于30min。温度高于40℃，湿度大于60%时，要延长消毒时间。

3. 防止发生交叉污染

造成交叉污染的来源有厂址和车间设计不合理，加工人员个人卫生不良，清洁消毒不当，卫生操作不当，生、熟肉品未分开，原料和成品未隔离。预防交叉污染有以下途径：

1）工厂选址应在周围环境不造成污染，同时厂区内不造成污染的地方。

2）车间布局应根据工艺流程合理布局。初加工、精加工、成品包装分开，生、熟加工分开，清洗消毒与加工车间分开，所用材料易于清洗消毒。

3）明确人流、物流、水流、气流方向。人流，从高清洁区到低清洁区；物流，可用时间、空间分隔；水流，从高清洁区到低清洁区；气流，入气控制、正压排气。

4）从事肉品加工的人员应养成良好的卫生习惯，注意洗手、首饰、化妆等的控制，需经过相应的卫生知识培训。

生产时发生交叉污染，应采取方法防止再发生，必要时停产，直到改进完善；如有必要，评估肉品的安全性；进行卫生安全知识强化培训。

4. 手的清洗和消毒、厕所设备的维护与卫生保持

（1）洗手消毒的设施及应具备的条件

1）非手动开关的水龙头。

2）有温水供应，在冬季洗手消毒效果好。

3）合适、满足需要的洗手消毒设施，每 10～15 人设一水龙头为宜。

4）流动消毒车。

洗手消毒方法为：清水洗手→用皂液或无菌皂洗手→冲净皂液→于 50mg/L（余氯）消毒液浸泡 30s→清水冲洗，擦干手（用纸巾或毛巾）。

（2）厕所设施及其要求

1）厕所的位置应与车间建筑连为一体，门不能直接敞向车间，有更衣、鞋设施。

2）厕所的数量应与加工人员相适应，每 15～20 人设一个为宜。

3）手纸和纸篓保持清洁卫生。

4）设有洗手设施和消毒设施。

5）有防蚊蝇设施。

6）通风良好，地面干燥，保持清洁卫生。

7）进入厕所前要脱下工作服和换鞋。

8）方便之后要进行洗手和消毒。

5. 防止肉品掺杂

防止肉品、肉品包装材料和肉品所有接触表面被微生物、化学药品及物理的污染物污染，如清洁剂、润滑油、燃料、杀虫剂、冷凝物等。防止与控制方法如下：

1）包装物料的控制。

2）包装物料存放库要保持干燥、清洁、通风、防霉，内外包装分别存放，上有盖布下有垫板，并设有防虫鼠设施。

3）每批内包装进厂后要进行微生物检验，菌落总数 $<100CFU/cm^3$，致病菌不得检出。

4）必要时进行消毒。

5）车间温度控制（稳定 0～4℃）。

6）肉品的储存库保持卫生，不同肉品、原料、成品分别存放，设有防鼠设施。

任何可能污染肉品或肉品接触面的掺杂物，如潜在的有毒化合物、不卫生的水（包括不流动的水）和不卫生的表面所形成的冷凝物。应在生产开始时及工作时间每 4h 检查一次。

6. 有毒化学物质的标记、储存和使用

肉品加工厂有可能使用的化学物质有洗涤剂、消毒剂（次氯酸钠）、杀虫剂（1605）、润滑剂、肉品添加剂（亚硝酸钠、磷酸盐）等。

所使用的化合物应有主管部门批准生产、销售、使用说明的证明、主要成分、毒性、使用剂量和注意事项，应按要求正确使用。化学物质应在单独的区域储存，设有警告标示，防止随便乱拿，并由经过培训的人员管理。

7. 生产人员的健康与卫生控制

肉品企业的生产人员（包括检验人员）是直接接触肉品的人，其身体健康及卫生状况直接影响肉品卫生质量。凡从事肉品生产的人员必须经过体检合格后，持有健康证者方能上岗。凡患有有碍肉品卫生的疾病，不得参加直接接触肉品的加工环节，痊愈后经体验合格后可重新上岗。

生产人员要养成良好的个人卫生习惯，按照卫生规定从事肉品加工。进入加工车间要更换清洁的工作服、帽子、口罩、鞋等，不得化妆、戴首饰、手表等。

肉品生产企业应制定卫生培训计划，定期对加工人员进行培训，并记录存档。

8. 虫害的防治

昆虫、鸟、鼠等动物携带一定种类病原菌，肉品加工厂应重视虫害的防治工作。制定防治计划，重点做好厕所、下脚料出口、垃圾箱周围、食堂等的防治。

二、卫生监控与记录

在肉品加工企业建立了标准卫生操作程序之后，还必须设定监控程序，实施检查、记录和纠正措施。

肉品加工企业日常的卫生监控记录是工厂重要的质量记录和管理资料，应使用统一的表格，并归档保存。

1. 水的监控记录

生产用水应具备以下几种记录和证明：

1）每年由当地卫生部门进行 1～2 次的水质检验报告的正本。

2）自备水源的水池、水塔、储水罐等有清洗消毒计划和监控记录。

3）肉品加工企业每月一次对生产用水进行菌落总数、大肠菌群的检验记录。

4）每日对生产用水的余氯含量进行检验。

5）生产用直接接触肉品的冰，自行生产者，应具有生产记录，记录生产用水和工器具卫生状况；如是从冰厂购买，则冰厂应具备生产冰的卫生证明。

6）申请向国外注册的肉品加工企业需根据注册国家要求的项目进行监控检测并加以记录。

7）工厂供水网络图（不同供水系统或不同用途供水系统用不同颜色表示）。

2. 表面样品的检测记录

表面样品检测是指对与肉品接触的设备、器具等的表面，如加工设备、工具、包装物料、加工人员的工作服、手套等，进行洁净程度的检测。这些与肉品接触的表面的清洁度直接影响肉品的安全与卫生，也可验证清洁消毒的效果。表面样品检测记录包括以下 6 项：

1）加工人员的手（手套）、工作服。

2）加工用的案台桌面、刀、筐、案板。

3）加工设备，如去皮机、冷冻机等。

4）加工车间地面、墙面。

5）加工车间、更衣室内的空气。

6）内包装物料。

检测项目为菌落总数、沙门氏菌及金黄色葡萄球菌。经过清洁消毒的设备和工器具，与肉品接触面的菌落总数以低于 100CFU/cm^2 为宜，对卫生要求严格的工序，应低于 10CFU/cm^2；沙门氏菌及金黄色葡萄球菌等致病菌不得检出。

对于车间空气的洁净程度，可通过空气暴露法进行检验。表 5-11 是采用肉肠琼脂，直径为 9cm 平板在空气中暴露 5min 后，经 37℃培养的方法进行检测，对室内空气污染程度分级的参考数据。

表 5-11 车间空气洁净程度评价表

落下菌数/个	空气污染程度	评价
30 以下	清洁	安全
30～50	中等清洁	安全
50～70	低等清洁	应加注意
70～100	高度污染	对空气要进行消毒
100 以上	严重污染	禁止加工

3. 生产人员的健康与卫生检查记录

肉品加工企业的，生产人员，尤其是肉品加工的直接操作者，其身体的健康与卫生状况，直接关系到肉品的卫生质量。因此，肉品加工企业必须严格对生产人员，包括从事质量检验工作人员的卫生状况加以管理。对其检查记录包括以下 3 项：

1）生产人员进入车间前的卫生检验记录：检查生产人员工作服、鞋帽是否穿戴正确，检查是否化妆、头发外露、指甲修剪等，检查个人卫生是否清洁、有无外伤、是否患病等；检查是否按程序进行洗手消毒等。

2）肉品加工企业必须具备生产人员健康检查合格证明及档案。

3）肉品加工企业必须具备卫生培训计划及培训记录。

4. 卫生监控与检查纠偏记录

肉品加工企业应为生产创造一个良好的卫生环境，才能保证肉品是在适合肉品生产的卫生条件下生产的，才不会出现掺假肉品。

肉品加工企业的卫生执行与检查纠偏记录包括：

1）工厂灭虫灭鼠及检查、纠偏记录（包括生活区）。

2）厂区的清扫及检查、纠偏记录（包括生活区）。

3）车间、更衣室、消毒间、厕所等清扫消毒及检查、纠偏记录。

4）灭鼠图。

同时，肉品加工企业应注意做好以下几个方面的工作：保持工厂道路的清洁，经常打扫和清洗路面，可有效地减少厂区内飞扬的尘土；清除厂区内一切可能聚集、滋生蚊蝇的场所，生产废料、垃圾要用密封的容器运送，做到当日废料、垃圾，当日及时清除出厂；实施有效的灭鼠措施，绘制灭鼠图，但不宜采用药物灭鼠。

5. 化学药品购置、储存和使用记录

肉品加工企业使用的化学药品有消毒剂、灭虫药物、肉品添加剂、化验室使用化学药品以及润滑油等。

使用化学药品必须具备以下证明及记录：

1）购置的化学药品须具备卫生部门批准的允许使用证明。

2）储存保管登记。

3）领用记录。

第三节　兔肉制品生产许可及质量控制

一、腌腊及熟肉制品

（一）产品范围

实施食品生产许可证管理的腌腊及熟肉制品是指以鲜、冻畜禽肉为主要原料，经选料、修整、腌制、调味、成型、熟化（或不熟化）和包装等工艺制成的肉类加工食品。与其他肉制品相同，该类兔肉制品生产许可证的申证单元有四个。

1. 热加工熟肉制品（0401）

具体产品包括：① 酱卤肉制品（酱卤肉类、糟白肉、白煮类、其他）；② 熏烧烤肉制品（熏肉、烤肉、烤兔腿、烤兔、叉烧肉、其他）；③ 肉灌制品（灌肠类、西式火腿、其他）；④ 油炸肉制品（炸兔腿、炸肉丸、其他）；⑤ 熟肉干制品（肉松类、肉干类、肉脯、其他）；⑥ 其他肉制品（肉冻类、血豆腐、其他）。

2. 发酵肉制品（0402）

具体产品包括：①发酵灌制品；②发酵火腿制品。

3. 预制调理肉制品（0403）

具体产品包括：①冷藏预制调理肉类；②冷冻预制调理肉类。

4. 腌腊肉制品（0404）

具体产品包括：①肉灌制品；②腊肉制品；③火腿制品；④其他肉制品。

上述食品生产许可证的有效期为 5 年。

尚未纳入本细则管理的其他肉制品，待条件成熟时，将纳入管理。为此国家相关部门制定有具体办法。

（二）基本生产流程及关键控制环节（表 5-12）

表 5-12　肉制品基本生产流程及关键控制环节

申证单元名称	基本生产流程	关键控制环节	容易出现的质量安全问题
腌腊肉类制品	选料→修整→配料→腌制→灌装→晾晒→烘烤→包装[a]	①原辅料质量；②加工过程的温度控制；③添加剂；④产品包装和储运	食品添加剂超量，产品氧化，酸败及污染
酱卤肉类制品	选料→修整→配料→煮制→（炒松→烘干→）冷却→包装[b]	①原辅料质量；②添加剂；③热加工温度和时间；④产品包装和储运	食品添加剂超量及微生物污染
熏烧烤肉类制品	选料→修整→配料→腌制→熏烤→冷却→包装→二次杀菌→冷却	①原辅料质量；②添加剂；③热加工温度和时间；④产品包装和储运	食品添加剂超量、苯并芘及微生物污染
熏煮香肠火腿类制品	选料→修整→配料→腌制→灌装（或成型）→熏烤→蒸煮→冷却→包装→二次杀菌	①原辅料质量；②添加剂；③热加工温度和时间；④产品包装和储运	食品添加剂超量及微生物污染

a. 中国腊肠类需经灌装工序；b. 肉松类需经炒松、擦松、跳松和拣松工序；肉干类需经烘干工序。

（三）必备的生产资源

1. 生产场所

厂区应有良好的给、排水系统，厂区内不得有臭水沟、垃圾堆、坑式厕所或其他有碍卫生的场所。

厂房设计应符合从原料进入到成品橱窗的生产工艺流程要求，避免交叉污染。原辅材料和成品的存放场所必须分开设置。厂房地面和墙壁应使用防水、防潮、可冲洗、无毒的材料，地面应平整，无大面积积水，明地沟应保持清洁，排水口须设网罩防鼠。地面、墙壁、门窗及天花板不得有污物聚集。加工场所应有防蝇虫设施，废弃物存放设施，应便于清洗消毒，防止害虫滋生。车间人员入口应设有与人数相适应的更衣室、风淋室、手清洗消毒设施和洗靴机或工作靴（鞋）消毒池。生产车间员工所需的厕所应设置在加工区域外的更衣室内或附近，其排污管道应与车间排水管道分设。原料冷库的冻库温度应能保持原料肉冻结，成品库的温度应符合产品明示的冷却保存条件。

（1）腊腌肉制品加工生产场所

应具有原料冷库、辅料库，有原料解冻、选料、修整、配料、腌制、包装车间和成品库。

生产中式腊肠类的企业，还应具有灌装（或成型）、晾晒及烘烤车间。

生产中式火腿类的企业，还应具有发酵及晾晒车间。

（2）酱卤肉制品、熏烧烤肉制品、熏煮香肠火腿制品加工生产场所

应具有原料冷库、辅料库、生料加工间（原料解冻、选料、修整和配料等）、热加工间、熟料加工间（冷却间、包装车间和成品库等）。加工车间布局应避免生熟交叉污染，热加工车间应位于生、熟加工区的分界线，热加工车间应有生料入口和熟料出口，分别通往生料加工区和熟料加工区。生料加工区和熟料加工区应分别设置工作人员入口、更衣室和洗手消毒设施，生、熟料加工区工作人员不得互相往来走动。

生产熏煮香肠火腿制品的企业，还应具有灌装（或成型）、滚揉或腌制间。

2. 必备的生产设备

厂房应有温度控制设施，能满足不同加工工序的温度要求。直接用于生产加工的设备、设施及用具均应采用无毒、无害、耐腐蚀、不生锈、易清洗消毒、不易于微生物滋生的材料制成。另外，还应具备与生产能力相适应的包装设备和运输工具。

（1）腌腊肉制品生产设备

应具有选料、修整、配料和腌制等设备或设施。生产腊肉类还应具有晾晒及烘烤设备或设施；生产中式腊肠类还应具有灌装、晾晒及烘烤设备或设施；生产中式火腿类还应具有发酵及晾晒设备或设施。

（2）酱卤肉制品生产设备

应具有选料、修整、配料和煮制、冷却等设备或设施。生产肉松类还应具有拉丝、炒松设备或设施；生产肉干类还应具有烘烤设备或设施。

（3）熏烧烤肉制品生产设备

应具有选料、修整、配料、腌制和熏烧烤等设备或设施。

（4）熏煮香肠火腿制品生产设备

应具有选料、修整、配料、注射、搅拌（或滚揉）、腌制、绞肉（或斩拌）、灌装（填充或成型）和蒸煮等设备或设施。

（四）产品相关标准

与其他肉制品标准相同，兔肉制品相关标准见表 5-13。表 5-14 为近年国家和行业旧标准与新标准替换的比较，可分析产品相关标准制定的发展趋势，兔肉制品可选择相关类型产品参考采用。

表 5-13　肉制品相关标准

单元名称	产品种类名称	国家标准	行业标准
腌腊肉类制品	咸肉类	GB 2732—1988《板鸭（咸鸭）卫生标准》	SB/T 10294—1998《腌猪肉》
	腊肉类	GB 2730—1981《广式腊肉卫生标准》	SB/T 10003—1992《广式腊肠》、SB/T 10278—1997《中式香肠》
	中国腊肠类	GB 10147—1988《香肠（腊肉）卫生标准》	
	中国火腿类	GB 2731—1988《火腿卫生标准》、GB 18357—2001《宣威火腿》、GB 19088—2003《金华火腿》	SB/T 10004—1992《中国火腿》
酱卤肉类制品	白煮肉类	GB 2728—1981《肴肉卫生标准》	
	酱卤肉类	GB 2726—1996《酱卤肉类卫生标准》	
	肉松类（肉松、油酥肉松、肉松粉）	GB 2729—1994《肉松卫生标准》	SB/T 10281—1997《肉松》
	肉干类	GB 16327—1996《肉干、肉脯卫生标准》	SB/T 10282—1997《肉干》
熏烧烤肉类制品	熏烤肉类 烧烤肉类	GB 2727—1994《烧烤肉卫生标准》	
	肉脯类（肉脯、肉糜脯）	GB 16327—1996《肉干、肉脯卫生标准》	SB/T 10283—1997《肉脯》
熏煮香肠火腿类制品	熏煮肠类	GB 2725.1—1994《肉灌肠卫生标准》	SB/T 10279—1997《熏煮香肠》、SB 10251—2000《火腿肠》
	熏煮火腿类	GB 13101—1991《西式蒸煮、烟熏火腿卫生标准》	SB/T 10280—1997《熏煮火腿》

表 5-14　近年肉制品国家、行业标准替换表

单元名称	产品种类名称	原国家标准	更新后标准	原行业标准	更新后标准
腌腊肉类制品	咸肉类	1.GB 2732—1988《板鸭（咸鸭）卫生标准》	GB 2730—2015《食品安全国家标准 腌腊肉制品》2016-9-22 实施（代替 1、2、3、4）	SB/T 10294—1998《腌猪肉》	SB/T 10294—2012《腌猪肉》
	腊肉类	2.GB 2730—1981《广式腊肉卫生标准》			

续表

单元名称	产品种类名称	原国家标准	更新后国家标准	原行业标准	更新后行业标准
腌腊肉类制品	中国腊肠类	3.GB 10147—1988《香肠（腊肉）、香肚卫生标准》		SB/T 10003—1992《广式腊肠》	废止
		4.GB 2731—1988《火腿卫生标准》		SB/T 10278—1997《中式香肠》	GB/T 23493—2009《中式香肠》
	中国火腿类	GB 18357—2001《宣威火腿》	GB/T 18357—2008《地理标志产品宣威火腿》		
		GB 19088—2003《原产地域产品金华火腿》	GB/T 19088—2008《地理标志产品金华火腿》		
酱卤肉类制品	白煮肉类	a. GB 2728—1981《肴肉卫生标准》	GB 2726—2016《食品安全国家标准 熟肉制品》2017-6-23实施（代替a、b、c、d、e、f、g、h）		
	酱卤肉类	b. GB 2726—1996《酱卤肉类卫生标准》			
	肉松类（肉松、油酥肉松、肉松粉）	c. GB 2729—1994《肉松卫生标准》		SB/T 10281—1997《肉松》	GB/T 23968—2009《肉松》
	肉干类	d. GB 16327—1996《肉干、肉脯卫生标准》		SB/T 10282—1997《肉干》	SB/T 23969—2009《肉干》
熏烧烤肉类制品	熏烤肉类 烧烤肉类	e. GB 2727—1994《烧烤肉卫生标准》			
	肉脯类（肉脯、肉糜脯）	f. GB 16327—1996《肉干、肉脯卫生标准》		SB/T 10283—1997《肉脯》	SB/T 31406—2015《肉脯》
熏煮香肠火腿类制品	熏煮肠类	g. GB 2725.1—1994《肉灌肠卫生标准》		SB/T 10279—1997《熏煮香肠》	SB/T 10279—2017《熏煮香肠》
				SB 10251—2000《火腿肠》	GB/T 20712—2016《火腿肠》
	熏煮火腿类	h. GB 13101—1991《西式蒸煮、烟熏火腿卫生标准》		SB/T 10280—1997《熏煮火腿》	GB/T 20711—2006《熏煮火腿》

（五）原辅材料的有关要求

畜禽肉应经兽医卫生检验检疫，并有合格证明，必须选用定点屠宰企业的产品。进口原料肉必须提供出入境检验检疫部门出具的原料合格证明。原辅材料及包装材料应符合相应国家标准或行业标准规定。不得使用非经屠宰死亡的畜禽肉及非食用性原料。

如果所使用的原辅材料为实施生产许可证管理的产品，则必须选用获得生产许可证企业生产的该类产品。

建立原辅材料采购明细记录并妥善保存。

（六）企业必备的检验设备

1. 腌腊肉类制品检验设备

分析天平（0.1mg）；干燥箱；玻璃器皿；分光光度计（生产中式火腿类产品应具备）。

2. 酱卤肉类制品检验设备

天平（0.1g）；杀菌锅；微生物培养箱；无菌室或超净工作台；生物显微镜；干燥箱；分析天平（0.1mg，生产肉松及肉干产品应具备）。

3. 熏烧烤肉类制品检验设备

天平（0.1g）；杀菌锅；微生物培养箱；无菌室或超净工作台；生物显微镜；干燥箱；分析天平（0.1mg，生产肉脯产品应具有）。

4. 熏煮香肠火腿类制品检验设备

天平（0.1g）；杀菌锅；微生物培养箱；无菌室或超净工作台；生物显微镜。

（七）检验项目

与其他肉制品标准相同，兔肉制品的发证检验、监督检验、出厂检验分别按照下列表格所列出的相应检验项目进行。企业的出厂检验项目中注有“*”标记的，企业应当每年检验2次。

1. 腌腊肉类制品

（1）咸肉类（表5-15）

表5-15　咸肉类检验项目

序号	检验项目	发证	监督	出厂	备注
1	感官	√	√	√	
2	酸价	√	√	√	板鸭（咸鸭）检验此项目
3	挥发性盐基氮	√	√	√	腌猪肉检验此项目
4	过氧化值	√	√	√	
5	亚硝酸钠	√	√	*	
6	食品添加剂（山梨酸、苯甲酸）	√	√	*	

续表

序号	检验项目	发证	监督	出厂	备注
7	净含量	√	√	√	定量包装产品检验此项目
8	标签	√	√		

注：依据 GB 2730—2015 和 GB 2760—2014 等。

（2）腊肉类（表 5-16）

表 5-16　腊肉类检验项目

序号	检验项目	发证	监督	出厂	备注
1	感官	√	√	√	
2	食盐	√	√	*	
3	酸价	√	√	√	
4	亚硝酸钠	√	√	*	
5	食品添加剂（山梨酸、苯甲酸）	√	√	*	
6	净含量	√	√	√	定量包装产品检验此项目
7	标签	√	√		

注：依据 GB 2730—2015 和 GB 2760—2014 等。

（3）腊肠类（表 5-17）

表 5-17　腊肠类检验项目

序号	检验项目	发证	监督	出厂	备注
1	感官	√	√	√	
2	水分	√	√	√	
3	食盐	√	√	*	
4	蛋白质	√	√	*	香肚不检验此项目
5	酸价	√	√	√	
6	亚硝酸钠	√	√	*	
7	食品添加剂（山梨酸、苯甲酸）	√	√	*	
8	净含量	√	√	√	定量包装产品检验此项目
9	标签	√	√		

注：依据 GB 2730—2015 和 GB 2760—2014 等。

2. 酱卤肉类制品（表 5-18）

表 5-18　酱卤类检验项目

序号	检验项目	发证	监督	出厂	备注
1	感官	√	√	√	
2	菌落总数	√	√	√	
3	大肠菌群	√	√	√	
4	致病菌	√	√	*	
5	亚硝酸钠	√	√	*	
6	食品添加剂（山梨酸、苯甲酸、复合磷酸盐）	√	√	*	
7	净含量	√	√	√	定量包装产品检验此项目
8	标签	√	√		

注：依据 GB/T 23586—2009 和 GB 2760—2014 等。

3. 肉松类和肉干类制品（表 5-19）

表 5-19　肉松肉干类检验项目

序号	检验项目	发证	监督	出厂	备注
1	感官	√	√	√	
2	菌落总数	√	√	√	
3	大肠菌群	√	√	√	
4	致病菌	√	√	*	
5	水分	√	√	√	
6	脂肪	√	√	*	
7	蛋白质	√	√	*	
8	氯化物	√	√	*	
9	总糖	√	√	*	
10	淀粉	√	√	*	
11	食品添加剂（山梨酸、苯甲酸）	√	√	*	
12	净含量	√	√	√	定量包装产品检验此项目
13	标签	√	√		

注：依据 GB/T 23968—2009、GB/T 23969—2009 和 GB 2760—2014 等。

4. 熏烧烤肉类制品（表 5-20）

表 5-20　熏烧烤类检验项目

序号	检验项目	发证	监督	出厂	备注
1	感官	√	√	√	
2	菌落总数	√	√	√	
3	大肠菌群	√	√	√	
4	致病菌	√	√	*	
5	苯并（α）芘	√	√		烧烤产品检验此项目
6	亚硝酸钠	√	√	*	
7	食品添加剂（山梨酸、苯甲酸）	√	√	*	
8	水分	√	√	√	肉脯类检验此项目
9	脂肪	√	√	*	肉脯类检验此项目
10	蛋白质	√	√	*	肉脯类检验此项目
11	氯化物	√	√	*	肉脯类检验此项目
12	总糖	√	√	*	肉脯类检验此项目
13	净含量	√	√	√	定量包装产品检验此项目
14	标签	√	√		

注：依据 GB 2726—2016 和 GB 2760—2014 等。

5. 熏煮香肠火腿类制品

（1）熏煮香肠类（表 5-21）

表 5-21　熏煮肠类检验项目

序号	检验项目	发证	监督	出厂	备注
1	感官	√	√	√	
2	菌落总数	√	√	√	
3	大肠菌群	√	√	√	
4	致病菌	√	√	*	
5	亚硝酸钠	√	√	*	
6	食品添加剂（山梨酸、苯甲酸）	√	√	*	
7	蛋白质	√	√	*	
8	淀粉	√	√	*	

续表

序号	检验项目	发证	监督	出厂	备注
9	脂肪	√	√	*	
10	水分	√	√	*	
11	氯化物	√	√	*	
12	净含量	√	√	√	定量包装产品检验此项目
13	标签	√	√		

注：依据 GB 2726—2016 和 GB 2760—2014 等。

（2）熏煮火腿类（表 5-22）

表 5-22　熏煮火腿类检验项目

序号	检验项目	发证	监督	出厂	备注
1	感官	√	√	√	
2	菌落总数	√	√	√	
3	大肠菌群	√	√	√	
4	致病菌	√	√	*	
5	亚硝酸钠	√	√	*	
6	食品添加剂（山梨酸、苯甲酸）	√	√	*	
7	复合磷酸盐	√	√	*	
8	铅	√	√	*	每年检验 1 次
9	苯并（α）芘	√	√	*	经熏烤的产品应检验此项
10	蛋白质	√	√	*	
11	脂肪	√	√	*	
12	淀粉	√	√	*	
13	水分	√	√	*	
14	氯化物	√	√	*	
15	净含量	√	√	√	定量包装产品检验此项目
16	标签	√	√		

注：依据 GB 2726—2016 和 GB 2760—2014 等。

（八）抽样方法

根据企业申请取证产品品种，在企业的成品库内，按种类（咸肉类、腊肉类、中国腊肠类、中式火腿类、白煮肉类、酱卤肉类、肉松类、肉干类、熏烧烤肉类、肉脯类、熏煮香肠类、高温蒸煮肠类和熏煮火腿类等）分别随机抽取 1 种产品进行发证检验。所抽样品须为同一批次保质期内的产品，抽样基数不少于 20kg，每批次抽样样品数量为 4kg（不少于 4 个包装），分成 2 份，1 份检验，1 份备查。样品确认无误后，由抽样人员与被抽查单位在抽样单上签字、盖章，当场封存样品，并加贴封条，封条上应有抽样人员的签名、抽样单位盖章及抽样日期。

（九）其他要求

1）企业应建立产品销售明细记录并妥善保存。

2）车间工作人员须着洁净的工作服、工作鞋、工作帽并佩戴口罩，工作帽应罩住全部头发，工作服应定期清洗消毒。

二、肉罐头制品

（一）产品范围

实施食品生产许可证管理的肉罐头制品是指将符合要求的原料经处理、分选、修整、烹调（或不经烹调）、装罐、密封、杀菌、冷却或无菌包装而制成的肉制品。该类产品应为商业无菌，常温下能长期存放（保质期不少于 6 个月），申证单元为畜禽水产罐头。

在生产许可证上应当注明获证产品名称，即罐头及申证单元名称（畜禽水产罐头）。罐头食品生产许可证有效期为 5 年，其产品类别编号为 0901。

（二）基本生产流程及关键控制环节

1. 基本生产流程

原辅材料处理→调配（或分选，或加热及浓缩）→装罐→排气及密封→杀菌及冷却。

2. 关键控制环节

原材料的验收及处理、严格控制真空封口工序、严格控制杀菌工序。

3. 容易出现的质量安全问题

1）原料变质造成感官指标不符合要求。

2）加工过程中带入外来杂物及硫化铁等污染物。

3）物理性胀罐。

4）强酸性的罐头食品对马口铁罐产生腐蚀造成酸败变质。

5）杀菌或封口效果不好造成败坏。

6）锡超标。

（三）必备生产资源

1. 生产场所

罐头食品生产企业除必备的生产环境外，其厂房与设施的设计应当根据不同罐头的工艺流程进行合理布局，并便于卫生管理、清洁清理和消毒。企业应当设有原辅材料库房、成品库、加工车间、包装车间。原料有特殊储藏要求的，企业应当具备冷库、保（常）温库和解冻间。

2. 必备的生产设备

原料处理设备（如清洗设备、盐渍设备、油炸锅等）；配料及调味设备（如调味锅、过滤等设备）；装罐设备；排气及密封设备（封口机）；杀菌及冷却设备（杀菌釜装置或杀菌锅储水罐）或无菌包装设备。

（四）产品相关标准（表 5-23）

表 5-23　罐头肉制品相关国家标准

产品种类	标准
畜禽水产罐头	GB/T 13213《猪肉糜类罐头》 GB/T 13214《咸牛肉、咸羊肉罐头》 GB/T 13512《清蒸猪肉罐头》 GB/T 13513《原汁猪肉罐头》 GB/T 13514《清蒸牛肉罐头》 GB/T 13515《火腿罐头》 GB/T 13100《肉类罐头食品卫生标准》 GB/T 14939《鱼罐头卫生标准》

（五）原辅材料的有关要求

企业生产罐头所有的原辅材料必须符合相关的国家标准、行业标准、地方标准及法律、法规和规章的规定。企业生产罐头所使用的畜禽肉等主要原料应经兽医卫生检验检疫，并持有合格证明。猪肉应选用政府定点屠宰企业的产品。进口原料肉必须提供出入境检验检疫部门出具的原料合格证明。不得使用非经屠宰死亡的畜禽肉。如使用的原辅材料为实施生产许可证管理的产品，则必须选用获得生产许可证企业生产的该类合格产品。

（六）企业必备的检验设备

分析天平（0.1mg）及台秤；圆筛（应符合相应的要求）；干燥箱；折光计（仪）；酸度计；恒温水浴锅；无菌室或超净工作台；微生物培养箱；生物显微

镜；杀菌锅。

（七）检验项目

产品的发证检验、监督检验、出厂检验按照下列表格所列出的相应检验项目进行，发证检验项目按该产品执行的标准进行检验。企业的出厂检验项目中注明“*”标记的，企业应当每年检验 2 次（表 5-24）。

表 5-24 罐头肉制品质量安全检验项目

序号	检验项目	发证	监督	出厂	备注
1	感官	√	√	√	
2	净含量（净重）	√	√	√	
3	固形物	√	√	√	汤类、果汁、花生米罐头不检
4	氯化钠	√	√	√	
5	脂肪	√	√		
6	水分	√	√		
7	蛋白质	√	√		
8	淀粉	√	√		
9	亚硝酸钠	√	√	*	
10	糖水浓度（可溶性固形物）	√	√	√	
11	总酸度（pH）	√	√	√	
12	锡（Sn）	√	√	*	
13	铜（Cu）	√	√	*	果蔬类罐头不检
14	铅（Pb）	√	√	*	
15	总砷	√	√	*	
16	总汞（Hg）	√	√	*	
17	总糖量	√	√		有此项目的罐头
18	番茄红素	√	√	*	有此项目的罐头
19	霉菌计数	√	√	*	有此项目的罐头
20	六六六	√	√	*	仅限于食用菌罐头
21	滴滴涕	√	√	*	仅限于食用菌罐头
22	米酵菌酸	√	√	**	仅限于银耳罐头
23	油脂过氧化值	√	√	*	有此项目的罐头，如花生米罐头
24	黄曲霉毒素 B1	√	√	*	有此项目的罐头

续表

序号	检验项目	发证	监督	出厂	备注
25	苯并（α）芘	√	√	*	有此项目的罐头，如猪肉火腿罐头
26	干燥物含量	√	√	*	有此项目的罐头，如八宝粥罐头
27	着色剂	√	√	*	有此项目的罐头，如什锦果酱罐头
28	二氧化硫	√	√	*	有此项目的罐头，如什锦果酱罐头
29	复合磷酸盐	√	√	*	有此项目的罐头，如西式火腿罐头
30	组胺	√	√	*	鲐鱼罐头须测指标
31	微生物指标（罐头食品商业无菌要求）	√	√	√	
32	标签	√	√		

（八）抽样方法

根据企业申请发证产品的品种，每个申证单元随机抽取 1 种产品进行发证检验。抽样单上按该产品的具体名称填写，注明申证单元名称。

在企业的成品库内随机抽取发证检验样品。所抽取样品须为同一批次保质期内产品，抽样基数不得少于 200 罐（瓶、袋），随机抽取 36 罐（瓶、袋）（净含量应大于 200g）。样品分成 2 份，1 份检验，1 份备查。样品确认无误后，由抽样人员与被抽样单位在抽样单上签字、盖章、当场封存样品，并加贴封条，封条上应有抽样人员的签名、抽样单位盖章及抽样日期。

三、产品储运流通管理

优质兔肉产品需要一个完整的冷链物流对其进行全程的温度控制（根据相关的规则），以确保食品的安全。这包括原料兔肉和加工制品装卸时的封闭环境、储存和运输等，一个环节都不能少。完整的优质兔肉产品储运体系是兔肉及其制品从生产到销售整个链条中食品安全不可或缺的元素，因此介绍优质兔肉产品储运体系及相关技术对兔肉加工企业的兔肉加工及安全储运具有重要意义。

（一）储运链构成

1. 食品冷链物流的定义

食品冷链物流也称为低温物流，泛指冷藏冷冻类食品从收获、捕获、宰杀、加工处理、储藏、运输、销售到消费前的各个环节中始终处于规定的低温环境下，以保证食品质量，减少食品损耗的一项系统工程。它是随着科学技术的进步、制冷技术的发展而建立起来的，是以冷冻工艺学为基础、以制冷技术为手段的低温物流过程。

食品冷链是以保证易腐食品品质为目的，以保持低温环境为核心要求的供应链系统，它比一般常温物流系统的要求更高、更复杂，建设投资也要大很多，是一个庞大的系统工程。由于易腐食品的时效性要求冷链各环节具有更高的组织协调性，所以，食品冷链的运作始终是和能耗成本相关联的，有效控制运作成本与食品冷链的发展密切相关。

2. 食品冷链物流的特点

冷藏链是使产品始终处于低温条件下，就像链条中一环套一环那样自始至终，以最大限度地保持产品原来的品质的系统工程。由此可见，冷藏链是一个跨行业、多部门有机结合的整体，要求各部门互相协调，紧密配合，并拥有相适应的冷藏设备。

3. 食品冷藏链中的 3T 原理

3T 是 time-temperature-tolerance 的简称，是阐述冷冻食品质量与容许冷藏时间和冷藏温度之间关系的理论。该理论认为冻结食品在低温流通过程中所发生的质量下降与所需时间存在着一定的关系。在整个流程过程中，由于温度的变化所引起的质量下降是积累性的、是不可避免的，冻结食品的温度越低，在一定限度内，其质量下降越少，保质期也相应延长，在同样条件下加工的冻结食品当改变其温度时，其保质期就不同，温度高的保质期较短，温度低的保质期长。冻结食品质量的降低是逐渐的、是累积的，当达到一定的程度就失去了商品的价值。

4. 冷链物流的构成

肉类冷链物流的构成如图 5-1 所示。

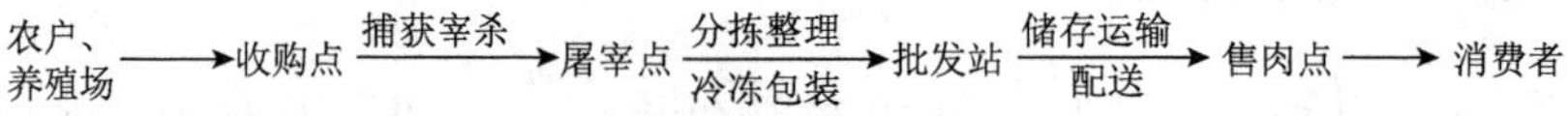

农户、养殖场 ——→ 收购点 —捕获宰杀→ 屠宰点 —分拣整理/冷冻包装→ 批发站 —储存运输/配送→ 售肉点 ——→ 消费者

图 5-1　冷链示意图

（1）食品的冷冻加工

食品的流通加工主要包括冷冻食品、分选农副产品、分装食品、精制食品。提高食品配送效率和效益的有效途径是实施配送到流通加工一体化的策略，即在实施食品集约化共同配送的同时，引入先进技术和设备，对食品进行在途加工和配送中心加工。

（2）冷冻储藏

冷冻储藏包括食品的冷却储藏和冻结储藏，以及水果蔬菜等食品的气调储藏，它是保证食品在储存和加工过程中的低温保鲜环境。此环节主要涉及各类冷藏库、加工间、冷藏柜、冻结柜及家用冰箱等。

（3）冷却肉的包装

在冷却肉的生产流通过程中，合理的包装是确保产品卫生和质量非常重要及必不可少的环节。冷却肉包装有以下三个优点：首先，防止变质，避免二次污染，延长货架期。冷却肉在保存、流通和销售过程中，卫生质量会受到来自微生物、化学和物理等许多因素的影响。冷却肉采用不透氧包装或充气包装，不但可以抑制其表面污染的需氧腐败菌的生长繁殖，而且可以防止来自外界的二次污染，延长产品的货架期。冷却肉中的脂肪在光催化下会和氧发生氧化反应，水分蒸发引起质量损失，这些质量劣变现象，都可以通过有效合理的包装得以缓解和控制。其次，调节气体分压，赋予产品诱人的鲜红色。最后，为流通提供便利，节省劳动力，消费者购买和食用更方便。按胴体不同部位分割制作的小包装冷却肉更适合家庭消费。

（4）冷藏运输

冷藏运输是保障食品冷链建设成功的关键环节。此环节既是食品产、供、销冷链的中间环节，也是现代化冷链运输系统的核心部分。冷链运输对采用的硬件设备要求很高，既不能受外界气候条件的影响，内部温度要稳定，还要储运效果好。如冷藏气调集装箱就是食品在运输环节保鲜发展的方向。

冷藏运输包括食品的中、长途运输及短途配送等物流环节的低温状态。它主要涉及铁路冷藏车、冷藏汽车、冷藏船、冷藏集装箱等低温运输工具。在冷藏运输过程中，温度波动是引起食品品质下降的主要原因之一，所以运输工具应具有良好的性能，在保持规定低温的同时，更要保持稳定的温度，远途运输尤其重要。

如果肉在运输中卫生管理不够完善，会受到细菌污染，极大地影响肉的保存性。初期就受到较多污染的肉，即使在 0℃的温度条件下，也会出现细菌繁殖。所以需要进行长时间运输的肉，应注意以下几点：

1）运输车、船的内表面以及可能与肉品接触的部分必须用防腐材料制成，肉品的理化特性可能会危害人体健康。内表面必须光滑，易于清洗和消毒。

2）运输途中，车、船内应保持 0～5℃、80%～90%的温湿度。

3）运输车、船的装卸尽可能使用机械，装运应简便快速，尽量缩短交运时间。

4）装卸方法：对于运输的胴体（1/2 或 1/4 胴体），必须用防腐支架装置，以悬挂式运输，其高度以鲜肉不接触车厢底为宜。分割肉应避免高层垛起，最好库内有货架或使用集装箱，并且留有一定空间，以便于冷气顺畅流通。

5）配备适当的装置，防止肉品与昆虫、灰尘接触，且要防水。

（5）冷冻销售

冷冻销售包括各种冷链食品进入批发销售环节的冷冻储藏和销售，它由生产厂家、开发商和零售商共同完成。随着大中城市各类连锁超市的快速发展，各种连锁超市正在成为冷链食品的主要销售渠道，这些零售终端大量使用了冷藏（冷冻）陈列柜和储藏库，它们成为完整的食品冷链中不可或缺的重要环节。零售中冷藏肉制品的存放时间可从几分钟到一周，而冻藏肉可达数月。在此期间既要保护食品不受外部热源的破坏，同时还要获得最佳出售状态，两者是一对矛盾。展示柜有一体或单独的制冷单元，空气流动可以靠重力或强制气流驱动，展示柜可以是单层的，也可是多层的。

保鲜是消费者对食品的第一要求。由于食品品种繁多，需引入先进信息系统对产品货架期和保鲜度进行管理。首先要采用“不同货架到货”方式，即按货架为单位进行到货的方法，对各个店铺的货架与冷鲜食品的关系进行调查，将冷鲜食品与存放其货架的货位输入到物流中心的计算机系统中，在计算机系统上建立起冷鲜食品与店铺以及货位的关联，通过计算机系统自动地识别各类食品的数量应该补充到哪一家店铺的哪一个货位上，这样就可能在货架上按顺序补充商品，做到高效率化。另外要进行鲜度维持管理，采用计算机系统对食品鲜度进行维持，食品的主文件中设定商品有效期和推许销售期限，在商品入库时输入生产年月，计算机系统就可以自动进行判断各类食品是否可以入库。在库商品严格地按照先进先出法进行作业，每日由作业人员检验商品日期，为保证不出现超过准许销售期限的商品，对接近准许销售期限的商品提供警告功能，采用双重保险方式。

（二）设备设施

食品冷藏链各个环节中的装备、设施，主要有原料前处理设备、预冷设备、速冻设备、冷藏库、冷藏运输设备、冷冻冷藏陈列柜（含冷藏柜）、家用冷柜、电冰箱等，如图 5-2 所示。

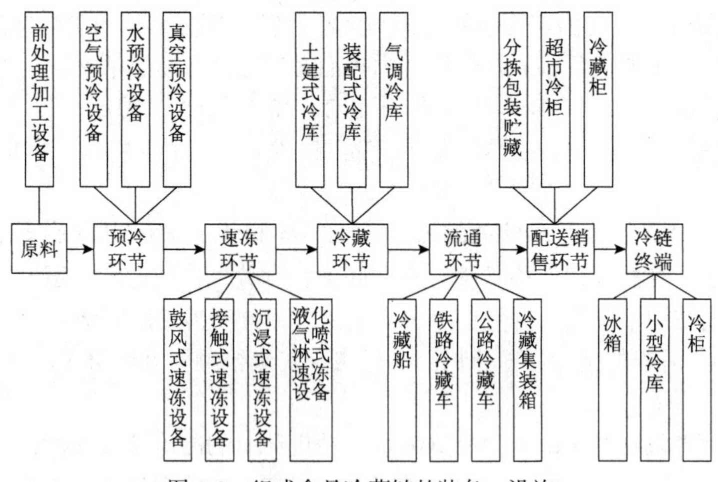

图 5-2　组成食品冷藏链的装备、设施

（三）冷链控制

动物宰后的胴体温度接近于许多微生物生长的最适温度，所以在加工和销售前必须进行冷却。冷链的第一步操作是将温度降到限制微生物生长和品质变化的水平的冷却操作。如果肉品在冷却条件下流通，温度应高于最初的冷冻点以上，即在-1～15℃，许多国家规定为7℃。冷冻食品的流通温度控制在-30～-12℃。

1. 冷却肉的冷却工艺

（1）冷却温度的确定

冷却是指将肉的温度降低到冻结点以上的温度（约-1.7℃）。冷却作用将使环境温度降低到微生物生长繁殖的最适温度范围以下，从而抑制了微生物的酶活性，减缓生长速度，防止肉的腐败。冷却肉冷却温度的确定主要是从抑制微生物的生长繁殖考虑。肉品上存在的微生物除一般杂菌外，还有病原菌和腐败菌，当环境温度降至3℃时，主要病原菌如肉毒梭状芽孢杆菌E型、沙门氏菌和金黄色葡萄球菌均已停止生长。将冷却肉保存在0～4℃范围，可以抑制病原菌的生长，保证肉品的质量与安全；若超过7℃，病原菌和腐败菌的增殖机会将大大增加。

（2）兔宰后胴体冷却工艺

刚宰杀的兔胴体，后腿的中心温度高达40～42℃，表面潮湿，极适合微生物的生长繁殖，应迅速进行冷却。

2. 冷却肉的流通管理

（1）冷却链的建立

兔宰杀后，胴体应迅速进行冷却处理，使胴体温度降到0～4℃，并且在后续的加工、流通与零售过程中，继续保持在这一温度范围内，即冷却肉始终处于冷链控制下，不要超过7℃。

（2）冷却肉的包装

在冷却肉的生产流通过程中，合理的包装是确保产品卫生与质量非常重要和必不可少的环节。

（3）冷却肉的品质管理

保障冷却肉品质的最重要的两个因素是温度控制和卫生管理。对冷却链中各个环节的温度及时监测，就可消除温度过高或过低对冷却肉品质造成的危害。而对微生物污染的控制则需执行HACCP系统。

3. 食品供应物流和配送物流的质量安全控制

现代化的物流模式以加工配送中心为主导，主要存在着两个关键的物流过程：供应物流和配送物流。因此在引入HACCP、GMP、SSOP食品物流质量安全控制的重要内容后，要根据HACCP、GMP、SSOP的基本宗旨和原理，建立并实施属于自身的HACCP、GMP、SSOP体系。

食品供应和配送加工中心根据HACCP原则，分析食品物流的流程，找出控制关键点（CCP），包括生物的、化学的和物理的因素，采取适当方法控制关键点，同时建立监控档案并确立纠正措施。

对于物流配送中心的 GMP 和 SSOP 建设则是 HACCP 顺利实施的硬件保障，也就是说配送中心周围环境良好，仓库设施齐全，地面、墙、窗户采光、水、空气等都符合食品存储要求能更好地保证 HACCP 控制在限制值内，运输工具清洁可靠，具有良好的温控系统则能保证运输过程中的 HACCP 控制。另外 HACCP、GMP、SSOP 体系还很重要的一点是人员的培训和管理，良好的操作规范是整个供应链按要求运转的关键。

4. 兔肉配送的可追踪系统

作为能够控制整个供应链上游的兔养殖和屠宰企业而言，其所关心的问题包括兔出生、成长、饲养、屠宰和分割等，需要对这些关键数据采集点进行质量安全监控，实施数据采集和数据关联，从而形成一条完整的追溯链条。这样的追溯链条一旦形成，即可以从追溯链条的尾部检索追溯至头部，完成整个追溯过程。肉类制品质量安全追溯系统是建立在企业兔规范化养殖基础上的。系统要求或建议实现兔规范化养殖管理体系。即对单个兔的出生地，生长期间防疫、喂料、疾病治疗等信息进行全面的质量安全监管。屠宰厂对兔的检疫、准宰信息、兔耳标号进行登记。对于企业兔规范化养殖管理的整体过程实现信息化监控，即将规范化养殖管理要求的各个阶段需要采集的数据信息采用 GS1 国际编码体系进行标示，采用移动计算技术、数据采集与数据传输技术对关键数据进行采集，利用计算机技术和数据库技术对关键数据进行有效关联，形成数据链路，最终形成追溯码（或电子监管码），通过追溯码（或电子监管码）对产品单体兔生长信息进行检索追溯的一套技术。

（1）追溯系统业务流程设计

a）屠宰

要从兔肉制品追溯到兔，有赖于信息的准确性，需要兔肉标签规则和屠宰场的支持。当兔到达屠宰场时，需要兔的证照或健康证明，以及含有标识代码的耳标。屠宰场必须记录下列信息：连接兔肉与兔的一个参考代码（GS1 建议采用兔的耳标号码，由 AI 251 标识）；屠宰场的批准号码；出生地；饲养地；屠宰地。

如果兔的出生、成长与屠宰都在同一国家，标签上的这些信息统一由 AI 426 标识。

b）分割

屠宰场应将所有与兔及其兔胴体的相关信息传递给第一个分割厂。兔体的分割包括兔肉加工的全过程，从切割兔胴体到进一步分割，直至零售包装。

供应链中最多可以为 9 个分割厂编码，每个分割厂应将所有兔及其胴体的相关信息以人工可识读的方式传递给供应链中的下一个分割厂。在兔体分割加工处理过程中要满足兔肉标签规则的要求，并能记录有关信息。每个分割厂必须记录连接兔肉与兔的一个参考代码；屠宰场的批准号码；分割厂批准号码；出生地；饲养地；屠宰地；分割地。

兔肉分割车间切割后组成的任何一批兔肉制品，只包括同一屠宰场屠宰，并且是加工车间同一天加工的兔肉产品。通常只有与整批兔肉相关的信息才可写在分割厂的标签上。每个单独的兔肉块或肉末包装都必须有一个标签。

c）销售

兔肉的最后一个分割厂应按照规则的要求和商业需求，将所有与兔、兔胴体以及兔肉加工相关的信息传递给供应链中的下一个操作环节，可能是批发、冷藏或直接零售。

区分销售时点信息（point of sale，POS）销售的“预包装”兔肉制品和“非预包装”兔肉制品很重要。涉及消费者的标签（零售标签）必须包含下列人工可识读信息：连接兔肉与兔的一个参考代码；屠宰场的批准号码；分割厂的批准号码；出生地；饲养地；屠宰地；分割地。

贸易方应与国家的有关权威部门联系，提出POS销售点对非预包装兔肉产品标签的信息需求。

（2）追溯系统的架构方案

a）软件架构

软件架构分为数据采集和数据查询追溯两个部分。一个部分是数据采集部分，即前面所述的采集养殖信息、屠宰与分割信息、检验信息、销售信息、关键数据以编码的形式标识。在数据采集过程中，系统选择合适的时机将相应的数据进行关联。另外一个部分就是数据查询和数据追溯功能、养殖信息统计和屠宰信息统计等关键数据的统计，并可对统计结果进行评价。整体软件架构包括客户端（数据采集端，C/S 结构）、中间层 webservice，web 终端查询（查询与追溯端，B/S 架构）三个部分，三个部分通过中间层松散耦合，通过数据库进行数据共享。

b）硬件架构

由于整个数据采集和追溯功能使用GS1国际标准编码规则的编码来标示关键数据，这些编码往往需要通过条码的形式表现出来。因此，硬件部分包括条码识读器（扫描枪）、条码打印机、普通打印机、各种耗材等。

c）网络拓扑

根据实际需要，公司内部数据采集和数据维护与查询限制在局域网内，控制数据安全，外网上只有web端追溯功能，通过防火墙与内部网络连接。

5. 低温食品物流的质量安全控制

低温食品是食品物流中质量安全要求最为严格的一类，包括冷冻食品（食品中心温度须维持在–18℃以下）和冷藏食品（食品中心温度须维持在7℃以下，冻结点以上），以及食品卫生标准中的食用冰块、冰激凌、冷冻水果等冰类制品。一些生鲜食品往往也需要低温控制，因此也可以划入低温食品物流的范畴。

低温食品和其他加工食品最大的不同在于采用“低温控制技术”加工，或者（以及）全程低温（冷冻食品-18℃以下；冷藏食品 7℃以下，冻结点以上）监控的储运、配送和销售，达到保存食品原有质量（包括色、香、味、口感、营养等）以及安全（抑制微生物生长）的效果，使食品保存与流通的时间得以延长。强调以低温控制的技术和原理来达到维护及确保产品安全和质量的目的，因此产品的质量和安全监控就必须涵盖加工制造与出厂以后的储运、配送和销售等过程，甚至是消费者购买后的最终消费。

根据 SSOP、GMP、HACCP 的原理，对研发技术进行集成，总结出针对低温食品物流质量安全控制的作业指导如下。

（1）低温食品仓储作业指导

1）低温食品物流经营者应建立完善的仓储管制作业程序，包括低温仓库的温度管制、仓储作业管理，以及所有产品进货、储存、搬运、理货和出货等相关管理系统和应有的记录窗体，并据以执行。

2）低温仓库应有足够的容量，且应装配适当的冷冻、冷却制冷系统，使库内温度可以维持在-23℃以下的冻藏条件，或 4℃以下、冻结点以上的冷藏条件的能力，以维持冷冻食品中心温度可以控制在-18℃以下，冷藏食品中心温度可以控制在 7℃以下、冻结点以上。

3）低温仓库应具备适当的设备，如出入门扉及遮蔽蓬设备，能与运输商运输配送的厢体紧密结合，以降低装卸货时外部温湿空气的进入。

4）低温仓库内每一储存空间（区域）均应设置温度测定装置，其灵敏度及显示刻度至少可达 1℃或更佳，且应能正确反映该区域的平均空气温度，并依规划持续（每天至少 3 次，或采取连续式）记录库温的变动，且保存温度记录 1 年以上。

5）低温仓库应有适度的照明，照明设施应有安全设计。

6）低温仓库的出入库区宜有避免暖空气直接进入的设计，过久而产生结露的缓冲区设计。

7）低温仓库应有适当的堆积栈板货架，货架排列及栈板堆栈方式应能使产品热量能迅速去除，且不能影响到库内冷风的循流。

8）低温仓库的仓储操作应能使产品温度维持在制造业者所设定的食品储存温度。

9）低温仓储内装载、卸货及理货作业区应力求密闭，除非是作业上的必要，各作业场所的门扉应保持关闭。内部的任何拆箱理货、搬运作业或堆栈作业应迅速，以避免低温食品暴露于高温多湿的环境中过久，而使产品温度提升及表面冷凝水的产生。

10）低温仓库应避免低温食品品温的过度变化，并降低其发生频率。物品的存放不宜置于出入门扉及人员进出频繁的附近区域。

11）低温食品和冷却器表面的温差应尽可能降至最低，且应避免过度的冷风循流。

12）未冻结、部分冻结或未冷却的产品不宜直接置于低温仓库内。冷藏食品与冷冻食品不可混合存放，同时具有强烈、独特味道的低温食品应单独存放，且应有换气设施。

13）低温食品堆栈时宜使用标准栈板（1.0m×1.2m，高度 1.5cm），货品堆栈应稳固且有空隙，并利于冷风循流及维持所需的温度。同时不能紧靠墙壁、屋顶或与地面直接接触，离墙离地应有适当距离（建议在 10mm 以上）。

14）低温仓库应定期除霜，以确保其制冷能力；进行除霜作业期间，应尽量避免冰、水滴到低温产品上。

15）低温仓库应定期清扫，库内不得有秽物及食品碎片；高相对湿度的低温仓库应避免其内壁长霉。

16）用于搬运和储存低温食品的载具、运输车辆、栈板等应定期清洗和维持清洁。

17）低温仓库仓储人员应记录每批产品的入库温度、时间、产品有效日期，以及堆栈位置等，同时依食品良好卫生规范保管产品，并保存温度记录至该批食品的有效日期后 6 个月。

18）低温食品验收时，产品温度一旦异于制造厂商所设定的产品保存温度时，无论是高还是低，仓库管理员应马上通知货主并要求处理。

19）每一批低温食品储存前，应有明显的产品标示，以便能有效辨识。

20）低温食品仓储业者应依先进先出原则，并考虑产品有效期限安排定出货顺序。

21）装载、卸货及理货作业区内的环境温度应依低温食品的特性加以控制，原则上均应维持在 15℃以下，各区应有适当区隔及管理。

22）温度计或温度测定器等用于测定、控制或记录的测量器或记录仪，应能发挥功能且准确，并定期校正。

23）低温食品仓储业者执行简易组合包装时，应以不破坏原始食品的完整包装为原则，从事简易组合包装人员亦应遵守食品良好卫生规范的相关规定。

24）低温仓库内部应装置警铃、警报系统，以利作业人员在危急状况或系统设备故障时，可迅速获得帮助。

25）低温仓库应装设温度异常警报系统，一旦制冷系统发生故障或温度异于所设定的警戒界限时，可迅速由专业人员加以维修和处理。同时应备有紧急供电系统，以便于停电、断电、跳电等突发状况发生时，维持低温仓储的正常运作。

（2）低温食品运输配送作业指导

1）从事低温食品储运业者除应有仓储作业指导中所列的低温仓库，以及相关设施外，同时应备有足量可维持低温食品在–18℃以下的冻藏条件，或 7℃以下、冻结点以上的冷藏条件的低温运输配送车辆。

2）低温食品运输设备应与运输配送的低温食品所需的条件相符，并应有符合装载及卸货期间作业条件、运输期间冷风循流的温度及所需的运输时间等要求的设备。

3）低温食品运输车辆的厢体构造和设施应符合以下的条件：①结构良好、可密闭及有效的隔热，且装设适当的制冷系统和冷风循流系统，使装载货品均能维持产品温度在产品标示的储运温度下。②应于低温运输配送厢体内的适当位置装设温度感应器，以显示运输厢体内正确的空气平均温度，且应有温度自动记录设备；该设施的指针或数字显示部位应装设于厢体外运输配送作业人员容易看到的位置。③应装设厢体防漏设施，包括紧密关闭的车门扉、减少门扉开启时内部冷气损失装置以及适当的排水孔密闭装置，以防止空气泄漏。④棚架、枝条、调节板等的构造应能保持装载货品周围空气循流的畅通。

4）低温食品运输车辆的厢体内部构造、材质选用应注意以下几点：①所有可能和食品接触的表面必须使用不会影响到产品风味及安全性的材质。②厢体的内壁必须使用平滑、不透水、可防锈、能耐腐蚀及清洁剂和消毒剂的材质。内部各板材的接缝少，且须用充填材料填入接缝。③载运低温食品的货柜厢体的导热系数应低于 0.2W/（m^2·℃）。④厢体底部应有沟道，以确保空气的循环流动。⑤厢体内应有安全装置，以防人员被反锁。⑥除了厢体内部设备及固定货物所需的设施或物品外，不应放置具有突状物或尖角等的设施。⑦若使用的制冷系统可能对人体有害时，应有警语标示及安全的作业措施，以确保人员安全。⑧制冷系统泄漏时，应特别注意到所使用的冷媒的成分及毒性程度。⑨假如使用对人体的安全有顾虑的消耗性冷媒时，厢体出入门扉附近明显处应有适当的警语标示，以防人员在未经适当换气以前进入厢体内。

5）低温食品运输配送厢体应定期检查和保养维修，避免厢体伤害，致破坏其隔热层的密闭性，应确保其隔热及冷风循流系统的良好；所有温度的量测装备及仪表亦应每年至少委托具公信力的机构校正一次，并作记录。

6）运输配送厢体的制冷系统不堪使用或故障时，不得装载低温食品。

7）运输配送作业时，厢体内应随时保持清洁，不能有秽物、碎片或其他不良气味或异味，以防止产品受到污染，同时应维持良好的卫生条件。用于载运低温食品的厢体不可载运会污染食品或有毒的物质。

8）低温运输配送厢体于装载前，应检查车辆及运输装备以及制冷系统和除霜系统在良好状态，厢体内应无结霜产生且与装载区结合的门扉应保持良好、无损坏。

9）装载低温食品前厢体应予预冷至内部空气温度达 10℃以下，才能开始装货，同时于装载区的作业时间、能量消耗、温度均应适当控制。

10）低温食品的装载、卸货及运输配送等作业应在较短时间内完成，使产品暴露于温湿环境的时间降至最低；同时亦应有适当的措施，以降低低温效果的损失，确保产品温度应能保持在制造厂商所设定的产品温度。

11）低温食品的堆积排列应稳固，厢体内的冷风应能在所载的低温食品周围循环顺畅；冷风的出入口应避免迂回现象产生，致使循流的空气量不足；同时循流的空气温度各点的温差应在 3℃以内。

12）运输配送人员应具备检测产品温度的能力，一旦产品温度未达规定的温度时，应以适当处理。

13）低温食品的品温在装载、卸货前均应加以检测及记录，并保存记录至该批食品的有效日期后 6 个月。

14）运输业者应记录装卸货的时间、冷风循流的回风温度、运输配送期间制冷系统运转时间等。运输配送期间，作业人员应经常检测和记录厢体冷风温度，并保存记录至该批食品的有效日期后 6 个月。

15）运输期间检测的温度应记录在装载货物的运输文件上，以利接货验收人员的查看，同时验收人员亦应确实检测，一旦检测结果超过验收标准设定的温度时，应予退货，免遭误用。

16）温度检测的位置应由货主及运输业者或运输业者及验收人员共同决定。

17）有关低温食品品温以及外观质量的检测只有在低温的环境下才可进行。

18）运输配送期间，厢体门扉的开启频率应降至最低。

19）一旦装载或卸货作业中断时，低温厢体门扉应保持关闭，且制冷系统应保持运转。

20）运输商配送期间车辆或厢体重要部位意外损坏时，应进行货品的损坏调查，并安排适当的运输工具及良好运输配送厢体进行后续的运送作业。如有卸货及再装载的作业，亦应尽快完成，并测试产品温度及记录结果。

（3）低温食品销售作业指导

1）低温食品贩卖业者应具有足够空间且可维持低温食品品温于−18℃以下，以及 7℃以下、冻结点以上的低温食品销售柜和低温仓库（储存柜），以便于库存控制。

2）低温食品于低温仓库储存期间应遵循低温食品仓储管制作业指引的相关规定。

3）低温食品销售柜或低温仓库应备有冷风循流系统，且应有维持柜（库）内温度于–23℃以下及 4℃以下冻结点以上的能力。

4）低温食品销售柜应具有除霜系统，以维持其冷冻能力。

5）低温食品销售柜应有适当措施，如货架或隔板、夜间遮蔽罩等，以利冷风循环，以及防止外界的温湿空气进入柜内。

6）低温食品销售柜均应装置准确的温度计（建议准确度可达 1℃以上），以确实显示柜内温度。温度计的感应部分应设于蒸发器冷却盘管的回风循流的位置上。

7）低温食品销售柜应具有清楚标示低温食品的装载限制线，即最大装载线的符号。

8）低温食品销售柜内装设的货架或隔板应有足够的孔洞，以确保冷风能在柜内充分循环。

9）低温食品贩卖店有权拒收产品温度高于制造厂商设定的产品保存温度的低温食品。

10）低温食品于销售柜储存期间，应能保存产品品温于–18℃（冷冻食品）或 7℃（冷藏食品）以下。

11）低温食品不得置于低温柜的最大装载线以外的区域。

12）销售的低温食品应遵守先进先出的存量管制并定期翻堆。

13）低温食品从运输配送厢体到销售柜的时间延迟应降到最低。

14）非低温食品或温度较高的产品不宜陈列于低温销售柜内，以免影响低温销售柜的低温效能。

15）售价标示作业应在不会影响低温食品品温的环境下进行。

16）低温销售柜不可设置于通风口、阳光直接照射、热源等设备或其他可能会降低其功能等因素的位置。

17）低温食品销售柜内应保持干净并维持冷风循环的通畅。

18）每天应记录低温销售柜的温度至少 3 次以上，如有异常，应采取必要的矫正措施。

19）低温食品销售柜的温度计应每年至少委托具公信力的机构校正一次，并作记录，以维持正常的功能。

20）温度的检测不应在除霜期间完成，除霜的时段应能在低温销售柜上清楚显示；作业上许可的话，包装产品内的品温也必须加以测试及记录。

21）低温销售柜的空气冷却器和冷冻机应定期清洗；同时除霜系统亦应定期检查；每天应定期除霜，以维持其冷冻能力，同时除霜水的出口应保持干净畅通。

22）低温销售柜发生故障或电源中断时，应停止贩卖，并采用各种保护措施；一旦障碍排除，应立即测定产品品温，若有解冻现象，则产品不得贩卖。

23）贩卖店应自备有小型的发电机（足够所有的低温设备的电力），以备电源中断时使用。

24）低温食品贩卖店的管理人员应具有检测产品温度的能力，并确实执行进货时的验收温度管理。

（四）物流配送技术应用

食品物流由于其时间效应和空间效应，其质量安全的控制强调全程性、动态性、即时性、追溯性，与食品生产制造过程相比，难度更大。近年来，随着通信技术和互联网技术的不断进步，一些物流追踪技术得到发展和应用，并且在食品物流的质量安全管理中发挥了很好的作用。

1. 条形码技术

条形码技术简称条码技术，是把计算机所需要的数据用一种条码来表示，以及将条码符号所表示的数据转变成计算机可以自动采集的数据的技术。主要包括条码编码规则、条码技术标准、条码扫描与译码技术、条码印刷与检测技术，它们涉及数据通信技术、计算机技术、光电技术等。为了阅读条码符号所包含的信息，就需要有扫描装置和译码装置，当扫描器扫描条码符号时，根据光的反射和光电转换，条和空的宽度就变成了电流波，被译码器译码后就转换成了计算机可读的数据。

2. 射频识别技术

射频识别技术（radio frequency identification，RFID）又称为电子标签、射频识别，是一种可以通过无线电信号识别特定目标并读写相关数据，且不需要识别系统和特定的目标建立接触（机械或光学）的通信技术，识别工作完全不需要人来指导完成。FRID 系统由信息采集、识别，信息跟踪、传输，以及信息处理、跟踪三个子系统构成。该技术操作简洁方便，可以识别高速运转的物体，还能同时识别不止一个标签，因此在肉制品生产和加工可追溯体系中展现良好的应用前景。

3. 卫星通信类技术的应用

应用于物流的卫星通信类技术有很多种，目前还在发展中，但这些技术都是从军事技术转化而来，起点高，前景广阔。这类技术包括全球定位系统、电子数据交流、地理信息系统等，这些现代化的技术结合 RFID 能将实时信息有效快速地传达到所需的地方。

这些技术应用于食品物流的质量安全控制具有很大的现实意义，可以将物流过程中的动态变化及时反馈，以便做出迅速反应，如温度变化、湿度变化、振动和压力变化等影响食品物流质量与安全的因素。这些反馈和控制在传统的食品物流中是无法实现的。

参 考 文 献

戴瑞彤. 2008. 腌腊制品生产. 北京：化学工业出版社.

谷子林，薛家宾. 2007. 现代养兔实用百科全书. 北京：中国农业出版社.

胡国华. 2005. 食品添加剂在禽畜及水产品中的应用. 北京：化学工业出版社.

孔保华，马俪珍. 2003. 肉品科学与技术. 北京：中国轻工业出版社.

李乐清. 2000. 四川火锅. 北京：金盾出版社.

李宪华. 2006. 食品包装与食品添加剂. 北京：知识出版社.

李勇. 2004. 食品冷冻加工技术. 北京：化学工业出版社.

刘玺. 1997. 畜禽肉类加工技术. 郑州：河南科学技术出版社.

刘玉田. 2002. 肉类食品新工艺与新配方. 济南：山东科学技术出版社.

马美湖，刘焱. 2003. 无公害肉制品综合生产技术. 北京：中国农业出版社.

马美湖. 2005. 腌腊肉制品加工. 北京：金盾出版社.

马新武，陈树林. 2002. 肉兔生产技术手册. 北京：中国农业出版社.

南庆贤. 2003. 肉类工业手册. 北京：中国轻工业出版社.

上海水产大学等. 1997. 水产品加工机械与设备. 北京：中国农业出版社.

佘锐萍. 2005. 安全优质肉兔的生产与加工. 北京：中国农业出版社.

沈月新. 2005. 食品保鲜贮藏手册. 上海：上海科学技术出版社.

唐良美. 1998. 养兔窍门百问百答. 北京：中国农业出版社.

田国庆. 2003. 食品冷加工工艺. 北京：机械工业出版社.

田世平. 2000. 粮油畜禽产品贮藏加工与包装技术指南. 北京：中国农业出版社.

汪志铮. 2003. 肉兔养殖技术. 北京：中国农业大学出版社.

王丽哲. 2002. 兔产品加工新技术. 北京：中国农业出版社.

王卫. 2002. 现代肉制品加工实用技术手册. 北京：科学技术文献出版社.

王卫. 2011. 兔肉制品加工及保鲜贮运关键技术. 北京：科学出版社.

王卫. 2013. 肉品加工储运安全控制与冷链物流技术. 成都：四川科学技术出版社.

王卫. 2015. 栅栏技术及其在食品加工与质量安全控制中的应用. 北京：科学出版社.

王卫，韩清荣. 2015. 肉类加工工程师培养理论与实践. 北京：科学出版社.

王玉田. 2006. 肉制品加工技术. 北京：中国环境科学出版社.

翁长江，杨明爽. 2005. 肉兔饲养与兔肉加工. 北京：中国农业科学技术出版社.

吴祖兴. 2000. 现代食品生产. 北京：中国农业大学出版社.

夏文水. 2003. 肉制品加工原理与技术. 北京：化学工业出版社.

向前. 2002. 兔产品加工技术. 郑州：中原农民出版社.

许学勤. 2008. 食品工厂机械与设备. 北京：中国轻工业出版社.

杨国义. 2002. 食品安全与卫生强制性标准实用手册 1. 西宁：青海人民出版社.

杨寿清. 2005. 食品杀菌和保鲜技术. 北京：化学工业出版社.

展跃平. 2006. 肉制品加工技术. 北京：化学工业出版社.
张根生. 1999. 家庭自制肉制品 300 例. 哈尔滨：黑龙江科学技术出版社.
张裕中. 2007. 食品加工技术装备（第 2 版）. 北京：中国轻工业出版社.
赵怀信. 2006. 中国兔肉菜谱. 长沙：湖南科学技术出版社.
钟艳玲，路广计，房金武. 2005. 肉兔. 北京：中国农业大学出版社.
朱维军. 2007. 肉品加工技术. 北京：高等教育出版社.

索　　引